Giftige und gefährliche Spinnentiere

Humanpathogene Skorpione (Scorpionida), Milben (Acarina) und Spinnen (Araneida)

Günter Schmidt

Die Neue Brehm-Bücherei Bd. 608

Westarp Wissenschaften · Magdeburg, Essen · 1993

Die Deutsche Bibliothek – CIP-Einheitsaufnahme
Schmidt, Günter
Giftige und gefährliche Spinnentiere: Humanpathogene Skorpione (Scorpionida), Milben (Acarina) und Spinnen (Araneida)/Günter Schmidt.
1. Aufl. Magdeburg: Westarp Wissenschaften, 1993
(Die Neue Brehm-Bücherei; 608)
ISBN 3-89432-405-8
NE: GT

Wolf Graf von Westarp
Uhlichstr. 6, 39108 Magdeburg

Umschlagbild: T. Kordges, Hattingen
Satz und Druck: INTERDRUCK Leipzig GmbH

Vorwort

„Taranteln, Skorpione und Schwarze Witwen", so lautete der Titel eines 1956 in der vorliegenden Reihe erschienenen, inzwischen aber längst vergriffenen Bandes von Dr. WOLFGANG CROME. Diesem Autor war es vorzüglich gelungen, den damaligen Stand des Wissens in anschaulicher, allgemeinverständlicher Form darzustellen. Sein Werk diente über Jahrzehnte nicht nur Naturfreunden, sondern auch Medizinern und selbst Arachnologen als Orientierungshilfe.

In der Zwischenzeit haben sich unsere Kenntnisse über die Bedeutung giftiger Spinnentiere erweitert. Auch die Zahl der Studien über die Isolierung der Gifte, einzelner Giftfraktionen, die chemische Analyse und Strukturaufklärung der unterschiedlichen Giftkomponenten hat so zugenommen, daß selbst der Toxikologe die Übersicht zu verlieren beginnt. Aus diesem Grunde ist es verständlich, daß eine völlige Neubearbeitung des Stoffes erforderlich wurde. Ganz im Sinne von CROME bin ich bestrebt gewesen, mich kritisch mit der Literatur auseinanderzusetzen, abzuwägen, nichts zu verharmlosen, aber auch nichts aufzubauschen. Jeder, der sich mit giftigen Spinnentieren befaßt, ist dazu aufgerufen, die durch oft unsachliche Darstellung in den Massenmedien vieler Länder emotional „aufgeheizte" Atmosphäre zu entspannen und zu versachlichen – ein nicht leichtes Unterfangen, denn zu tief sind Angst und Ekel in unserem Kulturkreis verwurzelt. Eigene Untersuchungen indes haben gezeigt, daß Furcht vor Spinnentieren nicht angeboren, sondern anerzogen ist.

Die in diesem Buch behandelten Spinnentiere gehören den Ordnungen der Skorpione, Milben und Spinnen an. Wenn wir darüber hinaus auch noch andere „Achtbeiner" erwähnen, so vor allem deswegen, weil sie durch ihren Spray unangenehme Augenreizungen hervorrufen (Geißelskorpione) oder durch Erzeugung tiefer Bißwunden Anlaß zu bakteriellen Sekundärinfektionen geben können (Walzenspinnen). Giftig sind alle Skorpione und, mit Ausnahme von Angehörigen der Familien Uloboridae und Liphistiidae, auch alle Spinnen – wenigstens für ihre Beutetiere. Aber von den etwa 66 000 Arten der Spinnentiere können nur wenige dem Menschen wirklich gefährlich werden. Nur von diesen handelt dieser Band.

Deutsch Evern

Dr. GÜNTER SCHMIDT

Inhaltsverzeichnis

1. Gifte und ihre Wirkungen

1.1 Überblick

Schon Paracelsus (1493–1541) hat festgestellt, daß die Dosis entscheidet, was ein Gift ist und was nicht. Pawlowsky (1927) gab folgende Definition eines Giftes: „Stoffe, die dank ihrer physikalisch-chemischen Beschaffenheit beim Eintritt in den menschlichen oder tierischen Körper dessen Gesundheit schädigen oder den Tod herbeiführen können.“ Kaiser u. Michl (1958) haben den Begriff durch Einführung der toxischen Dosis weiter eingeengt und fassen alle jene Stoffe als Gifte auf, die in Mengen bis zu einigen 100 mg/kg Körpergewicht den Organismus schädigen. Da die Toxizität jedoch bei den einzelnen Versuchstieren sehr unterschiedlich ist und, wie Untersuchungen an Inzuchtstämmen gezeigt haben, genetisch fixiert sein kann, sagt die LD_{50}, d. h. die für 50 % der Versuchstiere letale Dosis, nur dann über die Gefährlichkeit eines Giftes für den Menschen etwas aus, wenn Versuchstier und Mensch in ähnlicher Weise auf das Gift reagieren.

Das für Toxizitätsuntersuchungen am häufigsten gebrauchte Laboratoriumstier ist die Maus. Wir wissen jedoch, daß es Gifte gibt, die von der Maus relativ gut vertragen werden, während sie in vergleichbarer Dosis für den Menschen tödlich sein können. Der Mensch kann beispielsweise eine 4- bis 5mal höhere Empfindlichkeit gegenüber dem Gift der brasilianischen Wanderspinne *Phoneutria nigriventer* aufweisen. Im Vergleich zu Mäusen reagieren Menschen und Affen auf das Gift der australischen Vogelspinnenverwandten *Atrax robustus* besonders stark. Wenn wir also über die Giftigkeit Aussagen machen, so gelten diese streng genommen immer nur im Hinblick auf das bei der Toxizitätsbestimmung verwendete Versuchstier. Und noch etwas muß bedacht werden: Maus ist nicht gleich Maus! Man sollte wissen, ob als Versuchstiere genetisch uneinheitliche Mäuse oder bestimmte Inzuchtstämme verwendet wurden. Andernfalls sind Toxizitätsdaten nicht miteinander vergleichbar.

Es ist auch nicht gleichgültig, wie die Gifte zur Anwendung kommen, ob intravenös, intramuskulär, subkutan, intraperitoneal oder auf andere Weise, z. B. kutan. Bei Giften der Skorpiongattung *Tityus* entspricht die intravenöse (i.v.) in etwa der subkutanen (s.c.) Toxizität. Bei anderen Giften benötigt man s.c. die 4- bis 6fache Menge, um die gleichen Effekte wie i.v. zu erzielen. Große Unterschiede können bestehen, je nachdem, ob native Gifte, aufbereitete Trockengifte, einzelne Giftfraktionen oder gar bestimmte definierte Toxine untersucht werden.

Die Schwere des Vergiftungsbildes hängt von der Toxizität des Giftes, der in den Organismus gelangten Giftmenge, der Giftlokalisation, der Empfindlichkeit des Giftempfängers, seinem Körpergewicht und Gesundheitszustand und klimatologischen Bedingungen (Temperatur, Luftfeuchtigkeit) ab.

Gifte kommen in der unbelebten Natur sowie im Pflanzen- und Tierreich vor. Hier interessieren uns aber nur die tierischen Gifte. Die meisten von ihnen, so auch die von Skorpionen und Spinnen, wirken nur über den Blutweg. Im Magen werden sie zerstört

(Ausnahme: Frosch-, Kröten- und Salamandergifte). Das bedeutet, daß solche hochgiftigen Substanzen bei oraler Aufnahme ungiftig sind, was beim Aussaugen einer Bißstelle bedeutsam ist.

Es gibt passiv und aktiv giftige Tiere. Die bekanntesten passiv giftigen Geschöpfe zählen zu den Lurchen. Ihre den Herzglykosiden chemisch verwandten Toxine werden wirksam, wenn ein Angreifer oder potentieller Freßfeind mit ihrer Körperschleimhaut in Berührung kommt. Möglicherweise gehören auch manche Milben zu den passiv giftigen Tieren. Wenn man sie in sehr großen Mengen verspeist, stellt sich Unwohlsein ein. Das war wohl auch der Grund, warum sich Milbenkäse nicht durchsetzen konnte. Es liegen aber keine eingehenden Untersuchungen darüber vor, ob es nur die Milbe, ihr Kot oder – was am wahrscheinlichsten ist – beides war, was zu den geschilderten Erscheinungen führte.

Aktiv giftige Tiere kommen in sämtlichen Tierstämmen, von den Einzellern bis zu den Chordatieren, vor. Hierher gehören Hohltiere, Würmer, Stachelhäuter, Mollusken, Gliederfüßer und Wirbeltiere. Die wichtigsten Gruppen sind die Schlangen, Hautflügler, Skorpione, Spinnen und Quallen. Von den Vögeln abgesehen gibt es kaum eine Tierklasse, in der giftige Arten fehlen.

Selten enthalten tierische Gifte nur eine einzige Wirkstoffkomponente. Meist sind sie so zusammengesetzt, daß sich ihre Wirkung auf mehrere Organsysteme erstreckt. Das kann bei Giften, die aktiv beim Beutefang und zur Verteidigung eingesetzt werden, sehr sinnvoll sein. Chemisch handelt es sich dabei vielfach um Abbauprodukte des Eiweißstoffwechsels und/oder Enzyme.

Der Giftgehalt eines Tieres kann jahreszeitlich unterschiedlich stark sein, und er hängt auch davon ab, ob die Giftdepots voll oder partiell entleert waren, ob es sich um ein Jungtier oder ausgewachsenes Exemplar handelte oder ein Tier, dessen Giftproduktion altersbedingt bereits mehr oder weniger versiegt ist. Bei Giften, die fraktioniert eingesetzt werden können, hängt die Wirkung auch davon ab, welche der verschiedenen Giftfraktionen zum Einsatz kam. Generell betrachtet ist es so, daß sich die Giftmengen, die bei einem Stich oder Biß abgesondert werden, wie 10:1 verhalten, d.h. in einem Fall beispielsweise 8,2 mg, in einem anderen 0,82 mg betragen können. Daraus erklärt sich, daß manche Zwischenfälle ohne die geringsten Folgen verlaufen, während andere, von Angehörigen derselben Art verursacht, tödlich sein können. All diese Punkte sind zu beachten, wenn man die Gefährlichkeit verschiedener Gifte bzw. Gifttiere miteinander vergleicht. Denn die Toxizität sagt über die Gefährlichkeit eines Tieres nur in Verbindung mit der bei einem Biß oder Stich injizierten Giftmenge etwas aus. Aus beiden Werten läßt sich z. B. errechnen, wieviel kg Maus bei einem Stich oder Biß getötet werden könnten. Damit hat man ein verläßliches Maß für die Beurteilung der Gefährlichkeit, unter den genannten Einschränkungen auch beim Menschen. Wenn wir beispielsweise errechnet haben, daß bei einem einzigen Stich eines Skorpions der Gattung *Tityus* 500 Laboratoriumsmäuse zu je 20 g getötet werden können, das sind 10 kg, dann ist davon auszugehen, daß diese Art zumindest für Kinder sehr gefährlich werden kann. In den letzten Jahrzehnten haben wir gelernt, daß die Toxizität allein nicht ausreicht, ein Gifttier zu beurteilen. Man muß auch die allergene Potenz seines Giftes oder einzelner Giftkomponenten in Betracht ziehen, und man muß die individuelle Reaktion dessen kennen, der mit dem Gift als Allergen in Kontakt kam. Wie der folgenden Übersicht zu entnehmen ist, wirkt Klapperschlangengift etwa

14mal stärker als Bienengift, und die Giftmengen bei einem Klapperschlangenbiß sind ungleich größer als bei einem Bienenstich. Ein Erwachsener könnte theoretisch selbst mehrere tausend Bienenstiche überleben. Die Gefahr liegt jedoch weniger in der akuten Toxizität als vielmehr in der Entwicklung einer Allergie, die sich bei wiederholter Exposition als tödlicher anaphylaktischer Schock manifestieren kann, so daß dann bereits 1 Bienenstich ausreichen würde, einen Erwachsenen zu töten. Die allergene Potenz der einzelnen tierischen Gifte ist sehr unterschiedlich.

Die Mehrzahl der tierischen Gifte wirkt nur durch lokale Reizung. Hierher gehören z. B. Toxine von Quallen (Cnidariern). Berührt man die Nesselfäden dieser Tiere, so kann es zu schmerzhaften Hautentzündungen kommen. Dies gilt auch für einige Spinnengifte. Andere Gifte wirken über die Blutbahn direkt auf das Zentralnervensystem. Der Tod tritt dann meist durch Lähmung des Atemzentrums ein. Hierher gehören die neurotoxischen Gifte von Schlangen, Skorpionen und bestimmten Spinnen. Andere Gifte wieder wirken narkotisierend. So beobachtet man nach Schlangenbissen gelegentlich das Auftreten von Schlafsucht. Gleiches gilt für die Bisse mancher südamerikanischer Vogelspinnen. Gifte gewisser Fische, Insekten und Spinnentiere können mitunter zu Krämpfen führen. Das beobachtet man bei einer *Acanthoscurria*-Art (Vogelspinne – vgl. Abb. 37). Auch das vegetative Nervensystem wird von etlichen Giften angegriffen. So wirkt das *Phoneutria*-Gift unter anderem auf Zentren, die die Hautdrüsen zur Schweißabsonderung anregen. Herzschäden können nicht nur durch die Toxine von Schlangen, Salamandern, Kröten, Fischen und Insekten entstehen, sondern auch durch die einiger Spinnentiere. Blutgifte gibt es in großer Zahl besonders bei Schlangen und Insekten, aber auch bei Spinnen (Gattung *Loxosceles*). Cantharidin, das Gift des „Spanische Fliege“ genannten Käfers, ist der wohl bekannteste blasenziehende und entzündungserregende Stoff. Ganz ähnliche Wirkungen zeigen aber auch Substanzen aus Milben. Die Kombination von Nekrose + Hämolyse bei zytotoxischen Giften ist bei Schlangen und bei Spinnen (Gattung *Loxosceles*) zu finden.

1.2 Die Ordnungen der Spinnentiere

Spinnentiere sind keine Insekten, sondern eine eigene Klasse im Stamm der Arthropoden (Gliederfüßer). Sie haben im Gegensatz zu den 6beinigen Insekten – bis auf die Milbenlarven – 8 Beine, aber keine Antennen (Fühler). Zu den Spinnentieren gehören die Ordnungen der Skorpione (Scorpionida), Geißelskorpione (Uropygida), Zwerggeißelskorpione (Palpigradida), Zwerggeißelschwänze (Schizomida), Walzenspinnen (Solpugida), Kapuzenspinnen (Ricinuleida), Pseudoskorpione (Pseudoscorpionida), Weberknechte (Opilionida), Milben (Acarina), Geißelspinnen (Amblypygida) und Spinnen (Araneida). Die Tierklasse umfaßt etwa 66 000 Arten und ist seit dem Silur nachweisbar.

1.3 Gifte bei Spinnentieren

Von den Spinnentieren verfügen Skorpione, Geißelskorpione, Pseudoskorpione, Weberknechte, Milben und Spinnen über Gifte. Die der Skorpione, Pseudoskorpione und

Tabelle 1. Toxizität verschiedener tierischer Gifte (in µg/g Maus i.v.). Aus SCHMIDT 1982/83

Art	LD_{50}
Anemonia sulcata (Wachsrose, Gift ATX-II)	0,31
Stachelschnecke (Murexin)	8,5
Biene	6–10
Skorpione	0,26–1,25
Phoneutria (Wanderspinne)	0,34
Krustenechse	1,4
Enhydrina schistosa (Seeschlange, Reintoxin)	0,04
Malayische Grubenotter	4,7
Chinesische Nasenotter	0,38
Sistrurus miliarius (Zwergklapperschlange)	2,8
Lanzenottern	1,1–1,4
Jararacussu	0,46
Klapperschlangen	0,7
Mojave-Klapperschlange	0,21
Kobra	0,12–0,13
Kreuzotter	1,0

Spinnen dienen der Lähmung und Tötung von Beutetieren, während die der Geißelskorpione und Weberknechte ausschließlich zur Abwehr von Feinden eingesetzt werden. Mit Ausnahme gewisser Milben, bei denen die Speicheldrüsen toxische Substanzen enthalten, besitzen die übrigen hier genannten Spinnentiere spezielle Gift- oder Wehrdrüsen, in denen die toxischen Sekrete gebildet und gespeichert werden. Sie liegen meist im Bereich des Cephalothorax oder seiner Anhangsorgane (Pseudoskorpione, Weberknechte, Spinnen) und nur bei den Skorpionen und Geißelskorpionen im Abdomen.

Über die Giftsekrete der winzigen Pseudoskorpione ist nicht viel bekannt. Sie können zur Lähmung der Beutetiere eingesetzt werden und scheinen nicht sehr schnell zu wirken (RENNER 1988). Dem Menschen vermögen sie nicht zu schaden. Das gilt auch für die Wehrsekrete der Weberknechte. Sie sind u. U. allerdings durchaus in der Lage, Gegner zu lähmen oder zu töten. Die Wehrsekrete der Geißelskorpione dagegen können auch den Menschen schädigen.

Am besten bekannt sind die Gifte der Skorpione und Spinnen. Wie Tabelle 1 zeigt, sind sie in ihrer toxischen Wirkung durchaus mit denen von Schlangen vergleichbar. Allerdings übertrifft die Wirksamkeit der gefährlichsten Schlangengifte sie um mehr als das Doppelte.

Mit Nachdruck sei festgestellt, daß wir die Begriffe „giftig“, „gefährlich“ und „von medizinischer Bedeutung“ auseinanderhalten müssen. Ein für den Menschen gefährliches Spinnentier kann von völlig untergeordneter medizinischer Bedeutung sein, sei es, daß es so selten ist, daß man die Wahrscheinlichkeit eines Zwischenfalls vernachlässigen kann oder daß es, zwar durchaus häufig, aber so versteckt lebt, daß Zwischenfälle unwahrscheinlich oder extrem selten sind. Beispiele dafür sind unter den Spinnen manche *Sicarius*-Arten. Skorpione und Spinnen, die praktisch nur den Sammler oder Halter durch ihr Gift schädigen können, also sonst ohne größere medizinische Bedeutung sind, werden in diesem Buch nur in wenigen Fällen behandelt.

Das Gift der Skorpione und Spinnen (z.B. das der „Witwen" – Gattung *Latrodectus*) wird in Form einer wäßrigen hellen, einer dünnflüssigen trüben und einer viskösen trüben Flüssigkeit abgesondert, von denen die letzte am wirksamsten ist. Sie enthält die mit Gift gefüllten Sekretionszellen des Drüsenepithels. Bei manchen Zwischenfällen wird nur die wäßrig helle Flüssigkeit in die Wunde gelangen, so daß dann die Symptome wesentlich harmloser sind, als wenn die zähe Flüssigkeit den Hauptteil der injizierten Giftmenge ausmacht.

Daß die Giftabgabe bei Spinnen nerval gesteuert wird, kann man bisweilen besonders gut bei Vogelspinnen sehen, wo bei sehr aggressiven Arten die hellen Gifttropfen aus den Chelizeren austreten, wenn die Tiere Abwehrstellung eingenommen haben. Diese Giftportion, die beim Biß dann gar nicht mehr injiziert werden kann, ist relativ ungefährlich für Versuchstiere.

Es hat in der Vergangenheit nicht an Versuchen gefehlt, die Spinnentiergifte zu typisieren. Einer der bekanntesten Einteilungsversuche stammt von Bücherl (1956). Der Autor unterscheidet den Vogelspinnen-, *Lycosa-* und *Phoneutria*-Typ. Ersterer ist gekennzeichnet durch lokale und hypnotische Wirkung. Mäuse, die gebissen werden, lassen zunächst überhaupt keine krankhaften Symptome erkennen. Später hocken sie sich in eine Ecke und beginnen zu schlafen. Aus diesem hypnotischen Stadium pflegen sie bei schweren Vergiftungen nicht wieder aufzuwachen. Es sei aber vermerkt, daß durch Bisse bestimmter Vogelspinnen durchaus auch Lähmungen und Krämpfe hervorgerufen werden können (Schmidt 1988). Des weiteren muß darauf hingewiesen werden, daß Vogelspinnen in manchen Fällen auch Reizerscheinungen an den Schleimhäuten und an der Haut verursachen. Sie rühren von den mit den Hinterbeinen von der Oberseite des Hinterleibes abgestreiften Reizhaaren her, die dem Gegner entgegengeschleudert werden. Man kann dies besonders bei den Arten der Gattungen *Lasiodora* und *Vitalius* beobachten. Beim Menschen kann es an den Händen und im Gesicht dadurch zu stark juckenden und später nässenden Entzündungen kommen, wie denn auch Schleimhautödeme beobachtet wurden. Schließlich können auch noch die Krallen von Vogelspinnen entzündliche Rötungen und später Pusteln auf der Haut hinterlassen. Anhand derartiger Reaktionen ließ sich der Weg einer *Avicularia avicularia* auf dem Arm des Verfassers genau rekonstruieren.

Zum zweiten Typ gehören die Toxine von *Loxosceles*, *Lycosa* und ihrer Verwandten (z. B. *Scaptocosa*, *Hogna*), *Sicarius*, *Nephila*, *Polybetes* und *Heteropoda*. Hier sind die Symptome Schmerzen und Hautnekrosen, wobei sich die Bißstellen im Verlauf von einigen Tagen bis Wochen zu größeren offenen Hautwunden entwickeln können. Schüttelfrost und Fieber können auftreten, ebenso Blutharnen. Zu diesem Gifttyp gehört auch das Toxin von *Cheiracanthium punctorium*, der einzigen heimischen humanpathogenen Art.

Der dritte Typ ist gekennzeichnet durch das Auftreten von Krämpfen, denen bei schweren Vergiftungen der Tod folgen kann. Solche Gifte haben häufig auch eine starke Reizwirkung. Sie bewirken heftige Schmerzen und Lähmungen, Brechreiz, Steigerungen der Reflextätigkeit allgemein und besonders eine erhöhte Urin- und Spermaabgabe. Es kann zu Untertemperatur, Pulsbeschleunigung und -unregelmäßigkeiten, Schüttelfrost, Schweißausbrüchen, bisweilen auch zu Sehstörungen und zum

Erblinden kommen. Die wichtigsten Vertreter dieser Gruppe sind die Skorpione aus der Familie Buthidae, vor allem die Gattungen *Androctonus, Leiurus, Centruroides* und *Tityus* sowie die Spinnengattungen *Phoneutria, Latrodectus, Atrax* und *Harpactirella.*

1971 hat Bücherl 5 Typen genannt, die die Spinnengifte nach ihren Angriffsorten gliedern:

- Theraphosinae-Typ: Wirkung über das Zentralnervensystem und bei einigen Gattungen Zytolyse
- *Lycosa*-Typ: Wirkung ausschließlich zytolytisch
- *Loxosceles*-Typ: Wirkung zytolytisch und hämolytisch
- *Latrodectus*-Typ: Wirkung neurotoxisch und spasmodisch
- *Phoneutria*-Typ: Wirkung über das periphere und zentrale Nervensystem. Hierher gehören auch die Gifte von *Atrax, Trechona* und *Harpactirella.*

Im großen und ganzen ist diese Einteilung brauchbar, wenn auch Martino (1985) neben den neurotoxischen und zytotoxischen noch die blutgerinnungsfördernden Giftwirkungen (z. B. bei *Loxosceles*) unterscheidet.

1.4 Unfälle durch Gifttiere weltweit

Jedes Jahr werden etwa 40 000 Personen durch Schlangenbisse getötet, die meisten davon in Indien und Burma. An dritter Stelle steht Venezuela, wo die Todesrate bei 4,1/100 000 Einwohner liegt. Nach neueren seroepidemiologischen Studien errechnet sich für Westafrika eine Zahl von 23 000 Toten (Werner 1989). In Frankreich sterben jährlich etwa 18 Personen nach Schlangenbissen, in Italien 22 und in den USA von etwa 8 000 Gebissenen 14. Eine Statistik der US-Army weist aus, daß bei Unfällen inner- und außerhalb der USA von 1950–1956 309 Angehörige der Armee von Reptilien gebissen und 392 von Arthropoden gestochen oder gebissen wurden. In Kolumbien, wo etwa 40 Giftschlangenarten vorkommen, scheinen Verletzungen durch Süßwasserrochen das größere Gesundheitsproblem zu sein. Nach Schätzungen kommen dort jedes Jahr einige Tausend derartige Zwischenfälle vor. Allein in einer Provinz traten während einer 5-Jahres-Periode 8 Todesfälle ein.

Die Zahl der durch Arthropoden Gebissenen oder Gestochenen beträgt in den USA jährlich etwa 500 000, von denen 26 tödlich enden. 17 entfallen auf Hymenopteren, 8 auf Spinnen. Von 1950–1954 starben 39 Personen durch die Schwarze Witwe, von 1959 bis 1973 55 und durch die Einsiedlerspinne *(Loxosceles)* von 1869 bis 1968 72. Diese Daten sind allerdings mit großer Skepsis zu betrachten, da erst seit 1957 feststeht, daß *Loxosceles* eine humanpathogene Spezies ist. In Südamerika rechnet man jedes Jahr mit mehreren Tausend Unfällen durch Spinnen. Die meisten davon entfallen auf die relativ harmlosen Taranteln. In der Umgebung von Sao Paulo, Brasilien, werden jährlich 700 Menschen von Schlangen, 1 200 von Skorpionen und fast 1 000 von Spinnen gebissen (Gualtieri 1989). Es kommen dort jedes Jahr mehr als 100 ernsthafte Zwischenfälle durch Spinnenbisse zur Behandlung. Todesfälle durch Giftspinnen, vor allen Dingen *Loxosceles laeta*, sind in Chile relativ häufig (41 auf 333 Bisse in den Jahren 1966–1975), während solche durch Giftschlangen dort praktisch unbekannt sind. In Argentinien erfolgten von 1944 bis 1966 3 Todesfälle durch *Loxosceles*, in Uruguay von 1938 bis 1953 2, in Peru von 1962 bis 1969 5. In Mexiko sind Skorpione die gefährlichsten Gifttiere. Innerhalb einer 12-Jahresperiode wurden 20352 Personen durch ihre Stiche getötet. Während der gleichen Zeit kam es durch Schlangenbisse „nur“ zu 2068 Todesfällen. In Südafrika sterben jährlich weniger als 4 Personen an Skorpionstichen. In Japan starben während der Jahre 1956 bis 1958 etwa 500 Personen, die giftige Fische (Fugu, Sammelbezeichnung für Kugelfische der Gattungen *Tetraodon* und *Sphaeroides*) verzehrten, aber keiner durch Spinnentiere. Southcott (1976) wies darauf hin, daß in Australien von 1960 bis 1970 von 80 Todesfällen durch Tiere 45 auf Schlangen, 9 auf Quallen, 8 auf Bienen, 5 auf Haie und 5 auf Spinnen entfielen. Von 100 Zwischenfällen mit der australischen Rotrücken-Witwe *(Latrodectus hasselti)* verliefen 10 tödlich. Witwen treten dort und in Amerika fast ausschließlich in ländlichen Gegenden auf, vornehmlich auf Außenaborten, unter deren Brille die Tiere ihre Fangnetze errichten. Nach einer australischen Statistik von 1933 erfolgten 64% aller Bisse in die Genitalien während der Klosettbenutzung. Dieser Prozentsatz nahm, wie eine spätere Statistik aus dem Jahre 1961 zeigte, auf 22 ab, und zwar aufgrund des Rückgangs jener ländlichen Idylle.

Im Hospital von Pula wurden von 1948 bis 1965 177 Patienten, die von Malmignatten gebissen worden waren, behandelt, davon allein 42 im Jahre 1952. In Italien kamen von 1938 bis 1958 in 4 Provinzen 947 Unglücksfälle durch *Latrodectus 13-guttatus* vor. Vor Einführung der Serumtherapie betrug die Todesrate nach *Latrodectus*-Bissen insgesamt etwa 5%. Jetzt ist sie praktisch auf Null gesunken. In Alma-Ata wurden von 1949–1952 233 Fälle registriert (Yarovoy u. Shewchenko 1957), in Samarkand von 1950–1954 94 (Arustamyan 1955).

In Deutschland erfolgte 1975 eine Auswertung von 18 *Cheiracanthium punctorium*-Bissen, die sich im Laufe von 21 Jahren ereignet hatten. Todesfälle sind nicht aufgetreten. Die Symptome verschwanden meist innerhalb von 24 Stunden, selten erst nach 14 Tagen. Eine Verwandte, *C. mordax*, die in Australien, den Neuen Hebriden, Fidschi-Inseln, Samoa, den Tonga-Inseln und auf Hawaii vorkommt, hat dort zu Unfällen, vereinzelt mit tödlichem Ausgang, Anlaß gegeben.

Wenn wir uns also die Frage nach dem Stellenwert von Zwischenfällen durch Spinnentiere im Vergleich zu anderen giftigen Tieren vorlegen, so kommen wir zu dem Ergebnis, daß Unfälle, auch tödliche, durch Schlangen, Bienen und Wespen, diejenigen, welche durch Spinnentiere verursacht werden, bei weitem in ihrer Häufigkeit übertreffen.

2. Skorpione

2.1 Allgemeines

Skorpione waren ursprünglich Meeresbewohner, und noch aus dem Devon liegen ausschließlich Fossilfunde mariner Arten vor. Das besagt freilich nicht, daß sie nicht trotzdem wenigstens zeitweise auf dem Festland „herumgelaufen“ sind. Erste Funde stammen aus dem Silur.

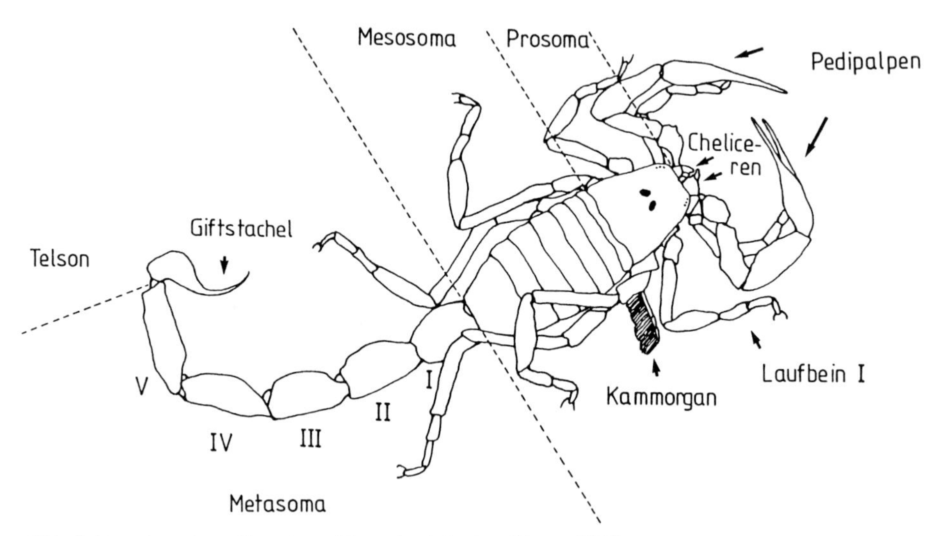

Abb. 1. Bauplan eines Skorpions (Dorsalsicht). Aus KRAPF 1988

Der Skorpiontyp (Abb. 1) findet sich schon bei den Seeskorpionen (Eurypteriden), die seit dem Ordovizium bekannt sind und Körperlängen von fast 2 m erreichten. In „vereinfachter" Form tritt er uns sogar bei einer präkambrischen Form entgegen, die noch eine Gliederung des Kopfes erkennen läßt und daher zu den Arthrocephala gerechnet wird. Die Ähnlichkeit mit gewissen Krebsen ist nur äußerlich. Skorpione haben keine Antennen und keine Spaltfüße. Sie fluoreszieren im UV-Licht.

2.1.1 Körperbau und Lebensweise

Skorpione treten uns bereits im Paläozoikum als Bautyp entgegen, der bis heute weitgehend unverändert geblieben ist. Man kennt etwa 1 500 Arten (KRAPF 1988), die in viele Unterarten aufgeteilt werden. Neben Zwergen von nur 0,9 cm Körperlänge einschließlich Postabdomen (fälschlicherweise oft als Schwanz bezeichnet) gibt es Riesen von 25 cm Länge, d. h. die Größenrelationen verhalten sich wie 1:28. Entsprechende Werte lauten bei Spinnen 1:220 und bei Milben 1:100. Ihre acht Beine und Fächertracheen weisen die Skorpione als Spinnentiere aus. Das erste Paar der Mundwerkzeuge, die Chelizeren, ist so klein, daß Unerfahrene es erst suchen müssen. Mit ihm wird die Beute zerkleinert. Im Gegensatz zu denen der Spinnen enthalten die Chelizeren der Skorpione keine Giftdrüsen. Mit den oftmals mächtigen Scheren, Maxillipalpen (Pedipalpen) genannt, wird die Beute ergriffen. Weitere Spinnentiermerkmale sind der Cephalothorax mit den meist 6 bis 8 Einzelaugen – Krebse haben wie Insekten Komplexaugen – und die insbesondere an den Palpenscheren und Beinen, aber auch am sechsgliedrigen Postabdomen und an den Kämmen lokalisierten Erschütterungs-Sinnesorgane. Feinste Erschütterungen werden ebenso wie Luftströmungen mit beweglich eingelenkten Becherhaaren gespürt, während Temperaturunterschiede mit wieder anderen Sensillen, vielleicht mit Spaltorganen, wahrgenommen

Abb. 2. *Tityus asthenes.* Ventralseite mit dreieckigem Sternum, Genitalklappen, Kämmen und den schlitzförmigen Atemöffnungen. Aufn. G. SCHMIDT

Abb. 3. *Tityus asthenes.* Ende des Postabdomens mit Giftblase, Stachel und Dorn. Aufn. G. SCHMIDT

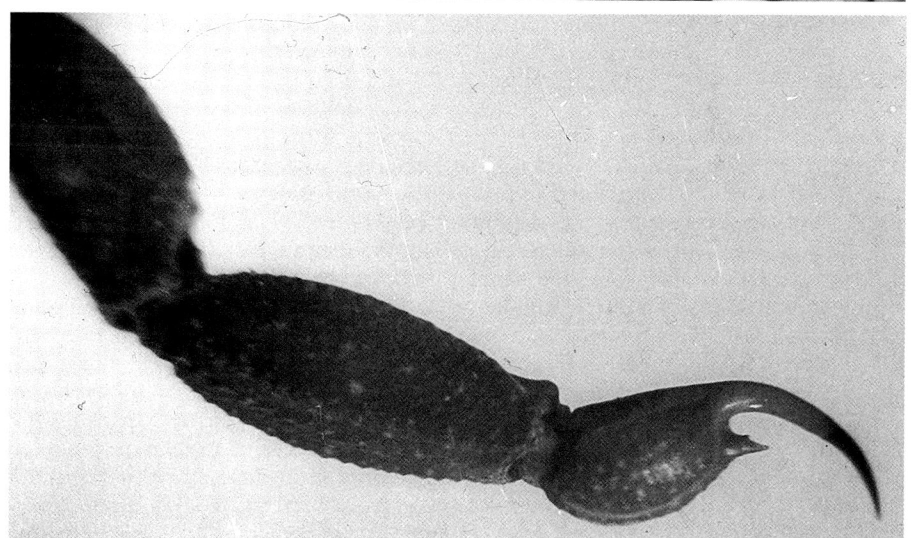

werden. Ein Spinnvermögen fehlt. Eine Besonderheit stellen die an der Unterseite der Tiere gelegenen, bereits erwähnten Kämme (vgl. Abb. 1) dar, die bei der Begattung eine wichtige Rolle spielen. Ihre Sensillen dienen u. a. der Rezeption chemischer Reize, die von Geschlechtspartnern und Beutetieren ausgehen (KRAPF 1986). Die Augen haben beim Beutefang keinerlei Funktion. Eine Reihe von Höhlenbewohnern ist ohnedies völlig blind, und die meisten Arten gehen in „freier Wildbahn“ nur bei Dunkelheit auf Jagd. Eine Ausnahme bildet *Parabuthus villosus* (NEWLANDS 1974). Beute wird taktil bzw. durch Luftbewegungen mittels Trichobothrien wahrgenommen.

Männchen und Weibchen unterscheiden sich auf den ersten Blick dadurch, daß erstere breitere Scheren (z.B. bei der Gattung *Scorpio*) und relativ längere Postabdomina haben. Bei *Heterometrus*-Arten sind die Scheren der Männchen länger und schmäler. Wenn man kein Pärchen einer Spezies vorliegen hat, mithin der Vergleich fehlt, kann man das Geschlecht an den klammerhakenförmigen Genitalpapillen erkennen, die sich unter dem Genitaldeckel (Abb. 2) befinden. Nur Männchen haben derartige Haken. Sie fehlen einigen Iuriden und Bothriuriden. Meist sind auch die Kämme und Kammzähne bei Männchen länger als bei Weibchen.

Einige Arten sind dazu befähigt, mittels Stridulationsorganen, die auf dem ersten Glied der Maxillipalpen und des ersten Beinpaares, den Coxen, angeordnet sind, Geräusche zu erzeugen, was ja auch von Vogelspinnen bekannt ist. *Parabuthus* striduliert durch Streichen des Stachels an Körnchen auf der Dorsalseite der Kaudalsegmente I und II.

Ein hungriger Skorpion läuft mit angehobenen und nach vorn gerichteten, geöffneten Maxillipalpenscheren umher. Sein Postabdomen, das an seinem letzten Glied, dem Telson, die Giftblase mit den 2 Giftdrüsen und dem Stachel trägt (Abb. 3), wird vor allem bei Arten, die sich Höhlen bauen, hoch aufrecht gebogen, und der Giftstachel vielfach an das vorletzte Postabdomenglied angelegt. Arten, die tagsüber unter Steinen oder Baumrinde lauern, tragen ihr Postabdomen häufig nach einer Seite gerichtet. An der Art der Erschütterungen (bzw. bei manchen Buthidae auch der Luftvibrationen) in seiner Nähe merkt der Skorpion, wo sich ein Beuteobjekt bewegt. Sobald etwas Genießbares von ihm berührt wird, greift er mit einer Schere zu. Nur bei größeren Beutetieren werden beide Scheren eingesetzt. Die Beute wird dann sofort den Chelizeren zugeführt. Ist sie mit Scheren und Chelizeren allein nicht zu bewältigen, tritt außerdem der Giftstachel in Aktion. Bei Buthidae, die ja sehr schwache Scheren besitzen, ist das Töten der Beute mit dem Stachel dagegen die Regel (KRAPF 1988). Er wird dabei über den Vorderkörper des Skorpions geschleudert. Die Treffsicherheit ist erstaunlich. Das geschickte Ausweichen vor Feinden, aber auch das Orten von anderen Tieren, die stets „im Auge behalten“ werden, läßt den Beobachter nicht vermuten, daß dabei die Sehorgane nicht mit im Spiele sind. Tiere, denen man die Augen verklebt hatte, benahmen sich aber ebenso. Skorpione können vorwärts, rückwärts und seitwärts laufen. Reizt man sie, so versuchen sie zu stechen. Das Drauflosgehen und Ausweichen geschieht mit tänzelnden Bewegungen. Daß Skorpione gegenüber ihrem eigenen Gift völlig immun sind, konnte widerlegt werden. Setzt man sie in einen Kreis glühender Kohlen oder anderen Brennmaterials, was in Nordafrika immer noch üblich ist, so stechen sie wild um sich. Sicher ist aber, daß sie nicht infolge Autointoxikation, sondern aufgrund der Hitze eingehen. Von bewußtem Selbstmord – wie früher angenommen – kann also keine Rede sein. Mitunter fallen die Tiere zuvor in eine Hitzestarre, doch laufen sie, aus der Gefahrenzone gebracht, bald wieder fort. Gegenüber radioaktiver Strahlung sind sie sehr widerstandsfähig, und Exemplare, die man in einen Eisblock eingefroren hatte, kamen nach dessen Abschmelzen mit dem Leben davon. Dagegen sind Skorpione gegenüber direktem Sonnenlicht außerordentlich empfindlich. Ein *Euscorpius italicus*, der am Mendelpaß in etwa 1800 m ü. NN erbeutet worden war, verstarb, nachdem ich ihn nur ½ Stunde lang der Sonne ausgesetzt hatte. Gleiches beobachtete man, wie CROME (1956) berichtete, bei großen indischen Skorpionen.

Skorpione machen etwa 4 bis 9 Häutungen durch, von denen die erste schon auf dem Rücken der Mutter erfolgt. Manche Arten werden nach einem halben Jahr, andere erst nach 7 Jahren geschlechtsreif. *Tityus*-Arten leben nach der Reifehäutung noch 5–8 Jahre und können zweimal im Jahr Junge bekommen. Bei einigen Arten wurde Parthenogenese beschrieben.

Die Paarung ähnelt generell der der Pseudoskorpione. Dabei setzt das Männchen eine Spermatophore ab, die vom Weibchen aktiv mittels der Kämme in die Genitalöffnung aufgenommen wird, wobei aber der Stiel am Untergrund kleben bleibt. Voraus geht eine Werbung, die sich über Stunden hinziehen kann mit „Streicheln“, Umschlingen der Postabdomina und abschließendem Führen des Weibchens über die oft erst gegen Ende der Werbung ausgestoßene Spermatophore, die nur in ihrem oberen Teil die männlichen Geschlechtsprodukte enthält. Dabei zieht das Männchen rückwärts gehend das Weibchen mit seinen Maxillipalpen, nachdem es die des Weibchen ergriffen hatte.

Daß Skorpione lebendgebärend sind und daß sie bei der Brutpflege bis zu 100 Junge während der ersten Zeit ihres Lebens mit sich herumschleppen, wußte schon ARISTOTELES. Bei vielen Arten nehmen die Jungen am Mahl der Mutter teil. In Gefangenschaft fressen sich manchmal die Weibchen gegenseitig die Jungen vom Rücken.

Die Dauer der Trächtigkeit beträgt bei in Gefangenschaft gehaltenen Skorpionen häufig 5–18 Monate. Bei nordafrikanischen Buthiden kommt es oft schon 4–6 Wochen nach der Paarung zur Geburt der Jungen.

2.1.2 Verbreitung

Skorpione sind über alle Erdteile verbreitet. Außerhalb Deutschlands sind die nächstgelegenen Fundorte in Österreich (Niederösterreich, Tirol, Steiermark, Kärnten) und Norditalien (Südtirol). Wie es scheint, breiten sich diese Tiere namentlich im Südosten Österreichs immer weiter aus. In englischen Hafenstädten gibt es Kolonien der mediterranen Spezies *Euscorpius flavicaudis*, die auch als Gelbschwanzskorpion bezeichnet wird und dorthin durch die Schiffahrt verschleppt wurde. Ihren Verbreitungsschwerpunkt haben die Skorpione jedoch in den Tropen und Subtropen. In den nördlichen gemäßigten Zonen sind sie selten oder fehlen völlig.

Die Biotope, in denen die einzelnen Arten leben, sind sehr verschieden. Manche, wie *Euscorpius italicus* und *Tityus serrulatus*, findet man regelmäßig in Häusern, andere leben unter Steinen oder graben sich Löcher ins Erdreich. Einige Formen leben in wasserarmen Wüsten, andere in feuchten Gegenden unter morscher Rinde oder in Baumstümpfen. Besonders zwischen den Trümmern antiker Ruinen sucht man selten vergebens. *Euscorpius germanus* und *E. carpathicus* steigen in Südkärnten und Osttirol bis zu einer Höhe von 1800 m ü. NN empor. *E. italicus* findet man in Südtirol auf der

Höhe des Mendelpasses. *Scorpiops hardwickei* wurde in Kaschmir noch in 3 800 Meter Höhe erbeutet. Eine Art aus der Familie Bothriuridae lebt in den Anden bis zu 5 500 m ü. NN.

Einige Arten werden mit den verschiedensten Gütern nach Deutschland eingeschleppt. In den fünfziger Jahren waren es in Hamburg nicht mehr als 4 pro Jahr, im süddeutschen Raum, der mehr Waren aus dem Mittelmeergebiet erhält, liegen die Zahlen zwar etwas höher, doch handelt es sich dort meist um mehr oder weniger harmlose Arten. Mehrmals sind allerdings auch schon Angehörige der für Menschen gefährlichen Gattung *Buthus* eingeschleppt worden, besonders *B. occitanus*, dessen Verbreitung sich vom westlichen bis zum östlichen Mittelmeergebiet, über Nordafrika und bis Äthiopien und Somalia erstreckt. Gefährlich sind nur die aus Afrika eingeschleppten Tiere. An Bananen aus Ekuador im Hamburger Freihafengelände fand ich zwischen 1952 und 1955 den gefährlichen *Tityus asthenes* und den harmlosen *Teuthraustes rosenbergi*. *Iomachus politus*, eine größere, aber ungefährliche Art, kam einmal mit Hölzern aus Ostafrika nach Hamburg. Weit verbreitet in vielen warmen Ländern der Erde ist der unter Baumrinde lebende, nicht ganz ungefährliche *Isometrus maculatus*. Ich fand ihn außerordentlich häufig auf Réunion. Er soll schon in Spanien beobachtet worden sein. Wenn auch noch keine tödlichen Zwischenfälle mit dieser Art bekanntgeworden sind, so ist der Stich doch sehr schmerzhaft. Die Wirkung kann bis zu 3 Stunden anhalten.

2.1.3 Systematik

Die Skorpione werden heute meist in 2 Unterordnungen und 9 Familien eingeteilt, wie die folgende Übersicht zeigt. Systematisch von Bedeutung für die Einteilung sind die Form des Sternums, Form der Palpenscheren, Größe der Giftblase, eventuelle Dornen unter dem Giftstachel, Zahl der Augen und Zahl der Trichobothrien auf dem Femur der Palpen.

Subordo Buthoidae
- Familia Buthidae

Subordo Chactoidae
- Familiae Chactidae, Scorpionidae, Diplocentridae, Bothriuridae, Vaejovidae, Iuridae, Chaerilidae, Ischnuridae.

Unter den Buthidae finden sich die gefährlichsten Arten. Mit 4 Unterfamilien und 56 Gattungen (Francke 1985) ist sie die größte, aber auch älteste Familie der rezenten Skorpione. Ihre Angehörigen sind kenntlich am spitzdreieckigen Sternum, einer Chitinplatte zwischen den Hüftgliedern der Beine, den verhältnismäßig schmalen Scheren, der relativ dicken Giftblase, die unter dem Stachel oft noch einen Dorn aufweist, den 11 Trichobothrien am Palpenfemur und der Anzahl der Augen, die stets mehr als 6 beträgt. Bis jetzt sind etwa 600 Arten aus allen Erdteilen beschrieben worden. Viele davon sind toxikologisch eingehend erforscht. Da aber auch Untersuchungen mit den Toxinen von Skorpionen aus anderen Familien durchgeführt werden, sollen einige Bemerkungen über Angehörige der übrigen Familien folgen.

Die Bothriuridae sind mit 81 Arten in Südamerika und Australien verbreitet. Ihr Sternum ist mehrfach breiter als lang und besteht aus 2 kleinen Lamellen oder trans-

Abb. 4. *Pandinus pallidus,* eine der großen Arten mit massigen Scheren. Aufn. G. FIEDLER

versalen Platten. Die Kämme haben perlförmige Mittellamellen. Die Familie umfaßt 12 Gattungen. Es handelt sich um ziemlich kleine Tiere, die in waldreichen Regionen leben. Der Stich der einzigen Spezies aus Tasmanien, *Cercophonius squama*, verursacht lokal Schmerz, Hautrötung und Schwellung.

Die Scorpionidae werden in 3 Unterfamilien und 7 Gattungen eingeteilt. Hierher gehören die größten Skorpione überhaupt. Die Familie ist über Afrika, Asien und Australien verbreitet und umfaßt 118 Arten. In die Unterfamilie Urodacinae gehört *Urodacus excellens*, mit 15 cm Körperlänge der größte australische Skorpion. Bekannteste Arten aus der Unterfamilie Scorpionidae sind der Kaiserskorpion *Pandinus imperator* (schwerster und zweitlängster Skorpion überhaupt, in Afrika und Arabien vorkommend), die in Indien und Sri Lanka weit verbreiteten Spezies der Gattung *Heterometrus*, die südafrikanischen *Opisthophthalmus*-Arten und die nordafrikanische und im mittleren Osten Asiens verbreitete Art *Scorpio maurus*, die in ganz Nordafrika, Mauretanien, Äthiopien, Senegal und im mittleren Osten in vielen Unterarten vertreten ist. Scorpionidae sind leicht daran zu erkennen, daß das pentagonale Sternum parallele Seiten hat und daß sich nie ein Dorn unter dem Stachel befindet.

Durch das letztgenannte Merkmal unterscheiden sie sich von der folgenden Familie, den Diplocentridae, die wie viele Buthidae einen Dorn unter dem Stachel aufweisen. Es handelt sich um 70 Arten aus Afrika, Kleinasien und Amerika. Von den Buthidae unterscheiden sie die kürzeren und kräftigeren Maxillipalpen. Von den 7 Gattungen kommt *Nebo* in den Ländern des östlichen Mittelmeergebietes vor.

Zur Familie Ischnuridae zählen die Arten der Gattung *Hadogenes*, die sich durch extrem lange und dünne Postabdomina auszeichnen. Mit mehr als 25 cm Körperlänge ist *H. troglodytes*, ein südafrikanischer Felsskorpion, der längste bekannte Vertreter der ganzen Ordnung. Auch der schon erwähnte *Iomachus* gehört hierher. *Hadogenes* ist eine südafrikanisch-madagassische Gattung, *Iomachus* über Afrika und Indien verbreitet.

Die Chaerilidae sind mit 1 Gattung und 23 Arten in der indomalayischen Region verbreitet. Ihr Kennzeichen sind ein fast pentagonales Sternum mit deutlicher mittlerer Furche und nur 2 Seitenaugen, wobei sich aber ein gelber Fleck hinter dem zweiten befindet.

Ein Sternum mit parallelen Seitenrändern, meist breiter als lang und mit tiefer mittlerer Furche, kennzeichnet die über Nordamerika und die Alte Welt verbreiteten Vaejovidae, eine Familie mit 3 Unterfamilien, 13 Gattungen und 130 Arten. Am bekanntesten sind die meist gelbgrün oder leuchtend grün gefärbten *Vaejovis* aus Nordamerika, *Uroctonus mordax*, eine blauschwarze Art mit gelben Beinen und dunkelgelbem „Schwanz“ aus derselben Region sowie der altweltliche *Scorpiops.*

Die Gattungen *Iurus, Paraiurus, Caraboctonus, Hadruroides* und *Hadrurus* bilden die Familie Iuridae. Hier ist der 11 cm lange, im Südwesten der USA lebende *Hadrurus hirsutus*, eine grasgrüne oder bläuliche Spezies, erwähnenswert.

Maximal 6 Augen, ein pentagonales breites Sternum ohne mittlere Furche, das vorn aber 2 T-förmige Depressionen aufweist, kennzeichnet die Familie Chactidae, die mit 4 Unterfamilien, 18 Gattungen und 140 Arten über die Alte und Neue Welt verbreitet ist. Hierher gehören auch die kleinen *Euscorpius*-Arten, die man in Südfrankreich, Italien, Jugoslawien, Österreich, Spanien und Nordafrika und in Asien bis zur Türkei und zum Kaukasus findet. Weiterhin ist von europäischen Arten der augenlose *Belisarius* aus den Ostpyrenäen zu nennen. *Superstitiona* ist der dreigestreifte Skorpion der südwestlichen USA, *Teuthraustes rosenbergi* wurde mit Bananen aus Ekuador eingeschleppt.

2.1.4 Medizinische Bedeutung

Von medizinischer Bedeutung sind nur etwa zwei Dutzend Skorpionarten aus der Familie Buthidae. Um sich ganz grob zu orientieren, ob man einen Angehörigen dieser Familie vor sich hat, genügt es, auf die Dicke der Giftblase zu achten. Tiere mit kleiner Giftblase sind im allgemeinen harmlos, vor allem, wenn sie auch noch dunkel gefärbt sind. Große Arten, vor allem, wenn sie dicke Scheren an den Maxillipalpen tragen, sind für den Menschen ungefährlich. Die Buthidae sind meist mittelgroß, oft gelbbraun oder grünlich gefärbt und haben verhältnismäßig lange und schmale Scheren sowie dicke Giftblasen. Körpergröße und Gefährlichkeit stehen bei Skorpionen in keinem bestimmten Verhältnis zueinander. Oft sind die Stiche kleinerer Arten viel folgenschwerer als diejenigen größerer. Auch Jungtiere gefährlicher Arten können zu folgenschweren Zwischenfällen führen, so die von *Centruroides*- und *Tityus*-Arten.

Leider kann man sich in fremden Ländern nicht immer auf die Kenntnisse der Einheimischen verlassen. So habe ich es mehrmals erlebt, daß z. B. die Eingeborenen in Nordafrika die größeren dunkel gefärbten Arten mit den mächtigen Scheren, wie *Scor-*

Tabelle 2. Medizinisch bedeutsame Gattungen der Skorpione. Nach VACHON u. KINZELBACH 1987 sowie FRANKE u. STOCKWELL 1987 (verändert)

Gattung	Verbreitung
Androctonus	Nordafrika, Sahara, Sudan, Libanon, Israel, Syrien, Jordanien, Türkei, Jemen, Saudi-Arabien, Oman, Kuwait, Emirate, Iran, Afghanistan, Pakistan, NW-Indien
Buthacus	Nordafrika, Mauretanien, Senegal, Tschad, Sudan, Somalia, Israel, Syrien, Jordanien, Saudi-Arabien, Oman, Kuwait, Bahrain, W-Iran
Butheolus	Eritrea, Somalia, Jemen, Oman, Ostafrika, Sudan
Buthotus[1]	Nordafrika, Südafrika, Israel, Libanon, Jordanien, Syrien, Türkei, S-Jemen, Oman, Irak, Iran, Afghanistan
Buthus	Nordafrika, S-Frankreich, Iberische Halbinsel, Sizilien, Malta (importiert), Zypern, Sahara, Sahel, von Senegal bis Äthiopien, Somalia, Israel, Jordanien, Irak
Centruroides	Nord-, Mittel- und Südamerika vom Äquator bis zum 40. Grad nördlicher Breite (etwa 50 Arten)
Compsobuthus	Nordafrika von Mauretanien bis Ägypten, Äthiopien, Israel, Libanon, Syrien, Jordanien, Türkei, Saudi-Arabien, Jemen, Oman, Emirate, Kuwait, Irak, Iran, Afghanistan, Tadschikistan, Indien
Hottentotta	Äquatorialafrika (Sudan, Kenia)
Leiurus	Algerien, Libyen bis Niger, Ägypten, Sudan, Somalia, Tschad, Syrien, Israel, Libanon, Jordanien, Saudi-Arabien, Jemen, Oman, Masira, Türkei
Mesobuthus	Griechenland, Türkei, Syrien, Malta (importiert), Zypern, Irak, Iran, Turkmenien, Afghanistan, Indien, Mongolei, China, Korea
Odontobuthus	Iran, Pakistan, Vereinigte Arabische Emirate
Orthochirus	Ägypten, Sahara, Sudan, Eritrea, Somalia, Israel, Jordanien, Syrien, Saudi-Arabien, N-Jemen, Oman, Bahrein, Irak, Iran, Afghanistan, Pakistan, Indien, Transkaspien, Turkestan, China
Parabuthus	Somalia, Ostafrika, Südafrika, Namibia, Angola, Saudi-Arabien, N-Jemen, Äthiopien, Sudan, Kongo
Tityus	Costa Rica bis Argentinien, Karibik nördlich bis Kuba (mehr als 100 Arten)

[1] neuerdings als Synonym von *Hottentotta* betrachtet

pio maurus, für gefährlich halten, während sie die kleineren heller gefärbten Spezies mit den schmalen Scheren, wie *Buthus* und seine Verwandten, für harmlos erachten.

Skorpione spielen als medizinisches Problem vor allem in Mexiko, Brasilien, Nordafrika und im Mittleren Osten eine wichtige Rolle. In Mexiko kommt es jährlich zu etwa 300 000 Zwischenfällen, von denen etwa 1 000–1 200 tödlich enden. In Brasilien beträgt die Todesrate bei Erwachsenen bis zu 1,4 %, bei Schulkindern bis zu 5 % und bei Kleinkindern bis zu 20 % (vgl. 2.2.4). In Oberägypten kommen jährlich 36 000 Unglücksfälle mit Buthiden vor, wobei die Sterblichkeit je nach Lebensalter zwischen 2 bis 26 ‰ schwankt. Das bedeutet mindestens 72 Todesfälle pro Jahr. 80 % aller Zwischenfälle und 95 % aller Todesfälle durch Skorpione entfallen in Nordwestafrika auf *Androctonus australis*. Eine Auswertung von 20 164 Unfällen durch diese Spezies in Algerien ergab eine Sterblichkeit bis zu 1,3 % bei Erwachsenen, 3,7 % bei Schulkindern und 7,8 % bei Kleinkindern. Bei dem u. a. im östlichen Mittelmeergebiet vorkommenden *Leiurus quinquestriatus* (Umschlagbild) wird bei Kleinkindern mit einer Mortalität bis zu 50% gerechnet. In Libyen wurden 1979 900 Zwischenfälle mit Skorpionen registriert. Die Sterblichkeit betrug 7/100000 Einwohner. Meistens waren Kinder unter 2 Jahren betroffen. In Südtunesien lag die Sterblichkeit von Personen, die von Buthiden gestochen wurden, in einem Jahr bei 0,35%. Alle waren jünger als 15 Jahre (GOYFFON et al. 1982). In Jordanien kam es zwischen 1982 und 1985 zu 547 Zwischenfällen, von denen 2 tödlich endeten. Gefährliche Arten waren hier *Leiurus quinquestriatus, Androctonus crassicauda* und *Buthus occitanus* (AMR et al. 1988).

2.2 Für Menschen gefährliche Skorpione

In diesem Abschnitt werden wir die gefährlichen Arten nach Ländern bzw. Regionen geordnet Revue passieren lassen (Tab. 2). Es handelt sich dabei vor allem um Spezies aus den Gattungen *Buthus, Mesobuthus, Buthacus, Hottentotta, Androctonus* (Abb. 6), *Leiurus, Parabuthus, Tityus* und *Centruroides.* Die Häufigkeit der Zwischenfälle hängt von den in einem bestimmten Areal vorherrschenden Arten ab. So entfallen etwa 90% aller Skorpione der Insel Trinidad, die von 7 Spezies bewohnt wird, auf *Tityus trinitatis.* Entsprechend hoch ist auch die Frequenz von Zwischenfällen mit dieser Spezies, bei der die Mortalitätsrate immerhin bei Kindern unter 5 Jahren 25% beträgt (WATERMAN 1938).

2.2.1 Afrikanische Arten

In den Ländern Nordwestafrikas ist *Androctonus australis,* ein Dickschwanzskorpion, die gefährlichste Spezies (Abb. 6). Er ist von Marokko, Algerien und Tunesien bis Indien verbreitet. Wie alle hochgiftigen Skorpione Nordafrikas gehört er zu den xerophilen (Trockenheit liebenden) Arten. Weitere Dickschwanzskorpione von medizinischer Bedeutung in Nordwestafrika sind *Androctonus mauretanicus, A. amoreuxi, A. aeneas* und *A. hoggarensis. A. amoreuxi* ist von Mauretanien bis Ägypten und dem Sudan, *A. hoggarensis* in der Sahara verbreitet.

Der wohl häufigste Skorpion Nordwestafrikas ist *Buthus occitanus,* der auch in Südeuropa vorkommt (Farbtafel I). Während er dort jedoch relativ harmlos ist, haben seine über Nordafrika, Äthiopien, Somalia und Israel verbreiteten weitaus giftigeren geographischen Rassen schon zu Zwischenfällen mit tödlichem Ausgang geführt.

Bei dem in Libyen, Niger, Tschad, Ägypten, Syrien, Israel, der Türkei und dem Jemen lebenden *Leiurus quinquestriatus,* der einem *Buthus* auf den ersten Blick sehr ähnelt und häufig mit ihm verwechselt wird, handelt es sich um einen der gefährlichsten Skorpione überhaupt. Von ihm Gestochene berichten über unerträgliche Schmerzen. Von den Dickschwanzskorpionen im Nordosten Afrikas muß zusätzlich noch *Androctonus crassicauda* genannt werden, der nicht nur in Ägypten und im Sudan, sondern auch im Libanon, in Israel, in der Türkei, im Iran und am Persischen Golf lebt. Von den *Hottentotta*-Arten spielt *H. judaica* im östlichen Mittelmeergebiet die größte Rolle. *Buthacus arenicola* ist nicht nur in Nordostafrika, Syrien und Israel, sondern auch von Tunesien bis Senegal zu finden. In Tunesien scheint er allerdings im Vergleich zu *Buthus occitanus tunetanus* und *Androctonus australis* relativ selten zu sein.

Abb. 5. Ein Vertreter der in Nordamerika medizinisch bedeutsamen Gattung Centruroides ist *C. elegans.* Aufn. H. LIESKE

Äußerst schmerzhaft sind auch die Stiche der in Ägypten heimischen Spezies *Androctonus amoreuxi, Compsobuthus acutecarinatus* und *A. bicolor.* Der Schwarzschwanzskorpion *Orthochirus scrobiculosus,* eine von Nordostafrika und Arabien bis China verbreitete Spezies, ist wegen der Schmerzhaftigkeit seiner Stiche ebenfalls gefürchtet.

Im Sudan und großen Teilen Ostafrikas spielt *Hottentotta minax* eine gewisse Rolle. Die giftigsten Arten Südafrikas gehören zu der vom Sudan bis zum Süden des Kontinents verbreiteten Gattung *Parabuthus,* wie z. B. *P. granulatus.* Es handelt sich um bis zu 14 cm lange Skorpione, von denen einige in der Lage sind, ihr Gift auf eine Entfernung von etwa 1 m zu verspritzen. Gelangt es ins Auge, so kann es sehr unangenehme Reizerscheinungen, Vergiftungen und Blindheit hervorrufen (NEWLANDS 1974), was an ähnliche Effekte bei der Speikobra erinnert.

Die übrigen afrikanischen Buthidae sind medizinisch verhältnismäßig bedeutungslos, wie die Gattungen *Microbuthus* (Ostafrika), *Uroplectes* (Zentral-, Süd- und Ostafrika, Ostindien), *Lychas* (Ostafrika, Asien, Australien) und *Grosphus* (Madagaskar). Auf das Konto von *Uroplectes*-Arten gehen die meisten Zwischenfälle in Südafrika.

2.2.2 Asiatische Arten

Ein Großteil der afrikanischen Arten ist auch in Asien zu finden. Dazu zählen *Androctonus australis, A. crassicauda, A. bicolor, Buthus occitanus, Leiurus quinquestriatus, Hottentotta judaica, Buthacus arenicola, Orthochirus scrobiculosus* und *O. innesi.* Bis auf *O. scrobiculosus* kommen alle z. B. in Israel vor.

Die im Sinne der Fragestellung wichtigsten Skorpione des Iran sind *Androctonus crassicauda, Odontobuthus doriae, Hottentotta saulcyi, Mesobuthus eupeus* und *Compsobuthus matheisseni.* Viele dieser Spezies sind über große Gebiete Asiens verbreitet. So lebt *Mesobuthus eupeus* in einer Region, die sich vom Kaukasus bis Zentralasien erstreckt. Eine insbesondere von russischen Forschern untersuchte Spezies aus den zentralasiatischen Staaten ist der bereits erwähnte *O. scrobiculosus.*

In Indien, wo 86 Skorpionarten leben, sind *Androctonus crassicauda* und – besonders im Osten des Landes – *Mesobuthus tamulus,* der rote Skorpion, gefürchtet. Das Gift beider führt mitunter zu schweren Vergiftungsbildern mit Todesfolge. Gleiches gilt für *Mesobuthus grammurus* (Vorderindien).

In Kleinasien und Mesopotamien lebt *Mesobuthus gibbosus,* dessen Verbreitungsareal sich über die Inseln der Ägäis bis zum Balkan erstreckt.

Hottentotta alticola ist eine Gebirgsform aus dem Hindukusch, dessen Stich nicht sehr schmerzhaft sein soll. Ganz das Gegenteil ist der Fall bei *Butheolus thalassinus,* einer Spezies, die rund um das Rote Meer vorkommt und insbesondere im Jemen häufig ist.

Abb. 6. *Androctonus australis,* eine gefährliche Art Nordwestafrikas. Aufn. G. Fiedler

Die gefährlichste Art Nordostchinas (Mandschurei) und Koreas ist *Mesobuthus martensi.*

Abgesehen von der kosmopolitischen Spezies *Isometrus maculatus* kommen auch noch andere *Isometrus*-Arten in Asien, und hier vor allem in Indien, vor. Sie sind jedoch, wie alle Skorpione der Unterfamilie Isometrinae, von nur geringer medizinischer Bedeutung.

2.2.3 Australische Arten

Im Gegensatz zu den Skorpionen Afrikas und Asiens handelt es sich bei den Buthidae Australiens um vergleichsweise ungefährliche Arten. Das gilt für Tiere der Gattung *Isometroides* ebenso wie für die der Gattung *Lychas.* Allerdings verfügen *Lychas marmoreus* und *L. armatus* über ein Gift, dessen außerordentlich schmerzhafte Wirkung bis zu 10 Stunden anhalten kann.

2.2.4 Amerikanische Arten

Zwei Unterfamilien der Buthidae stellen das Gros der gefährlichen Skorpione Amerikas: die Centrurinae in Nord-, Mittel- und Südamerika und die Tityinae, deren Ver-

Abb. 7. *Tityus serrulatus*, wichtigster humanpathogener Skorpion Südamerikas. Aufn. H. Lieske

Abb. 8. *Tityus asthenes*, ein Skorpion aus dem nördlichen Südamerika. Aufn. G. Schmidt

breitung sich von Südamerika bis Costa Rica erstreckt. Auf den ersten Blick sind sich die Angehörigen beider Unterfamilien sehr ähnlich. So können z.B. auch viele Centrurinae einen Dorn unter dem Giftstachel aufweisen, wie es für alle Tityinae charakteristisch ist. Auch in der Gefährlichkeit und im Symptomenbild der Intoxikation finden sich kaum Unterschiede, wie denn auch die Toxine einander sehr ähneln.

In Nordamerika gehen, wenn man Mexiko ausklammert, fast alle gefährlichen Zwischenfälle mit Skorpionen zu Lasten von *Centruroides exilicauda*, eine Art, die vom Süden der USA bis Mexiko verbreitet ist. Die meisten Todesfälle durch diese Spezies ereignen sich zwischen April und Juli. 94% davon entfallen auf Kinder unter 9 Jahre. Insgesamt 7 *Centruroides*-Arten, die in Arizona, Mexiko und der Karibik vorkommen, können Todesfälle verursachen. In Mexiko sind dies außer *C. exilicauda, C. suffusus, C. noxius, C. limpidus, C. limpidus tecomanus* und *C. limpidus infamatus.* Die beiden letztgenannten Formen werden oft auch als eigene Arten aufgefaßt. *C. limpidus* verursacht mehr als 50% aller Zwischenfälle mit Skorpionen in seiner Heimat. *C. noxius* gilt als der für den Menschen gefährlichste Skorpion überhaupt. *C. elegans* (Abb. 5) eine Art, die von Florida bis Mexiko zu finden ist, verursacht außerordentlich schmerzhafte Stiche. Gleiches gilt nach eigenen Feststellungen für *C. margaritatus*, eine honduranische Spezies, bei der auch die Jungtiere schon sehr gefährlich werden können. Offenbar sind Gifte von Jung- und Alttieren qualitativ identisch.

Auf Trinidad verursacht *Tityus trinitatis* bei 80% der Gestochenen akute Pankreasentzündungen. Bei der Hälfte aller Patienten treten bis zu 24 Stunden anhaltende Leibschmerzen auf.

Obwohl die Gattung *Tityus* über alle Staaten Südamerikas verbreitet ist, fehlen Angaben über die Häufigkeit und Schwere von Stichverletzungen weiter Gebiete. So weiß man kaum etwas über *Tityus asthenes*, eine Spezies aus dem Norden Südamerikas (Abb. 8). Lediglich über die Verhältnisse in Brasilien sind wir gut orientiert. Die gefährlichste Art ist hier *T. serrulatus* (Abb. 7). Die Todesrate beträgt bei Erwachsenen bis zu 1,4 %, bei Schulkindern bis zu 5 % und bei Kleinkindern bis zu 20 %. Der zweitwichtigste Skorpion Brasiliens ist *Tityus bahiensis*, eine etwas kleinere Art, die auch in Paraguay und Argentinien zu finden ist. Ihr Gift erwies sich im Tierversuch um etwa ⅓ weniger potent. Trotzdem sind auch mit dieser Spezies schon Todesfälle vorgekommen.

Der über große Teile Brasiliens, Argentiniens sowie in Paraguay verbreitete *Tityus trivittatus* verursachte bei einem 8jährigen Kind einen tödlichen Zwischenfall (STRAUSS-HILLER nach FLATT, pers. Mitt. 1990).

Abschließend sei bemerkt, daß die Anzahl der Arten von medizinischer Bedeutung von verschiedenen Autoren unterschiedlich angegeben wird. So listen JUNQUA u. VACHON (1968) weltweit 41 Spezies auf, die mit Sicherheit zu Vergiftungserscheinungen geführt haben, während KEEGAN (1980) nur 27 Arten nennt.

2.3 Symptomatik bei Skorpionstichen

Das erste und häufig führende Symptom bei Skorpionstichen ist der Schmerz, der bereits nach 5 min sehr heftig sein kann. Er wird von „unbedeutend“ über „heftig“ bis „unerträglich“ geschildert. Das hängt sowohl von der jeweiligen Spezies und der injizierten Giftmenge als auch von der individuellen Empfindlichkeit des Patienten ab. Auch die Dauer des Schmerzes ist unterschiedlich. Sie reicht von einigen Stunden bis zu mehreren Tagen. Lokale Ödeme an der Bißstelle können bis zu 1–2 Wochen anhalten. Manche Symptome treten erst 1 Tag nach dem Stich auf. Bei Intoxikationen durch *Leiurus quinquestriatus* sind außerdem Tachykardie, Arrhythmien und in sehr schweren Fällen Lungenödem und Schockzustände charakteristisch. Hinzu kommen, wie auch nach Stichen anderer Buthidae, Konvulsionen, Lähmungen, Steigerungen der Reflextätigkeit, Schweißausbrüche, Schüttelfrost, Hypothermie, Hypertonie, EKG-Veränderungen, Unruhe, vor allem aber Angstzustände. Falls Tod durch Atemlähmung eintritt, dauert der Krankheitsverlauf bei Kindern meist 10–18 Stunden, bei Erwachsenen 36–120 Stunden.

Tityus trinitatis verursacht Abdominalschmerzen, Übelkeit und Erbrechen bei 80 % der Gestochenen. Auch Schockzustände bis zur Bewußtlosigkeit sind beobachtet worden.

Bei *Centruroides exilicauda* ist das Vergiftungsbild durch starken, brennenden Schmerz, lokale Parästhesien, Hyperästhesie, Unruhe, Atemschwierigkeiten bis zur Luftnot und Herzinsuffizienz (Herzleistungsschwäche) oder kardiales (herzbedingtes) Lungenödem charakterisiert. Die Herzinsuffizienz mit ihrer pulmonalen Komponente (Lungenödem) tritt auch nach *Tityus serrulatus* bei 25 % der von dieser Art gestochenen Kindern auf (CAMPOS et al. 1980).

BHARANI u. SEPAHA (1984) berichten über Myelopathie (Rückenmarkserkrankung) nach Skorpionstich.

Leiurus quinquestriatus, Hottentotta minax, Androctonus amoreuxi und *Pandinus exitalis* verursachen Bradykardie (Verlangsamung des Herzschlages) (EL-ESMAR 1984).

Myokarditis (Entzündung des Herzmuskels) wurde schon 1963 nach *Tityus trinitatis*-Stichen beobachtet (POON-KING). *Buthus occitanus*-Vergiftung führt bei Kindern zu Hypotension (Blutdrucksenkung) und Schock (GONZALES 1979). Auch nach *Tityus trinitatis*-Stichen kommt es zu Kreislaufreaktionen: In 7–32 % zu Herzinsuffizienz, in 13–38 % zu vorrübergehender Hypertension (Erhöhung des Blutdrucks), in 7–38 % zu Schock und in 7 % zu Herzstillstand (POON-KING 1963). Auch Nasenjucken und Nasenlaufen sind häufig zu beobachten. Über exzessiven Speichelfluß berichten ZLOTKIN et al. (1978). Teerstühle und Hämaturie (Blut im Urin) als Ausdruck hämorrhagischer Veränderungen sowie Priapismus (Dauererektionen) wurden von BAZOLET (1971) gesehen.

Zusammenfassend ergibt sich, daß Skorpiongifte hauptsächlich auf das neuromuskuläre und autonome Nervensystem einwirken, daneben kardiotoxisch sein und das Respirationssystem schädigen können. Vieles läßt sich durch Beeinflussung der körpereigenen Hormonfreisetzung erklären. Darüber hinaus gibt es eine ganze Reihe spezifischer Effekte, die in den Abschnitten 2.4.4 bis 2.4.7 behandelt werden.

2.4 Skorpiongifte

Die Giftmenge bei einem Skorpionstich variiert außerordentlich. Man darf davon ausgehen, daß niemals der gesamte Giftvorrat auf einmal injiziert wird. Das ist auch verständlich, wenn man bedenkt, daß bis zur Auffüllung des Giftdepots 2–4 Wochen vergehen können. *Leiurus quinquestriatus* kann bei einem Stich bis zu 8,2 mg Gift abgeben (SHULOV et al. 1959). Der Gesamtvorrat der Giftblase beträgt jedoch 24 mg.

Um präzise Aussagen über die Giftwirkungen machen zu können, sind Laboruntersuchungen erforderlich. Ein recht bedeutsamer Umstand für die Beurteilung der Gefährlichkeit eines Giftes muß dabei noch in Betracht gezogen werden: die Art der Gewinnung zur Bestimmung der Toxizität und der pharmakologischen Wirkungen. Es gibt dabei zwei Verfahren, das „Melken" der Skorpione und die Giftextraktion aus getrockneten Giftblasen. Beim Melken bedient man sich entweder der elektrischen Reizung der Giftdrüsen durch Ströme von 5–7 V oder der manuellen Massage des Cephalothorax. Durch die letztgenannte Methode bekommt man ein zehnmal so giftiges Toxin wie durch elektrische Reizung. Denn dabei wird lediglich die Toxinabgabe stimuliert, während durch den elektrischen Strom auch die Sekretion von nichttoxischen Substanzen provoziert wird, die die Toxine verdünnen. Durch Elektrostimulation wurden bei *Hottentotta saulcyi* maximal 1,9 mg und bei *Compsobuthus matheisseni* minimal 0,006 mg Gift gewonnen (LATIFI u. TABATABAI 1979). Bei Vergleich des durch Elektrostimulation erhaltenen mit dem aus getrockneten Drüsen extrahierten Gift fanden die Autoren, daß durch die Extraktionsmethode quantitativ mehr, aber weniger toxisches Gift gewonnen wird. Die LD_{50} ist dabei fast doppelt so hoch. Nach BAZOLET (1971) enthält *Androctonus australis* im Schnitt 1,4 mg, *Buthacus arenicola* 0,7 mg, *Buthus occitanus* 0,29 mg Trockengift. Bei *Androctonus amoreuxi* schwankt der Gehalt zwischen 0,38 und 0,72 mg (HASSAN 1984). *Tityus serrulatus* gibt pro Stich im Mittel 0,62 mg Trockengift ab, *T. bahiensis* 0,39 mg (BÜCHERL 1971). Das Maximum sind jedoch 3,8 bzw. 2 mg.

Diese Daten sind für die Bemessung der Serummenge bei einem Gestochenen wichtig.

2.4.1 Zusammensetzung der Gifte

Skorpiongifte enthalten, wie sich durch Elektrophorese und Gelchromatographie ermitteln ließ, gegen Säugetiere, Insekten oder Krebstiere gerichtete Toxine. Wie MARTIN et al. (1987) zeigen konnten, variieren die einzelnen Komponenten im Gift einer Spezies quantitativ beträchtlich. Konstant ist jedoch die Anzahl der gegen die verschiedensten Tiergruppen wirksamen Gifte. Während *Heterometrus scaber* nur ein einziges Toxin aufweist, das auch gegen Säuger wirkt, sind es bei *Mesobuthus eupeus* 16 Toxine, davon 11 gegen Säuger. *Buthus occitanus tunetanus*-Gift enthält sogar 13 gegen Säugetiere wirksame Toxine.

Selbstverständlich sind diese Toxine in unterschiedlichem Maße auch gegen Insekten, die natürlichen Beutetiere der Skorpione, wirksam, wie denn auch die Insektentoxine bei Säugern keineswegs völlig unwirksam zu sein brauchen.

Als vor etwa 10 Jahren Pressemeldungen mit Überschriften wie „Natürliches Insektenvernichtungsmittel vom Skorpion“ erschienen, glaubten viele, daß aus dem Skorpiongift ein Insektizid gewonnen wurde, welches die synthetischen Substanzen ersetzen könne. Was war indes wirklich geschehen? ZLOTKIN und Mitarbeiter, die sich seit vielen Jahren mit Skorpiongiften befassen und 1971 das erste Insektotoxin isoliert hatten – es war aus dem Gift von *Androctonus australis* HECTOR gewonnen worden –, hatten auf dem Entomologenkongreß in Washington 1976 darüber vorgetragen, daß die verschiedenen Giftfraktionen von Skorpionen unterschiedlich auf die verschiedensten Organismen wirken. Es bestehen keine Korrelationen zwischen der LD_{50} bei Mäusen

Tabelle 3. Zahl und Art isolierter Toxine von Skorpionen aus zwei Familien. Nach POSSANI 1984

Art	Toxine gegen			
	Säuger	Insekten	Asseln	andere
Hottentotta minax	2	–	–	–
Buthus occitanus mardochei	6	–	–	–
Buthus occitanus paris	2	–	–	–
Buthus occitanus tunetanus	13	–	–	–
Centruroides elegans	2	–	–	–
Centruroides limpidus limpidus	3	–	–	–
Centruroides limpidus tecomanus	3	–	–	–
Centruroides noxius	7	–	11	–
Centruroides exilicauda	–	–	–	13
Centruroides suffusus suffusus	3	–	–	–
Leiurus quinquestriatus quinquestriatus	5	–	–	–
Tityus serrulatus	4	1	–	–
Mesobuthus eupeus	11	5	–	–
Mesobuthus gibbosus	3	–	–	–
Scorpio maurus palmatus	1	3	–	–
Heterometrus scaber	1	–	–	–

und Fliegenlarven. Das Gift der für den Menschen relativ harmlosen *Scorpio*-Arten ist für Fliegenlarven viel wirksamer als das der für Menschen äußerst gefährlichen *Androctonus*-Arten. Bei diesen ist die Giftfraktion, die Wirbeltiere tötet, für Insekten ziemlich ungiftig, und umgekehrt ist die für Insekten giftige Fraktion für Säuger harmlos. Diese Befunde, die zunächst nur an den Familien Scorpionidae und Buthidae erhoben worden waren, gelten, wie sich in späteren Untersuchungen zeigte, auch für weitere Familien. Die ZLOTKINsche Arbeitsgruppe hat in der Zwischenzeit Proteine entdeckt, die spezifisch auf Krebstiere wirken, während andere sowohl Krebse als auch Insekten schädigen. Man spricht daher von Toxinen gegen Säuger („Säugertoxine"), Insekten („Insektentoxine") und Krustazeen („Crustaceen-Toxine"), wobei natürlich die Empfindlichkeit der einzelnen Organismen ganz unterschiedlich ist. So sollen z.B. Igel gegen Skorpiongift wenig anfällig sein. Andererseits kann man die Toxine gegen Insekten noch weiter unterteilen in solche, die beispielsweise Heuschrecken, Schaben, Grillen oder Fliegenlarven schädigen. Bei den Krebstieren sind Asseln die Standardversuchstiere, bei den Säugern Mäuse. Es soll auch Toxine gegen Hühnerküken geben. Bis 1983 waren 113 Toxine in reiner Form isoliert. Davon waren 85 gegen Säugetiere, 13 gegen Insekten, 2 gegen Asseln und 13 gegen andere Tiere (Küken) gerichtet. Die Aminosäurensequenz von 25 Toxinen wurde vollständig, von weiteren 45 partiell aufgeklärt.

Tabelle 4. Übersicht über verschiedene Komponenten in Skorpiongiften

Substanz	Nachgewiesen bei	Autor
Alkalische Phosphatase	*Heterometrus indus*	WRIGHT et al. 1977
	Hadrurus arizonensis	
	Paruroctonus mesaensis	
Azetylcholin	*Heterometrus indus*	FUJIMOTO et al. 1979
Azetylcholinesterase-	*Vaejovis spinigerus*	RUSSELL et al. 1968
Aktivität	*Hadrurus arizonensis*	SAUNDERS u. JOHNSON 1970
	Heterometrus scaber	NAIR u. KURUP 1973
Cholesterin	*Leiurus quinquestriatus*	NAIR u. KURUP 1973
Cholesterinester	*Leiurus quinquestriatus*	NAIR u. KURUP 1973
Freie Aminosäuren	*Heterometrus bengalensis*	KANWAR et al. 1983
Freie Fettsäuren	*Leiurus quinquestriatus*	NAIR u. KURUP 1973
Freie Hexosamine	*Heterometrus scaber*	NAIR u. KURUP 1973
Freie Aminosäuren	*Hottentotta minax*	EL-ASMAR et al. 1973
Gelatinaseaktivität	*Scorpio maurus palmatus*	ZLOTKIN et al. 1972
Glykosylaminoglykane	*Heterometrus scaber*	NAIR u. KURUP 1973
Hämoglobinproteinase	*Leiurus quinquestriatus*	
Histamin	*Heterometrus indus*	ISMAIL et al. 1975
Hyaluronidaseaktivität	*Scorpio maurus palmatus*	ZLOTKIN et al. 1972
	Leiurus quinquestriatus	MOHAMED et al. 1973
	Heterometrus scaber	NAIR u. KURUP 1973
	Hadrurus arizonensis	WRIGHT et al. 1977
	Vaejovis spinigerus	WRIGHT et al. 1977
	Paruroctonus mesaensis	WRIGHT et al. 1977
Lipide	*Leiurus quinquestriatus*	MARIE u. IBRAHIM 1976
Methylester	*Leiurus quinquestriatus*	NAIR u. KURUP 1973

Das Gift von *Androctonus australis* enthält 5 Säuger-, 1 Insekten- und 1 Asseltoxin. Die Aminosäurensequenz des Toxins I wurde bestimmt (MARTIN u. ROCHAT 1984). *Androctonus mauretanicus mauretanicus*-Gift enthält 10 Proteine inklusive 7 Neurotoxinen, von denen 1 gegen Insekten gerichtet ist, während 6 säugetiertoxisch sind (ROSSO u. ROCHAT 1982).

Hottentotta judaica weist 2 Insektentoxine auf (ZLOTKIN et al. 1982), *Mesobuthus tamulus* 3 Säugertoxine (CHATWAL u. HABERMANN 1981). Im Gift von *Buthacus arenicola* fanden GRIENE et al. (1982) 5 Säugertoxine. Die Übersicht (Tabelle 3) zeigt die Verhältnisse bei weiteren 16 Arten bzw. Unterarten. Insektentoxine wären sehr teure Insektizide, von denen man nicht einmal weiß, ob sie als Spray überhaupt die erwünschte Wirkung entfalten.

Aus dem Gift von *Centruroides limpidus* wurden insgesamt 15 verschiedene Komponenten isoliert. Eine davon ist der Giftverbreitungsfaktor Hyaluronidase, der sich in vielen Skorpiongiften findet, so bei *Tityus serrulatus, Centruroides noxius* und Skorpionen der Familien Juridae, Vaejovidae und Scorpionidae. Er sorgt dafür, daß sich die Toxine recht schnell im Gewebe verteilen.

Skorpiongifte enthalten beträchtliche Mengen an Salzen, Lipiden, Aminosäuren, Peptiden, Mukopolysacchariden, Proteasehemmern, Histamin-Releasingfaktoren und

Fortsetzung Tabelle 4

Substanz	Nachgewiesen bei	Autor
Nukleotide	*Heterometrus indus*	WRIGHT et al. 1977
Phosphodiesterase	*Mesobuthus tamulus*	MASTER et al. 1963
Phospholipase A_2	*Tityus serrulatus*	KANWAR et al. 1983
	Leiurus quinquestriatus	MOHAMED et al. 1968
	Scorpio maurus palmatus	LAZAROVICI et al. 1979
	Heterometrus bengalensis	KAR et al. 1986
Phosphomonoesterase u. 5′-Nukleotidase	*Heterometrus scaber*	NAIR u. KURUP 1973
Phospholipide	*Leiurus quinquestriatus*	NAIR u. KURUP 1973 MARIE u. IBRAHIM 1976
Proteinasen	*Tityus serrulatus*	BECHINS et al. 1984
Polynukleotide	*Centruroides exilicauda*	MCINTOSH u. WATT 1967
Serotonin	*Leiurus quinquestriatus*	EL-ASMAR et al. 1972 ADAM u. WEIS 1958
	Heterometrus scaber	NAIR et al. 1973
	Vaejovis spinigerus	RUSSELL et al. 1968
Spermidin	*Heterometrus phipsoni*	ARJUNWADKAR u. REDDY 1983
Triglyzeride	*Leiurus quinquestriatus*	NAIR u. KURUP 1973
Tryptamin	*Heterometrus scaber*	NAIR et al. 1973
Tryptophan	*Heterometrus scaber*	NAIR et al. 1973
	Heterometrus indus	WRIGHT et al. 1977
undefiniert:	*Leiurus quinquestriatus*	EL-ASMAR et al. 1972
Schmerzstoff	*Heterometrus bengalensis*	KAR u. LAHIRI 1982
Substanz, die glatte Muskulatur kontrahiert		

eine Reihe von Stoffen, die für den Schmerz des Stiches verantwortlich sind, wie die biogenen Amine, z.B. Histamin und Serotonin. Die akute Kreislaufwirkung der Skorpiongifte kommt großenteils auf das Konto des Serotonins. Phospholipase A_2 sorgt als stark basisches Enzym ebenso wie Hyaluronidase für die schnelle Ausbreitung der Giftkomponenten.

Im einzelnen unterscheiden sich die Gifte der verschiedenen Arten, Gattungen und Familien beträchtlich. Allen gemeinsam aber sind die toxischen Polypeptide. Bei Buthiden findet man hauptsächlich neurotoxische Polypeptide und kleinere Peptide unbekannter Funktion. Es gibt 2 Gruppen von Toxinen: Peptide mit 60 bis 70 und mit 28 bis 40 Aminosäureresten (Lazarovici et al. 1982, Toledo u. Neves 1976).

Vor allem Skorpione der Unterordnung Chactoidae enthalten viele Enzyme, wie Phospholipase A_2, saure und alkalische Phosphatase, Phosphomonoesterase (z.B. *Heterometrus scaber*), Ribonuclease und 5-Nucleotidaseaktivität *(H. scaber)*. Diese Tiere haben besonders gegen Insekten und weniger gegen Säuger gerichtete Toxine. Während die für den Menschen gefährlichen Arten relativ gut im Hinblick auf die Zusammensetzung ihrer Gifte untersucht sind, fehlen die meisten Daten für die Familien Bothriuridae, Diplocentridae, Chaerilidae und Chactidae völlig.

Die Tabelle 4 vermittelt einen Eindruck von der Vielzahl der Giftkomponenten bei verschiedenen Arten.

Wie der Tabelle 4 zu entnehmen ist, weisen die Gifte der verschiedensten Skorpione Serotonin auf. Dieses Amin ist in besonders hoher Konzentration im Gift von *Leiurus quinquestriatus* enthalten und wird noch verstärkt durch weitere schmerzerregende Substanzen. Dies erklärt, warum gerade die genannte Spezies wegen der außerordentlichen Schmerzhaftigkeit ihres Stichs so gefürchtet ist.

Spermidin fand sich nicht nur bei Skorpionen, sondern auch bei Giftspinnen der Gattung *Atrax*. Es ist möglicherweise wie Spermin nephrotoxisch (nierenschädigend).

Viele Komponenten der Skorpiongifte harren noch der Erforschung.

2.4.2 Struktur der Gifte

Im engsten Sinne sind nur niedermolekulare Polypeptide bei den Skorpionen als Toxine zu bezeichnen. Diese sind in allen Skorpiongiften enthalten. Um ihre Strukturaufklärung ist man in den letzten Jahren besonders bemüht.

Generell betrachtet sind die Neurotoxine kleine basische Proteine mit einem Molekulargewicht von 7000 Dalton. Ihre Aminosäuren sind meist durch 3 oder 4 intramolekulare Disulfidbrücken miteinander verbunden. Schlangengifte haben ähnliche Molekulargewichte und enthalten 4 oder 5 Disulfidbrücken. Beide Arten von Toxinen unterscheiden sich aber dadurch, daß Skorpiongifte vorwiegend präsynaptisch, Schlangengifte dagegen postsynaptisch angreifen, d.h. vor oder hinter der Umschaltstelle für die Erregungsübertragung.

Entsprechend ihrem molekularen Wirkungsmechanismus werden die Neurotoxine der Skorpione in zwei funktionelle Gruppen eingeteilt: α- und β-Toxine. Die erstgenannten von Skorpionen der Unterfamilie Buthinae induzieren eine Verlängerung der Aktionspotentiale von Nerven und Muskeln durch Verlangsamung der Inaktivierungsprozesse an den zellulären Natriumkanälen. Sie sind bei *Androctonus bicolor, A. maure-*

Skorpion *Buthus occitanus,* Aufn. F. HIRSCHFELD – Giftentnahme bei einem Skorpion, Aufn. H. LIESKE – Geißelskorpion *Labochirus proboscideus,* Aufn. P. KLAAS – Zecke *Amblyomma variegetum,* Aufn. H. LIESKE (von links oben nach rechts unten)

Phoneutria nigriventer in Angriffsstellung, Aufn. H. LIESKE – *Cheiracanthium punctorium* (♂), Aufn. A. WOLF – *Latrodectus 13-guttatus* (♂), Aufn. E. GLIFFE – *Latrodectus hasselti* (♂ unten), Aufn. H. LIESKE (von links oben nach rechts unten)

tanicus mauretanicus, Leiurus quinquestriatus, Buthus occitanus tunetanus und *Mesobuthus eupeus* gefunden worden (Couraud u. Jover 1984). Bei Tityinen, z.B. *Tityus serrulatus*, ebenso bei dem Buthinen *Leiurus quinquestriatus* (Rack et al. 1987), findet man α- und β-Toxine, bei Centrurinae nur β-Toxine.

β-Toxine sind dadurch charakterisiert, daß sie Rattenhirn-Synaptosomen an Rezeptoren binden, die verschieden von denen sind, an denen die Buthinae-Toxine angreifen. Um die Strukturanalyse der Skorpiontoxine hat sich vor allem Possani verdient gemacht.

Die meisten Skorpiontoxine enthalten 60 bis 65 Aminosäurereste. Relativ häufig findet man Lysin, Cystein, Tyrosin, seltener sind Phenylalanin und Isoleucin bzw. Histidin. Extrem selten ist Methionin (Possani et al. 1977).

Im folgenden werden Daten zur Struktur von Skorpiontoxinen aufgeführt, um die Unterschiede, aber auch viele Gemeinsamkeiten aufzuzeigen. Man kennt bis jetzt 14 verschiedene Toxine von Skorpionen der Gattung *Androctonus*. Von 8 wurden die gesamten Aminosäurensequenzen bestimmt. Von *Mesobuthus eupeus* ist die Struktur der Toxine M 10, I-1 und I-2 vollständig aufgeklärt (M steht für „mammals“, I für „insects“). Grischin et al. (1982) isolierten aus der kaukasischen Unterart dieser Spezies I-5 mit 35 Aminosäureresten und 4 Disulfidbrücken. Die Toxine I–III von *Buthus occitanus tunetanus* sind bezüglich ihrer Aminosäurensequenz und Struktur ebenfalls bekannt (Vargas et al. 1982). Die Aminosäurensequenzen von 4 Toxinen des nordamerikanischen Skorpions *Centruroides exilicauda* wurden von Babin et al. 1974 und 1975 bestimmt. Der molekulare Wirkungsmechanismus wurde von Watt et al. 1978 und Meves et al. 1982 aufgeklärt. Weitere Toxine, deren Struktur inzwischen bekannt ist, lieferten die Skorpione *Centruroides suffusus suffusus* (Toxin II, Garcia 1976, Toxin III, Habersetzer-Rochat u. Sampieri 1976), *Leiurus quinquestriatus quinquestriatus* (Toxin IV und V, Kopeyan et al. 1978, 1982) u. *Tityus serrulatus* (Toxin III-10). Aus dem Gift von *Centruroides noxius* konnte ein Säugertoxin mit 39 Aminosäureresten und 3 Disulfidbrücken isoliert und strukturell aufgeklärt werden. Insgesamt 14 verschiedene Fraktionen, von denen 8 für Säuger und 2 für Krebse toxisch sind, ließen sich trennen. Durch Säulenchromatographie erhielt Possani 3 Hauptfraktionen, von denen die erste Hyaluronidaseaktivität aufwies. Die 2. war für Mäuse tödlich. Sie enthielt 63 % des Giftes. Das Säugertoxin II-11, das Carbone et al. 1982 Noxiustoxin nannten, war das erste Kaliumkanäle blockierende Peptid, dessen vollständige Aminosäurensequenz bestimmt werden konnte (Possani et al. 1982).

Scorpio maurus palmatus besitzt ein Säugertoxin mit 32 Aminosäureresten (Lazarovici u. Zlotkin 1982) und ein Insektentoxin mit nur 28 Aminosäureresten und lediglich 2 Disulfidbrücken (Lazarovici et al. 1982). Dieses Peptid wirkt synergistisch mit einem zweiten Insektentoxin an isolierten Riesenaxonen von Schaben.

Die Polypeptide der Gattungen *Centruroides, Tityus, Buthus, Leiurus* und *Androctonus* sind einander sehr ähnlich. Nach Possani (1984) stimmen die Aminosäuresequenzen der Toxine von südamerikanischen Skorpionen aber mehr mit denen nordamerikanischer Skorpione überein als die nordamerikanischer Arten mit denen nordafrikanischer Spezies. Unterschiedliche Konfigurationen der dreidimensionalen Struktur der Toxine aufgrund der Disulfidbrückenbildung könnte die Artspezifizität, wie sie sich in den Säuger- und Insektentoxinen manifestiert, erklären, obgleich all diese Toxine eine ziemlich große Ähnlichkeit in ihrer Primärstruktur aufweisen (Darbon et al. 1982).

Das erklärt auch, daß z. B. die Spezifizität gewisser Toxine nicht sehr hoch ist. Das Säugertoxin II-10 aus dem Gift von *Centruroides noxius* wirkt auch auf Cephalopoden, die Toxine I und II aus dem Gift von *Androctonus australis*, die als Säugertoxine bestimmt wurden, entfalten ebenso ihre Wirkung an Langusten, Spinnen und Heupferden.

RATHMAYER et al. (1978), die die Wirkung des Insekten- und des Crustaceentoxins mit zwei zuvor als Säugertoxine des gleichen Skorpions bestimmten Polypeptiden vorgenommen hatten, kamen zu dem Schluß, daß nur das Insektentoxin als spezifisch angesehen werden kann, wohingegen die anderen Toxine eine gewisse Affinität zu unterschiedlichen Tierklassen aufweisen.

Man muß sich fragen, wie sich denn überhaupt eine solche vollständige oder partielle Selektivität der Giftwirkung im Hinblick auf bestimmte Tiere bzw. Tierklassen entwickelt hat. Was war das „Urtoxin“? War es, da die Skorpione ja ursprünglich Meeresbewohner waren, ein Mollusken- oder Krebstoxin? Da aber, wie wir heute wissen, auch schon primitive Fische seit dem Kambrium bekannt sind, kann die Möglichkeit nicht ausgeschlossen werden, daß auch in jenen frühen Zeiten der Erdgeschichte schon gegen Vertebraten gerichtete Toxine entwickelt werden mußten. Heutzutage jedenfalls haben jene Skorpione die potentesten gegen Säuger gerichteten Toxine, die auch die schwächsten Maxillipalpenscheren tragen, während umgekehrt Skorpione mit gewaltigen Scheren nur schwachwirkende oder in geringer Menge vorhandene Säugertoxine aufweisen. Es wäre interessant zu wissen, wie die Gifte ihrer fossilen Vorgänger, der Eurypteriden, zusammengesetzt waren – falls sie überhaupt welche hatten.

2.4.3 Toxizität

Die LD_{50}-Werte der Gifte schwanken bei Skorpionen der Familie Buthidae meist zwischen 4,25 und 0,25 mg/kg Körpergewicht (ZLOTKIN et al. 1978). Häufig wird die Toxizität jedoch nicht auf kg Körpergewicht, sondern auf das Gewicht der verwendeten Mäuse (meist 16–20 g/Tier) bezogen, bisweilen auch auf 1 g Maus eines bestimmten Gewichts.

Tabelle 5 gibt die LD_{50} von Skorpiongiften in mg/kg Körpergewicht an. Die Werte wurden nach Angaben der verschiedensten Autoren zusammengestellt und teilweise umgerechnet, da es leider keine Standardisierung für die Maßeinheit gibt. Auch die dringend notwendige Standardisierung der Bestimmungsmethoden einschließlich der zu verwendeten Versuchstiere läßt noch auf sich warten. Die meisten Untersuchungen werden mit heterogenetischem Tiermaterial durchgeführt. Wie sehr dies zu abweichenden Werten führen kann, zeigen Vergleichsuntersuchungen mit Mäusen des Inzuchtstammes Swiss. Hier lag die LD_{50} des *Androctonus australis*-Giftes bei Verwendung von männlichen Mäusen um 25 % niedriger als bei genetisch uneinheitlichen Tieren beiderlei Geschlechts. Das bedeutet aber, daß ein und dieselbe Toxizität stark schwankende Werte ergeben kann.

Dessenungeachtet läßt die Tabelle erkennen, daß zu den für Mäuse potentesten Skorpiongiften die der Arten *Androctonus crassicauda*, des gefährlichsten Skorpions der Türkei und des Iran, *Odontobuthus doriae*, ebenfalls ein iranischer Skorpion, *Leiurus quinquestriatus*, jener in Nordostafrika gefürchteten Spezies sowie *Centruroides noxius*, des giftigsten Skorpions Amerikas, gehören. Dagegen fallen *Parabuthus* sp. gegenüber

Tabelle 5. Intravenöse Toxizität von Skorpiongiften. Nach BÜCHERL 1971, HASSAN 1984 und anderen (kombiniert)

Art	LD_{50} (in mg/kg Maus)
Androctonus amoreuxi	0,36
Androctonus australis	0,49 (−5,46 = Rohgift?)
Androctonus bicolor	1,08
Androctonus crassicauda	0,07−0,48
Buthacus arenicola	3,12
Hottentotta judaica	7,62
Buthus occitanus (Nordafrika)	1,19
Buthus occitanus (Südfrankreich)	5,10
Centruroides limpidus	1,14
Centruroides noxius	0,26
Leiurus quinquestriatus	0,15−0,30
Mesobuthus eupeus	1,39
Odontobuthus doriae	0,18
Parabuthus sp.	21,00
Scorpio maurus	9,00
Tityus bahiensis	1,32
Tityus costatus	12,00
Tityus tecomanus dorsomaculatus	3,54
Tityus serrulatus	0,96−1,25 (0,30 nach älteren Angaben)

den zuvorgenannten Arten weit ab. Ihr Gift ist weniger potent als das des „harmlosen“ *Scorpio maurus.*

Das alles zeigt, daß es bei der Beurteilung der Gefährlichkeit für den Menschen nicht nur auf die Toxizität, sondern auch auf die mittlere Giftmenge, die bei einem Stich abgegeben wird, ankommt. Die mittleren Giftmengen betragen bei *„Buthus“ quinquestriatus* 0,9−1,5 mg und für *Leiurus quinquestriatus* 0,65 mg (HASSAN 1984). Dabei bleibt unklar, welche Spezies mit *„Buthus“ quinquestriatus* überhaupt gemeint ist. Der Autor unterscheidet in seinen Arbeiten ständig die beiden Arten.

Die LD_{50}-Werte liegen bei hochgereinigten Toxinen wesentlich niedriger als bei nichtaufgearbeitetem Trockengift. So hat das Toxin II von *Androctonus australis* eine LD_{50} von nur 0,010 mg/kg Körpergewicht bei der Maus (ROCHAT et al. 1967). Der Wert des Toxin IV von *Centruroides exilicauda* beträgt bei Hühnerküken 0,018 mg/kg (WATT et al. 1978).

Abschließend sei bemerkt, daß die Mengen an Trockengift, die man pro Skorpion erhält, im Schnitt 20−45 % des Rohgiftes, also der vom Skorpion injizierten Giftflüssigkeit, entsprechen. Dieses Verhältnis scheint aber z. B. auf *Leiurus quinquestriatus* nicht zuzutreffen. Denn hier beträgt die gewonnene Trockengiftmenge nur 0,65−1,5 mg (HASSAN 1984). Das sind bei einer maximalen Rohgiftmenge von 8,2 mg 8−18 %.

2.4.4 Wirkung auf das Nervensystem sowie Freisetzung von Neurotransmittern und anderen Wirkstoffen

Bei tierexperimentellen Untersuchungen hat sich gezeigt, daß die Hauptsymptome einer Vergiftung mit Skorpiontoxinen in sofortigen Schmerzreaktionen, Übererregbarkeit, Ruhelosigkeit, schmerzbedingtem Springen, Speichel- und Tränenfluß, Atembeschleunigung, Dyspnoe (Atemnot), Muskelkontraktionen und Krämpfen, spastischer Lähmung mit steifen Gliedmaßen, Atemlähmung und Tod nach einigen Minuten oder Stunden in Abhängigkeit von der Dosis bestehen (ZLOTKIN et al. 1978). Nach i.v.-Gabe kann der Exitus innerhalb von Sekunden eintreten. Alle diese Symptome treten auch bei Verwendung von α-Toxinen auf, d. h. diese Toxine unterscheiden sich praktisch nicht von Rohgiften im Hinblick auf die Symptomatik. Bei Verwendung von β-Toxinen sind die Symptome gleichfalls ähnlich wie beschrieben, lediglich Springen, Speichel- und Tränenfluß sind weniger ausgeprägt, und Zittern sowie starkes Schwitzen, ähnlich wie nach einem *Phoneutria nigriventer*-Biß, treten auf (COURAUD u. JOVER 1984,

Tabelle 6. Direkte und indirekte Wirkung von Skorpiongiften auf das Nervensystem. AMP Adenosinmonophosphat, NA Noradrenalin, ZNS Zentralnervensystem

Art	Wirkung	Tierart	Autor
Leiurus 5-striatus	Hyperthermie durch NA-Freisetzung in vorderem Hypothalamus	Kaninchen	OSMAN et al. 1973
	Kontraktion des Uterus durch Kinine	Ratte	OSMAN et al. 1972
	Inositolphosphate und zyklisches AMP im Gehirn durch Katecholaminfreisetzung	Meerschweinchen	GUSOVSKY u. DALY 1986
	Verlängerung des Aktionspotentials am Ranvierschen Schnürring der Rückenmarksfaser	Frosch	ADAM et al. 1966
Leiurus 5-striatus (Rohgift)	Reduktion der maximalen Permeabilität von Na^+ und K^+, Verlangsamung der Na^+-Inaktivierung	Frosch	KOPPENHÖFER u. SCHMIDT 1968
Androctonus bicolor (Toxin I, II)	desgl.	Frosch	COURAUD u. JOVER 1984
Leiurus 5-striatus (Toxin)	desgl.	Frosch	WANG u. STRICHARTZ 1982
Mesobuthus eupeus (gereinigte Toxine)	desgl.	Frosch	MOZHAYEVA et al. 1980
Centruroides suffusus suffusus (Toxin II)	desgl.	Frosch	COURAUD et al. 1982
Tityus serrulatus (toxische Fraktion)	Übererregung des Samenleiters	Meerschweinchen	MELITO u. CONRADS 1983, MELITO et al. 1984

Bücherl 1953, 1956). Alle Symptome weisen auf eine Übererregung des autonomen (vegetativen) und zentralen (neuromuskulären) Nervensystems mit Beeinflussung der höheren Zentren hin, der eine neuromuskuläre Blockade folgt. Sie beruhen auch nicht ausschließlich auf einer direkten Wirkung der Giftkomponenten, sondern manifestieren sich vielfach nach Freisetzung von bestimmten Wirkstoffen aus den Geweben des Gestochenen. Die im Skorpiongift außer den Toxinen vorhandenen Komponenten wirken unabhängig oder synergistisch mit den Toxinen, direkt oder indirekt, so daß die Effekte, die man nach einem Stich beobachtet, immer sehr komplex sind.

So kommt es parallel zur direkten Neurotoxinwirkung zu einer massiven Freisetzung von Neurotransmittern. Durch Katecholaminfreisetzung können beispielsweise die Herz- und Kreislaufwirkungen des *Androctonus amoreuxi*-Giftes vermittelt werden (Ghazal et al. 1975). Katecholamine und ihre Metaboliten wurden in hoher Konzentration im Harn von Patienten entdeckt, die von *L. quinquestriatus* gestochen worden waren (Gueron u. Weizman 1969, Gueron u. Yarom 1970).

Über die Freisetzung von Azetylcholin aus den verschiedensten Geweben liegen Meldungen einer ganzen Anzahl von Forschungsgruppen vor. Seine Freisetzung aus den postganglionären parasympathischen Neuronen wurde von Diniz u. Torres (1968) nachgewiesen.

Fortsetzung Tabelle 6

Art	Wirkung	Tierart	Autor
Pandinus exitalis	Kontraktion des Uterus	Ratte	Ismail et al. 1974
Mesobuthus eupeus	Störungen der neuro-humoralen Regulation	Ratte	Orlov et al. 1983
Androctonus bicolor (Insektentoxin)	Erregung der Skelettmuskulatur,	Heupferd	Zlotkin et al. 1971
	sofortige und anhaltende Muskelkontraktion	Larven von Schmeißfliegen	Zlotkin et al. 1971
	Induktion spontaner neuromuskulärer Aktivität (Nerv-Muskel-Präparat)	Heupferd	Walther et al. 1970
Androctonus bicolor (Insektentoxin)	Erhöhung des Peak-Na^+-Stroms, keine Änderung der K^+-Permeabilität (Riesenaxone des ZNS)	Schabe	Pelhate u. Zlotkin 1982
Androctonus bicolor (Toxin I)	Senkung der Na^+- und Permeabilität (Riesenaxone)	Sepia	Carbone et al. 1987
Centruroides noxius (Fraktion II. 10)	Senkung der Na^+- und K^+-Peak-Permeabilität (Riesenaxone)	Sepia	Carbone et al. 1987
Centruroides noxius (Noxius-Toxin)	Hemmung des K^+-Stroms	Sepia	Carbone et al. 1987
Centruroides noxius (Neurotoxine)	Anstieg der Freisetzung von γ-Aminobuttersäure, die im Rückenmark präsynaptische Hemmung vermittelt	Sepia	Sitges et al. 1984

Tabelle 7. Freisetzung von Wirkstoffen nach Skorpionstich

Art	Wirkstoff	Herkunft	Autor
Androctonus amoreuxi	Katecholamine	Rattensynaptosomen	Moss et al. 1974
Leiurus 5-striatus	Noradrenalin	symp. Nervenendigungen des Vas deferens	Einhorn u. Hamilton 1977
diverse Arten	Azetylcholin	neuromuskuläre Synapsen	Benoit u. Mambrini 1967
Tityus sp.	Azetylcholin (Freisetzung und Synthese)	Hippocampus, Hypothalamus, Striatum, Kortex von Rattenhirn	Macedo u. Gomez 1982
Heterometrus bengalis	Kinine	ubiquitär	Lahiri u. Chaudhuri 1983
diverse Arten	Aminosäuren-Transmitter	Zerebralkortex	Coutinjo-Netto et al. 1980
Hottentotta minax	Antidiuretisches Hormon? (Osmotischer Druck des Rattenharns erhöht)	Hypophysenhinterlappen	Ismail et al. 1978
Hottentotta minax, Leiurus 5-striatus, Centruroides exilicauda	Renin	Niere	Ismail et al. 1978, LaGrange 1977
Hottentotta minax	Aldosteron?	Nebennierenrinde	Ismail et al. 1978
Hottentotta minax	Parathormon?	Epithelkörperchen	Ismail et al. 1978

Insektentoxin ist 10mal aktiver als Krustazeentoxin und 25- bis 50mal aktiver als Säuger-α-Toxin am Nerv-Muskel-Präparat des Heupferdes. Dieses Insektentoxin war jedoch inaktiv bei Nerv-Muskel-Präparaten von Krustazeen (Rathmayer et al. 1977), Spinnentieren (Ruhland et al. 1977) und Säugetieren (Tintpulver et al. 1976).

An einem Insekten-Axon-Präparat modifiziert Toxin I von *Hottentotta judaica* Aktionspotential und Natriumstrom ebenso wie das Insektentoxin von *Androctonus.* Toxin II aber entfaltet eine völlig andere Wirkung, da es evozierte Aktionspotentiale (Reizpotentiale) hemmt. Eine fortschreitende Depolarisierung infolge Erhöhung der Ruhe-Natriumpermeabilität wurde gleichfalls beobachtet. Beide Toxine haben also entgegengesetzte Wirkungen: Toxin I induziert Kontrakturen, Toxin II schlaffe Lähmungen. Auch *Leiurus quinquestriatus* enthält ein erregendes und ein lähmendes Insektentoxin, die einen gemeinsamen Rezeptor am Natriumkanal haben (Zlotkin et al. 1985).

Toxin I und II von *Scorpio maurus palmatus* erwiesen sich als wirkungslos, wenn sie getrennt zu Axonpräparaten gegeben wurden, führten jedoch, gemeinsam appliziert, zu einer reversiblen Blockade des Natrium- und Kaliumstromes (Lazarovici et al. 1982).

Nach Abia et al. (1986) hemmt *Leiurus quinquestriatus*-Gift verschiedene Arten von kalziumaktivierten Kaliumkanälen, was zur Störung der Erregungsleitung führt. 2 Toxine mit derartigen Wirkungen konnten identifiziert werden (Castle u. Strong 1986).

Bei Asseln bewirkt *Androctonus bicolor*-Gift eine Lähmung infolge anhaltender Kontraktur der Muskulatur (Zlotkin et al. 1972).

Dieser Effekt wurde als Bioassay während der Reinigung eines gegen Isopoden gerichteten Proteins benutzt, das dann als Krustazeentoxin bezeichnet wurde (Zlotkin et al. 1975). Das Toxin, das 20 % der Toxizität des Gesamtgiftes repräsentiert und bei Asseln 250mal wirksamer als das Gesamtgift war, ruft eine exzitatorische präsynaptische Wirkung auf die motorischen Axone von Langusten-Nerv-Muskel-Präparaten hervor (Rathmayer et al. 1977). An diesem Präparat erwies es sich als 5mal wirksamer als Wirbeltiertoxin. Krustazeentoxizität fand sich auch bei *Scorpio maurus palmatus.*

Wenn *Mesobuthus tamulus-*, *Leiurus quinquestriatus-* oder *Centruroides exilicauda*-Gift zu Riesenaxonen des Tintenfisches *Sepia* gegeben wird, haben sie in hohen Konzentrationen die gleichen hemmenden Wirkungen auf die Na^+- und K^+-Permeabilität. Gifte von *Hottentotta minax, L. quinquestriatus, Androctonus amoreuxi* und *Pandinus exitalis* bewirken im Tierexperiment eine Bradykardie, die durch Atropin, eine cholinerge Substanz, aufgehoben werden kann.

Das körpereigene Histamin stimuliert u. a. die Magensaftsekretion. Während nach dem Gift von *L. quinquestriatus* das endogene und das Magenhistamin nicht signifikant abnahmen, wurde die histaminbildende Fähigkeit des Drüsenmagens herabgesetzt (Ismail u. Osman 1973). Chatwal u. Habermann konnten 1981 und 1982 einen Histamin-Releasingfaktor (= Freisetzungsfaktor) mit einem Molekulargewicht von 3 500 aus dem Gift von *Mesobuthus tamulus* isolieren.

Longenecker et al. (1977, 1980) konnten nachweisen, daß das Gift von *Centruroides exilicauda* das Angiotension-Converting-Enzym (ACE) hemmt. Damit gelang eine Entdeckung, die nicht nur von theoretischem Interesse ist, sondern ein Gebiet berührt, auf dem zur Zeit intensiv gearbeitet wird. So gibt es ACE-Hemmer, die bei Herzinsuffizienz und/oder Hypertonie eingesetzt werden. Bei den Untersuchungen mit Skorpiongiften hat sich gezeigt, daß es trotz massivster Freisetzung von Neurotransmittern zu Wirkungen kam, die auf den ersten Blick widersprüchlich erscheinen. Denn die Neurotransmitter brauchen keineswegs immer nur ihre bekannten Effekte zu zeigen. Das liegt teilweise daran, daß gleichzeitig, wie besprochen, das ACE gehemmt wird. Diese ACE-Inhibition führt dazu, daß – trotz erhöhter Plasmareninspiegel – das blutdrucksteigernde Angiotensin II nicht gebildet werden kann, so daß das für die Regulation des Blutdrucks wichtige Renin-Angiotensin-Aldosteron-System (RAAS) nicht funktioniert. Dies erklärt auch, daß es nach einem Stich trotz Freisetzung von großen Mengen an Katecholaminen nur zu mäßiger Hypertonie bzw. sogar zu Hypotonie kommt. Mit der ACE-Hemmung geht eine Potenzierung der Bradykininwirkung einher. Bradykinin ist ein Gewebshormon, das den Blutdruck senkt. Über weitere Einzelheiten dieser Vorgänge informiert der Abschnitt 2.4.6.

Aus all diesen Ergebnissen geht hervor, daß die Veränderung der Ionenpermeabilität eine allgemeine Wirkung von Skorpiontoxinen darstellt und daß diese Toxine in der Mehrzahl der Fälle auf molekularer Ebene Natriumkanäle besetzen. Alle pharmakologischen Effekte, von denen hier nur die auf das Nervensystem besprochen wurden, sind mit großer Wahrscheinlichkeit nur Folgen dieser primären Prozesse. Wir sollten aber nicht vergessen, daß darüber hinaus einige dieser Gifte selektiv die kalziumaktivierten Kaliumkanäle hemmen (Leneveu u. Simonnean 1986), was z. B. bei *Pandinus imperator*-Gift nachgewiesen wurde (LINCERO u. PAPPONE 1987). Nach HARGREAVES et al. (1985) kommt es zu Interaktionen zwischen einem Natriumkanaltoxin aus *Leiurus quinquestriatus*-Gift und Mikrokanälchen-Proteinen. Solche Interaktionen sind es letztlich, die den modernen erweiterten Rezeptorenbegriff verdeutlichen.

2.4.5 Wirkung auf Herz und Kreislauf

Wie wir in Abschnitt 2.4.1. und 2.4.4. gesehen haben, kommt es durch Skorpionstiche über eine Beeinflussung des Nervensystems (durch die Neurotoxine) oder humoral auch zu Wirkungen auf das Herz-Kreislauf-System, das damit funktionell verbundene Atmungssystem und die Freisetzung von Hormonen, welche für die homöostatischen Vorgänge im Organismus verantwortlich sind. Dadurch können krankhafte Gewebsveränderungen auftreten (ZLOTKIN et al. 1978).

Es gibt jedoch auch direkt auf den Herzmuskel gerichtete Toxineffekte. So konnten FAYET et al. (1974) zeigen, daß das Toxin II von *Androctonus bicolor* direkt an embryonalen Herzmuskel-Zellkulturen von Küken angreift. Es bewirkt eine Steigerung der Frequenz und Amplitude spontaner Kontraktionen. Daß eine solche Stimulation nicht durch Freisetzung von adrenergen Transmittern vermittelt wird, ergibt sich schon allein daraus, daß die Zellkultur als nervenfrei anzusehen ist. Dieses Toxin bewirkt auch eine Steigerung der Natriumaufnahme durch die Zellen der Kultur, die durch Tetrodotoxin in niedriger Konzentration inhibiert werden kann (COURAUD et al. 1976). Ebenso wurde eine gesteigerte Kalziumaufnahme beobachtet. Sie konnte gleichfalls durch Tetrodotoxin gehemmt werden. Zu demselben Ergebnis führte die Senkung der extrazellulären Natriumionenkonzentration. Die Kalziumaufnahme begleitete wahrscheinlich den Natriumioneneinstrom und wurde durch Transportvorgänge vermittelt, die für Kalzium spezifisch sind (COURAUD et al. 1976). Elektrophysiologische Studien an denselben Zellkulturen bestätigten das Vorhandensein von latenten Natriumkanälen, die durch Elektrostimulation nicht aktivierbar waren, jedoch durch α-Skorpiontoxine geöffnet werden konnten (BERNARD u. COURAUD 1979). Ähnliche latent neurotoxinsensitive Natriumkanäle ließen sich in Herzen von 2–4 Tage alten Kükenembryonen nachweisen.

Weitere Untersuchungen mit dem genannten Toxin II bewiesen eine beträchtliche Erhöhung der Amplitude und Verlängerung des Aktionspotentials von Herzen erwachsener Ratten. Bei Meerschweinchen und Kaninchen zeigte sich eine solche Wirkung nicht (CORABOEUF et al. 1975).

Lenken wir noch einmal unser Augenmerk auf die durch Skorpiongift gesteigerte Kalziumaufnahme in die Herzmuskelzellen. Bekanntlich steigert Kalzium die Kontraktionskraft des Herzens und sollte daher mit anderen kontraktionsfördernden Substanzen wie Digitalis bei Herzpatienten nur unter äußerster Vorsicht gegeben werden. Theoretisch betrachtet muß man bei der durch Skorpionstiche verursachten Herzinsuffizienz, die in ihrem klinischen Bild weitgehend der durch idiopathische hypertrophe obstruktive Kardiomyopathie ähnelt, neben der extrakardialen auch eine myokardiale Komponente in Erwägung ziehen. Die extrakardiale Komponente ist am besten mit einer Abnahme der Vorbelastung des Herzens als Sekundärfolge der Katecholaminfreisetzung zu erklären. Es kommt dabei zu einer gesteigerten Kontraktilität und Erhöhung der Nachbelastung des Herzens. Das bedeutet, daß das Herz gegen erhöhten peripheren Widerstand ankämpfen muß. Die myokardiale Komponente liegt im direkten Angriff des Gifts an der Herzmuskelzelle durch Steigerung des Einstroms der kontraktionserhöhenden Kalziumionen. Durch das Gift kommt es also zu einer völlig unphysiologischen Herzarbeit, die unbehandelt bzw. in schweren Fällen zum Lungenödem führen kann. Ob Patienten, die unter positiv inotropen Substanzen wie Digitalis stehen, durch Skorpionstiche schwerer betroffen sind als andere, wurde bislang nicht untersucht. Denkbar wäre es.

Fassen wir die Pathogenese der schweren Herzinsuffizienz einschließlich des Lungenödems bei Intoxikation mit Skorpiongift zusammen, so ergeben sich nach GUERON u. OVSYSHCHER (1984) folgende Punkte:

1. Durch katecholamininduzierte rasche Abnahme der linksventrikulären Compliance (Dehnbarkeit) tritt eine schwere Beeinträchtigung der diastolischen Ventrikelfüllung ein.
2. Die plötzliche Steigerung der systemischen Impedanz (Widerstand im großen Kreislauf) mit nachfolgender Beeinträchtigung der linksventrikulären Entleerung in der Systole bedingt ein verringertes Schlagvolumen.
3. Zusätzliche Arrhythmien führen noch weiter zur Beeinträchtigung der ohnehin schon behinderten linksventrikulären diastolischen Füllung.
4. Bei unphysiologisch erniedrigter Vorbelastung und gesteigerter Nachbelastung trägt die kalziumbedingte Erhöhung der Kontraktilität rasch zur völligen Erschöpfung des Herzens bei.

Diese hämodynamischen Prozesse werden uns im Abschnitt 7. bei der Therapie noch zu beschäftigen haben. Hier nur soviel: Die Wirkung der pressorischen Amine läßt sich durch β-Rezeptorenblocker antagonisieren, während α-Rezeptorenblocker wie Phentolamin zur Senkung der Nachbelastung des Herzens und Kalziumantagonisten zur Hemmung des Einstroms von Kalziumionen in die Herzmuskelzelle eingesetzt werden. Die Therapie ähnelt damit weitgehend der der idiopathischen hypertroph-obstruktiven Kardiomyopathie.

Bei 82 Patienten unterschiedlichen Alters, die von *Leiurus quinquestriatus* gestochen worden waren, wurden die folgenden Herz- und Kreislaufreaktionen beobachtet: schwere Herzinsuffizienz, Lungenödem, Hämoptysis (Bluthusten), Hypertonie, danach gelegentlich ein schockähnliches Syndrom mit Hypotonie (GUERON et al. 1967, GUERON u. YAROM 1970, GUERON 1970).

Bei 50 % der Erkrankten fand sich ein „frühinfarktartiges Muster" im EKG. Bei diesen Patienten waren Herzinsuffizienz oder peripherer Gefäßkollaps häufig. Tod infolge von Herzinsuffizienz kam bei 11 % der Patienten vor. Nach *Buthus occitanus*-Stich traten bei einer kleineren Anzahl von Kindern Hypotension und Schock auf (GONZALES 1979, 1980). Viele Autoren berichten über Symptome, wie diastolischen Galopprhythmus und pansystolische Spitzengeräusche, wie sie auf Mitralregurgitation (Rückstrom des Blutes von der linken Kammer in den linken Vorhof) hindeuten. Dabei ist die Serumglukose erhöht. Bei den meisten dieser Patienten findet man eine Leukozytose mit Werten bis zu 20 000 mm^3 Leukozyten. Die SGOT (Serum-Glutamat-Oxalacetat-Transaminase) ist bei 67 % der Patienten mit Herz- und Kreislaufaffektionen über die Norm gesteigert.

Mesobuthus tamulus-Stiche rufen bei Kaninchen eine akute Myokarditis mit Veränderungen der kardialen Sarkolemm-ATPase hervor (MURTHY 1982). Bei Hunden mit akuter Myokarditis nach Intoxikation mit dem Gift dieses Skorpions ist die osmotische Fragilität der Erythrozyten gesteigert (Kari u. Zolfaghrian 1986, Murthy u. Hossein 1986). Autoptisch findet man nach *Hottentotta minax*-Gift bei Mäusen eine Kongestion (Blutfülle) der inneren Organe, insbesondere der Nieren, des Herzens, des Gehirns und hämorrhagische (durch Blutungen bedingte) Veränderungen an Herz, Hirn, Nieren, Milz, Nebennieren und Lunge (El-Asmar et al. 1973).

In 24% aller Fälle manifestiert sich ein Skorpionstich in Bradykardie (Verlangsamung der Herzschlagfolge), der bisweilen eine Sinustachykardie (schneller Herzrhythmus) vorausgeht.

Besonders auffällig ist das EKG verändert. Nach Gueron u. Yarom (1970) sowie Cantor et al. (1977) ist kein einziges bei Einlieferung der Patienten normal. Erst nach einigen Tagen normalisiert es sich. Gelegentlich bleiben hohe spitze T-Wellen einige Wochen lang bestehen.

An Rhythmusstörungen wurden Vorhofflimmern, Vorhof-Kammer-Dissoziationen (AV-Dissoziationen), vorzeitige Vorhof- oder Ventrikeldepolarisationen sowie Störungen der Überleitung wie AV-Block 1. und 2. Grades selten beobachtet. Sie waren generell nur kurzdauernd.

Die nach *Androctonus crassicauda*-Stichen gefundenen Herzschäden sind Ausdruck der kardiotoxischen Komponente des Giftes (Flugelmann et al. 1982). Bei Lungenödem traten alveoläre Hämorrhagien auf. An Papillarmuskeln und im Subendokardbereich fanden sich interstitielle Ödeme mit vermehrten Mono- und Lymphozyten, ähnlich wie bei der Interstitialmyokarditis, mit Degeneration kleinerer Gruppen von Muskelfasern sowie bei allen Untersuchten ausgedehnte nekrotische Herde im Myokard mit auffallender Zellinfiltration und feiner Tröpfchenablagerung in den Muskelfasern. Die interstitiellen Veränderungen deuten auf eine Adrenalinmyokarditis, die myokardialen nekrotischen Läsionen auf Hypoxie durch Katecholamine, die den Sauerstoffverbrauch des Herzens exorbitant steigern.

Im Blut von Hunden findet man 1–30 min nach Skorpiongiftinjektion erhöhte Adrenalinspiegel. Bei von Skorpionen gestochenen Menschen treten maximale Adrenalinspiegel wenige Stunden nach dem Stich im Blut auf. Sie halten etwa 6 Stunden lang an und fallen dann allmählich ab. Bei 7 von 12 Patienten war im Harn Vanillinmandelsäure, ein Metabolit von Adrenalin, bei 8 freies Adrenalin und Noradrenalin erhöht. 6 dieser Patienten wiesen das „frühinfarktartige EKG-Muster“ auf. Bei allen waren die Serumtransaminasen als Ausdruck einer Zellschädigung gesteigert.

Hypertension, inotrope Effekte und Arrhythmien lassen sich mit der Katecholaminfreisetzung erklären. Die Steigerungen der linksventrikulären Kontraktilität, des systemischen arteriellen Blutdrucks, des linksventrikulären diastolischen Drucks und des Pulmonalarteriendrucks könnten durch gesteigerten Kalziumioneneinstrom in Myokard- und Gefäßmuskelzellen mitbedingt sein.

Die Rhythmusstörungen (Brady- und Tachyarrhythmien) sind das Ergebnis cholinerger und adrenerger Effekte, wobei die ersteren die Initialphase der Vergiftung charakterisieren. Wenn man bei Versuchstieren die stimulierenden Wirkungen des Giftes unterdrückt, z. B. durch β-Rezeptorenblocker, kommen die cholinergen Symptome zum Ausdruck. Danach folgt eine Periode völliger AV-Dissoziation (unabhängiges Schlagen von Vorhöfen und Kammern) mit Kammer-Tachykardie von unterschiedlichen Zentren aus. Auch verschiedene Formen von Vorhoftachykardien werden registriert. Arrhythmien können sehr frühzeitig, sogar vor den ausgeprägten hämodynamischen Effekten, auftreten.

Die meisten EKG-Veränderungen ähneln denen von Patienten mit angeborenem verlängerten QT-Intervall-Syndrom (Schwartz et al. 1975, Ovsyshcher u. Gueron 1987), das mit einem Ungleichgewicht des autonomen Nervensystems in Zusammenhang steht. Gueron u. Ovsyshcher (1984) vermuten, daß die Katecholamine bei Patienten, die von Skorpionen gestochen wurden, eine Inhomogenität der Vorhof- und Kammerrepolarisierung hervorrufen, die bei der Pathogenese dieser Arrhythmien und ST-T-Veränderungen eine größere Rolle spielt.

2.4.6 Wirkung auf den Stoffwechsel

Wenn auch an stoffwechselbedingten Erkrankungen nach Skorpionstichen die seit 1950 bekannte Hyperglykämie (Blutzuckererhöhung) und die 1970 entdeckte akute hämorrhagische Pankreatitis (Entzündung der Bauchspeicheldrüse) im Vordergrund des Interesses stehen, so darf doch nicht übersehen werden, daß Skorpionstiche zu einer Vielzahl von Wirkungen auf den Stoffwechsel führen. Betroffen sind Eiweiß-, Fett-, Kohlenhydrat- und Mineralstoffwechsel. Beginnen wir mit der Beeinflussung des Magen-Darm-Kanals.

Gesteigerten Speichelfluß und Erbrechen haben wir schon in 2.3 als Symptome einer Vergiftung kennengelernt. Daß die Gifte, und zwar im wesentlichen nicht die Neurotoxine, allgemein zu einer Steigerung der Magen-Darm-Motilität führen, eine Überdehnung des Magens verursachen und eine Hyperämie der Eingeweide bewirken, hat sich in einer Vielzahl von Untersuchungen gezeigt (z. B. Mohamed 1950). *Leiurus quinquestriatus*-Gift bewirkt eine gesteigerte Magensaftsekretion bei Ratten (Ghoneim et al. 1984), die sich nach El-Asmar (1980) auch bei Gabe einzelner Fraktionen dieses Gifts findet. Gibt man Fraktion I des Gifts in subletalen Dosen, kommt es zum Ansteigen der Magensäuresekretion, deren Menge 50 % der nach Rohgift entspricht, während die Azidität um das Doppelte erhöht ist. Ein Extrakt aus der Giftblase dieser Art ruft eine pepsinreiche Magensaftsekretion hervor. Dabei ist die titrierbare Azidität gesteigert und die Gesamtazidität erniedrigt. Makroskopisch findet man ausgedehnte Läsionen im Magen, einschließlich hämorrhagischer Erosionen, Ulzera und Zerstörung des Oberflächenepithels (Mohamed et al. 1980). Die Autoren führen diese Wirkungen auf die Freisetzung von Azetylcholin an den neuromuskulären Verbindungen zurück.

Auch nach *Tityus*-Toxin beobachtet man eine Steigerung des Magensaftvolumens und eine Erniedrigung des Magensaft-*p*H. Titrierbare Azidität und Pepsinaktivität sind gleichfalls erhöht. Alle diese Wirkungen lassen sich durch Atropinisierung verhüten, nicht aber durch bilaterale Vagotomie aufheben (Gongaza et al. 1979). Die Effekte auf die Magensaftsekretion stehen mit der peripheren Wirkung an cholinergen Nervenfasern in Beziehung.

Vom medizinischen Standpunkt aus wäre es nach El-Asmar (1984) interessant, Patienten mit peptischen Ulzera, die von Skorpionen gestochen werden, sorgfältig zu beobachten.

Daten über Veränderungen des Eiweißstoffwechsels nach Skorpiongiftintoxikation sind spärlich. Über Beeinflussungen der Plasmaproteine und Serum-Aminosäuren wird im Abschnitt 2.4.7 referiert.

Umfangreicher sind die Daten über Fettstoffwechselveränderungen. Untersucht wurden die Wirkungen von *Buthus occitanus-*, *Androctonus amoreuxi-* und *Leiurus quinquestriatus-*Gift. Ersteres bewirkt in subletalen Dosen ein Ansteigen der Lysolecithinfraktion des Rattenserums, eine Abnahme des Phosphatidylcholins und eine Zunahme der freien Fettsäuren (Shaban 1981, 1984). Gegenteilige Wirkungen nach *Leiurus quinquestriatus-*Gifteinwirkung sahen El-Asmar et al. (1979): ein Ansteigen der veresterten Fettsäuren, eine Abnahme der freien Fettsäuren, ein Ansteigen der Gesamtphospholipide, des Phosphatidylcholins und des Phosphatidyläthanolamins sowie ein Absinken des Sphingomyelins und Lysolecithins. Lysolecithin ist eine Neutralseife, die mit dafür verantwortlich ist, daß Hämoglobin aus den roten Blutkörperchen austritt. Die Substanz kann auch Mastzellen zerstören. Dabei kommt es zu einer Freisetzung von Granula, die Histamin, einen der wichtigsten Entzündungsstoffe, enthalten. Außerdem lockert Lysolecithin Membranen auf. Freie Fettsäuren können gleichfalls an der Membranschädigung beteiligt sein.

*Leiurus quinquestriatus-*Gift verursacht ein Ansteigen des Gesamtlipidgehaltes in der Rattenleber. Auch der Cholesteringehalt steigt. Ursache dafür ist die Mobilisierung der freien Fettsäuren aus dem Fettgewebe und ihre Veresterung in der Leber, was zur Bildung von Neutralfett und Phospholipiden führt. Die freien Fettsäuren, die durch die lipolytischen Wirkungen des Skorpiongifts freigesetzt werden, sind wahrscheinlich das Ergebnis des Anstiegs von Acetyl-Coenzym A (Ashmore u. Weber 1968). Dieser fördert die Cholesterinsynthese. Die lipolytische Wirkung ist unabhängig vom Vorhandensein oder Fehlen von Serotonin, das bei den genannten Arten nur *Leiurus quinquestriatus* besitzt.

Das Gift von *Buthus occitanus* verursacht nicht nur eine Lipolyse in der Leber, sondern auch in Nebenhodenfettpolstern von Ratten (Shaban 1981).

Wichtigste Wirkung von Skorpiongift auf den Fettstoffwechsel ist die Erhöhung des Leber-Cholesterins und des freien und veresterten Serumcholesterins.

Schon aus medizinischen Gründen wurde der Kohlenhydratstoffwechsel in seiner Beeinflussung durch Skorpiongift eingehend erforscht. Im Vordergrund des Interesses stand lange Jahre die Hyperglykämie. Nach Johnson et al. (1976) führen Hemmung der Insulinfreisetzung und Stimulierung der Glukagonsekretion, nach Mohamed et al. (1972) der Serotoningehalt der Gifte verschiedener Arten zu hyperglykämischen Reaktionen, d. h. der Blutzucker steigt. Auch die Katecholaminfreisetzung wurde als eine der Ursachen angenommen (El-Asmar 1974). Einer der verantwortlichen Mechanismen ist vielleicht auch die Hemmung der Glukoseaufnahme durch die Skelettmuskulatur, wie sie Mohamed et al. (1972) an der Ratte nachweisen konnten.

Hinsichtlich einzelner Spezies ergibt sich folgendes: In subletalen Dosen verursacht das Gift von *Hottentotta minax* eine signifikante Steigerung des Blutglukosespiegels (El-Asmar et al. 1974). Da es kein Serotonin enthält, jedoch Katecholamine freisetzt, dürfte als Quelle des erhöhten Blutzuckers Leberglykogenolyse in Betracht kommen. Ähnlich dürften die Verhältnisse beim Gift der gleichfalls Katecholamine freisetzenden Spezies *Buthus occitanus* und *Androctonus amoreuxi* liegen. Die Katecholamine aktivieren die Leber-Adenylcyclase, was zur Bildung von zyklischem AMP mit nachfolgender Glykogenolyse führt (2.4.4). Bei den serotoninhaltigen Skorpiongiften scheint nach Mohamed et al. (1972) die Aktivierung der Phosphorylase durch Serotonin für

Abb. 9. Männchen (oben) und Weibchen (unten) von *Heterometrus scaber* aus Südostasien. Aufn. S. MAAS

die exzessive Ausschüttung von Glukose aus der Leber der Hauptgrund für die Hyperglykämie zu sein.

Vielleicht spielt bei der Entstehung der Hyperglykämie auch eine Neubildung von Zucker (Glukoneogenese) eine Rolle.

Ein bei Ratten und Kaninchen toxisches Glykoprotein wurde 1975 von NAIR und KURUP aus dem Gift von *Heterometrus scaber* (Abb. 9) isoliert. Es verursacht bei Kaninchen in subletalen Dosen Hyperglykämie. Sein Molekulargewicht beträgt nur 15 000.

Die Gifte von *Leiurus quinquestriatus* und *Hottentotta minax* führen zu keinem signifikanten Anstieg der Milchsäurekonzentration im Blut von Ratten. Das Gegenteil wurde nach *Androctonus amoreuxi*-Vergiftung beobachtet (HODHOD et al. 1977). Vorbehandlung mit β-Rezeptorenblockern verhindert diese Reaktion vollständig. Laktatbildung wurde auch nach Gabe von *Buthus occitanus*-Gift gesehen (ZAKI 1980). Bei bereits bestehender Hypoxie kann Milchsäure die Atmungsfunktionen negativ beeinträchtigen (TASH et al. 1982). 30 Minuten nach Giftinjektion fanden die genannten Autoren einen Anstieg der Leber-Laktatdehydrogenase-Aktivität, der mit der Erhöhung der Milchsäure im Blut einherging.

In verschiedenen Arbeiten haben BARTHOLOMEW (1970) sowie BARTHOLOMEW et al. (1975, 1976) über das Auftreten von akuten Pankreatitiden nach Stichen von *Tityus trinitatis* berichtet. In der Zwischenzeit hat sich gezeigt, daß auch andere Skorpione Pankreasentzündungen hervorrufen können. So konnten PANTOJA et al. (1983) mit *L. quinquestriatus*-Gift beim Hund eine hämorrhagische Pankreatitis erzeugen. SANKARAN et al. (1983) untersuchten die Wirkung des *Tityus trinitatis*-Giftes auf die Insulinsekretion.

Auch der Mineralstoffwechsel wird durch Skorpiongift in der unterschiedlichsten Weise beeinflußt. So bewirken die Toxine 1 und 2 des Giftes von *Hottentotta minax* eine signifikante Abnahme des Serummagnesiums, -zinks und -eisens (HAGAG et al. 1983). Das Absinken der Magnesium- und Zinkkonzentration steht im Zusammenhang mit der Erhöhung der Aktivität der alkalischen Phosphatase. Der Abfall der Eisenkonzentration ist der hämorrhagischen Wirkung der Gifte in verschiedenen Geweben zuzuschreiben (ROSIN 1969, EL-ASMAR et al. 1972, ABDEL WAHAB et al. 1974).

Kalziumablagerungen im Herzen konnten elektronenmikroskopisch (YAROM u. BRAUN 1971) und physikochemisch (HAGAG et al. 1983) nach Skorpiongiftintoxikation nachgewiesen werden. Bei Ratten nehmen Serumkalzium und anorganischer Phosphor nach *Hottentotta minax*-Gift (EL-ASMAR et al. 1975) bzw. Toxin 1 und 2 (HAGAG et al. 1983) ab. Dieses Gift senkt reversibel die Kalziumabsorption durch das Duodenum von Ratten (ISMAIL et al. 1978). Die gesteigerte Kalziumausscheidung läuft parallel zu der von Natrium. Auch die veränderte Urinausscheidung von Phosphat scheint ein Sekundäreffekt des Giftes auf die Natriumausscheidung zu sein. Die chemische Analyse der Knochenasche von mit Skorpiongift behandelten Ratten zeigt demgegenüber keine Änderung des Kalzium- und Phosphorgehaltes gegenüber Normaltieren (HAGAG et al. 1983).

Die meisten Untersuchungen auf dem Gebiet des Mineralstoffwechsels beziehen sich auf Veränderungen des Serumnatrium- und -kaliumspiegels. So hatten MOHAMED et al. schon 1954 eine Abnahme des Serumnatriums und eine Zunahme des Serumkaliums nach *Leiurus quinquestriatus*-Gift gesehen. Dies wurde für die Einzelfraktionen des Gifts von TASH et al. (1982) bestätigt. Zu entgegengesetzten Ergebnissen kamen ISMAIL et al. (1978) 2 Stunden nach Injektion von *Hottentotta minax*-Gift. Wenn sie die Tiere 5 Tage lang mit dem Gift behandelten, zeigte sich ein signifikantes Ansteigen von Kalium, aber keine Veränderung bei Natrium. Am ersten Tag sank die Kalium-Urinausscheidung, während der nächsten 2 Tage stieg sie an und normalisierte sich am 6. Tag. Während der ersten 2 Tage sank das Natrium im Harn, stieg dann aber allmählich wieder auf Normalwerte. Nur am fünften Tag wurde ein signifikanter Abfall der Natriumausscheidung konstatiert. Das zeigt, daß es auf den Zeitpunkt der Messung ankommt. BERTKE u. ATKINS (1964) hatten angenommen, daß Streß den Mineralhaushalt verändert. Die Abnahme des Plasmakaliums 2 Stunden nach Giftinjektion und sein Ansteigen nach längerer Behandlung mit dem Gift führte zu der Annahme, daß das Gift durch Katecholaminfreisetzung den Ausstrom von Kalium aus der Leber, dem ein vorübergehender Einstrom folgte, auslöste. Teilweise mag die Giftwirkung auch auf die durch Reninstimulierung bedingte Ausschüttung von Aldosteron zurückzuführen sein.

Wie wir schon gehört haben, beeinflußt Skorpiongift das für die Blutdruckregelung wichtige RAAS (vgl. 2.4.4.). So kommt es bei Ratten, die mit den Giften von *Leiurus quinquestriatus* oder *Centruroides exilicauda* behandelt werden, zu einem Anstieg des Plasmarenins (LA GRANGE 1977). Dieses Enzym läßt aus Angiotensinogen das Angiotensin I entstehen, welches durch das Convertingenzym in das blutdruckwirksame Angiotensin II umgewandelt wird. Tritt nun durch Skorpiongift eine Hemmung des Convertingenzyms auf, so kommt Angiotensin II nicht zur Wirkung. Skorpiongifte hemmen jedoch das Convertingenzym in unterschiedlicher Intensität. Manche Gift-

Tabelle 8. Wirkung von Skorpiongiften auf Enzymaktivitäten
+ erhöht, – erniedrigt, ○ unverändert

Art	Enzymveränderung	Autor
Hottentotta minax	Alk. Phosphatase im Serum +	El-Asmar et al. 1975
Hottentotta minax, Toxin I	Alk. Phosphatase im Serum +	Hagag 1982
Toxin II	Alk. Phosphatase im Serum +	Hagag 1982
Toxin I	Knochen-Isoenzyme +	Hagag et al. 1983
Toxin II	Leber-Isoenzyme +	Hagag et al. 1983
Buthus occitanus	Laktatdehydrogenase im Serum von Ratten +	Zaki 1980
	Guanase + (= Leberschädigung)	Zaki 1980
Leiurus 5-striatus	Erythrozyten-Katalase (Mensch) –	Rabie et al. 1972
	Glukose-6-Phosphatdehydrogenase –	Rabie et al. 1979
	Glutathionreductase –	Halim 1981
	Laktatdehydrogenase (LDH) –	Halim 1981
	Alk. Phosphatase ○, Alanin- u. Aspartat-Aminotransferase ○	Halim 1981
Hottentotta minax	Plasma-Acylcholinacylhydrolase –, Acetylcholinacetylhydrolase aus Erythrozyten –	El-Asmar et al. 1977
Androctonus amoreuxi	Serum-α-Amylase +	Hodhod u. El-Asmar 1983
Hottentotta minax und Toxin II	Alk. Phosphatase von Leber, Darm und Hirn +	Hagag 1982
	Succinatdehydrogenase in Nieren –, Herz- und Leber (Maus) –	Moustafa et al. 1974
	Cholinesterase-Aktivität (Niere) reversibel –, Werte nach 2 Wochen normal	Moustafa et al. 1974
Androctonus amoreuxi	Ribonukleotidase (Rattenleber) –	Hodhod u. El-Asmar 1984
	Desoxyribonukleotidase (Rattenleber) –	Hodhod u. El-Asmar 1984
	Alk. Phosphatase (Rattenleber) –	Hodhod et al. 1977
Heterometrus fulvipes	Succinatdehydrogenase –	Babu et al. 1971
	LDH u. Azetylcholinesterase (Muskel der Schabe *Periplaneta americana*) –	Babu et al. 1971
	Succinatdehydrogenase-Aktivität (Hirnhomogenate) –	Selvarajan et al. 1975
	Muskel- u. Leberenzyme (Schaf) +	Selvarajan et al. 1975
	Succinatdehydrogenase und Azetylcholinesterase (Schaf) –	Prameelamma et al. 1975
	Protease-Aktivität (Hirnhomogenate des Schafs) +	Prameelamma et al. 1975
	Aspartataminotransferase ○, Alaninaminotransferase ○, Aldolase	Prameelamma et al. 1975

fraktionen inhibieren überhaupt nicht, vor allem solche, welche Nukleinsäuren, stark saure Komponenten und größere Mengen an dialysierbarem Material enthalten.

Da die meisten Enzyme in den Zellen in höherer Konzentration als im Plasma vorhanden sind, deutet ihre Vermehrung im Plasma auf eine Zellschädigung hin. Eine Verminderung hingegen ist ein Anzeichen für reduzierte Synthese oder eine direkte Hemmung durch bestimmte Substanzen. Für die Bestimmung von Enzymen in Geweben bedient man sich der Homogenisierung, bei der auch die Zellen zerstört werden.

Rohgift von *Hottentotta minax* weist eine leichte muskelschädigende Aktivität auf, die sich im Anstieg der Kreatininphosphokinase (CP) bei hoher Dosierung manifestiert (HAGAG et al. 1973).

Zu einem Anstieg der Serum-α-Amylase führt das Gift von *A. amoreuxi* (HODHOD u. EL-ASMAR 1983). Das beweist, daß dieses Gift auf das Pankreas wirkt, was ja, wie BARTHOLOMEW schon 1970 zeigen konnte, für *T. trinitatis*-Gift ebenfalls zutrifft. Erst nach wiederholter Injektion subletaler Dosen von *Androctonus amoreuxi*-Gift steigen Isozitronensäuredehydrogenase, Glukose-6-Phosphatase, Aspartataminotransferase und Alaninaminotransferase im Serum von Ratten an. Dies läßt nach HODHOD u. EL-ASMAR (1983) auf einen Leberzellschaden schließen.

Auch die Gewebsenzymaktivitäten werden durch Skorpiongifte verändert. So ist nach *Buthus occitanus*-Gift (ZAKI 1980) ebenso wie 30 Minuten nach Injektion des Giftes von *Androctonus amoreuxi* (HODHOD et al. 1977, EL-ASMAR et al. 1979) die Leberdehydrogenase-Aktivität von Ratten erhöht, nach 24 Stunden jedoch wieder normal. $\frac{1}{2}$ Stunde nach Gabe von *Buthus occitanus*-Gift nimmt die Guanase-Aktivität in der Rattenleber ab (ZAKI 1980), wohingegen die Succinatdehydrogenase in Rattenhirnhomogenaten bei niedrigen Giftkonzentrationen ansteigt, bei höheren dagegen abnimmt.

PRAMEELAMMA et al. (1975) fanden nach dem Gift von *Heterometrus fulvipes* eine Erhöhung der Glutamatdehydrogenase-Aktivität in Hirnhomogenaten des Schafes. Ihr Anstieg wurde auf die Stimulation der Ammoniakbildung zurückgeführt.

Letale und subletale Dosen von Rohgift und erhitztem Gift hemmen die Magnesium^{2+}-ATPase-Aktivität bei *Periplaneta* als Ausdruck einer Beeinflussung des Energiestoffwechsels der Schabe. Weitere Enzymveränderungen s. Tabelle 8.

2.4.7 Wirkung auf die Blutbeschaffenheit und das Säure/Basen-Verhältnis

Im Hinblick auf die Wirkung von Skorpiongiften auf die Aminosäuren des Blutes wurden *Buthus occitanus* (ZAKI 1980), *Androctonus amoreuxi* (HODHOD et al. 1977) und *Heterometrus scaber* (NAIR 1981) untersucht. Dabei fand sich nach *Androctonus amoreuxi*-Gift ein signifikanter Anstieg von Leucin, Isoleucin und Valin und ein signifikantes Absinken von Arginin und Alanin. 24 Stunden nach Injektion von *Buthus occitanus*-Gift stieg Arginin jedoch an. Vielleicht unterscheiden sich die beiden Gifte in der Beeinflussung des Harnstoffzyklus.

Heterometrus scaber-Gift führt zu einer Abnahme der Aminosäurenkonzentration im Rattenserum.

Veränderungen der Plasmaproteine fanden sich nach Injektion der Gifte von *Hottentotta minax, Leiurus quinquestriatus, Centruroides exilicauda* und *Heterometrus scaber. Hottentotta minax*-Gift bewirkt einen Anstieg des Gesamtserumproteins nach subletaler Dosis bei Ratten (EL-ASMAR et al. 1975). Am meisten sind die α- und β-Globuline betroffen. Der Anstieg der α_1- und α_2-Globuline steht in Beziehung zu der Entzündungsreaktion und Gewebszerstörung (MOUSTAFA et al. 1974). Die β-Globuline sind in den

Fällen erhöht, in denen auch ein Anstieg der Plasma-Phospholipide erfolgt. Nach *L. quinquestriatus*-Giftinjektion fanden EL-ASMAR et al. (1979) eine Erhöhung von Albumin und α-Globulin und ein Absinken von β- und γ-Globulin. Sie beziehen den Anstieg des Gesamtserumproteins auf die von ISMAIL et al. (1973) beobachtete Hämokonzentration und die Hypogammaglobulinämie auf den Injektionsstreß.

Hottentotta minax- und *L. quinquestriatus*-Gift (EL-ASMAR 1972, 1973) können Hämorrhagien in Herz, Lunge und Gehirn bei Mäusen hervorrufen. Diffuse intravaskuläre Koagulationen nach Skorpiongift wurden auch von DEVI et al. (1970) und REDDY et al. (1972) beobachtet.

Der Stich von *Nebo hierichonticus* (Fam. Diplocentridae) verursacht bei Mäusen Blutharnen und ausgedehnte Hämorrhagien, die sich von der Stichstelle aus über große Teile der Bauchwand und des Bauchfelles erstrecken (ROSIN 1969). Nach HAMILTON et al. (1974) hat das Gift von *Heterometrus indus* in niedrigen Dosen eine koagulierende, in hohen Konzentrationen jedoch eine antikoagulierende Wirkung. Eine deutliche Antikoagulantiawirkung weist auch das Gift von *Leiurus quinquestriatus* auf (HOUSSAY 1919, HAMILTON et al. 1974). Das Gift von *Mesobuthus tamulus* verursacht ebenso wie das Rohgift von *Centruroides exilicauda* und seine nichtneurotoxischen Fraktionen beim Hund eine Thrombozytenaggregation (LONGENECKER u. LONGENEKKER 1981). SWEDENBORG u. OLSON (1978) fanden heraus, daß die Freisetzung von Adrenalin durch Skorpiongifte diese und das Ansteigen der Plasmakoagulation bewirkt. IBRAHIM (1982) zeigte eine Aktivierung von Prothrombin durch Rohgift von *Leiurus quinquestriatus.*

Nach TASH et al. (1982) bewirken alle Fraktionen des Giftes von *L. quinquestriatus* Hypoxien unterschiedlichen Grades. Hypoxie führt zu einer Anhäufung von Milchsäure. Dadurch kommt es zu metabolischer Azidose, die durch respiratorische Azidose aufgrund der Lungenwirksamkeit der Fraktion 1 verstärkt wird. So erklären die Autoren die Ansäuerung des Blutes. Fraktion 1, eine letale Fraktion, führt bei Ratten zu einer Senkung des Blut-*p*H-Wertes. Das Rohgift verursacht eine metabolische Alkalose, die teilweise durch respiratorische Azidose kompensiert wird (EL-ASMAR et al. 1980). Die Fraktionen 6, 7 und 8 rufen eine metabolische Alkalose hervor, während die Fraktionen 9 bis 12 eine respiratorische Azidose bewirken.

Die Hypoxie wird von EL-ASMAR et al. (1972) auf einen Defekt im Mechanismus des Gasaustausches aufgrund lokaler Hämorrhagien in der Lunge und die selektive Wirkung des Giftes auf die Lunge zurückgeführt. Mit dem giftbedingten Anstieg der Salzsäuresekrektion im Magen kann die metabolische Alkalose verständlich gemacht werden.

Letztendlich aber lassen sich alle diese Wirkungen auf den zentralsympathischen Effekt des Giftes, Reflexmechanismen und/oder direkte Stimulierung des sympathischen Nervensystems sowie Freisetzung von Katecholaminen zurückführen, wie sich besonders deutlich an der Konstriktion der Blutgefäße in der Lunge und am Lungenödem nachweisen läßt.

2.5 Vergiftungen durch Skorpionstiche – Prophylaxe

Viele Zwischenfälle lassen sich vermeiden, wenn man die Lebensweise der Skorpione ausreichend berücksichtigt. Unfälle mit Arten, die unter Baumrinde leben, kommen wohl am ehesten bei Personen vor, die frisch gefällte Bäume bearbeiten. Besonders in Südamerika und Indien muß man auf „Hausskorpione“, die sich tagsüber in Kleidern, Möbeln, zwischen Brennholz und hinter Bildern aufhalten, achten. Hier ist vor allem der brasilianische *Tityus serrulatus* (Abb. 7) zu nennen. An glatten Wänden kann er ebensowenig wie andere Skorpione klettern. Auch die glatten Flächen der Füße von Bettgestellen vermag er nicht zu erklimmen. Dagegen besteht durchaus Gefahr, wenn man direkt auf dem Boden schläft oder die Matratze auf dem Fußboden deponiert. Betten müssen trotzdem von der Wand abgerückt stehen.

Grundsätzlich sollte jeder Tropenreisende morgens als erstes seine Schuhe innen inspizieren, weil sie Skorpionen als Nachtlager gedient haben könnten. Auch die Kleidungsstücke sollten, zumal wenn sie am Abend für Skorpione erreichbar abgelegt wurden, gründlich vor dem Anziehen kontrolliert werden. *Tityus bahiensis* lebt zwar normalerweise im Freien, dringt jedoch auch in ländliche Siedlungen ein und wird mitunter in oder an Häusern entdeckt.

Wie schon im Abschnitt 2.1.2. gezeigt wurde, werden verschiedene Arten mit Gütern aller Art, vornehmlich mit Holz und Bananen, verschleppt. Jeder, der viel mit Gütern aus tropischen Ländern zu tun hat, kann als potentiell gefährdet betrachtet werden. Das gilt ganz besonders für im Obsthandel tätige Personen. Kinder sollten angehalten werden, Skorpione, die sie meist unter Steinen entdecken, nicht anzufassen und vor allem nicht barfuß zu gehen, wenn bekannt ist, daß in der betreffenden Gegend gefährliche Arten vorkommen. Wenn auch die Erwachsenen diese Grundsätze beherzigen würden, wären Zwischenfälle mit Skorpionen weitaus seltener. Der Ratschlag, in gefährdeten Regionen beispielsweise die Bananen nur mit Handschutz zu ernten, ist illusorisch, da unpraktikabel. Tatsache ist jedoch, daß die meisten Skorpionstiche in Hände und Füße erfolgen. Ein gewisses Risiko scheint also unvermeidbar zu sein.

Beim Besuch buddhistischer Tempel unterwirft man sich nicht ungefährlichen Ritualen. So mußte ich z.B. in Sri Lanka nach Einbruch der Dämmerung Tempelruinen barfuß betreten, obgleich bekannt war, daß dort Skorpione vorkommen (vgl. auch 7.).

2.5.1 Antivenine und Antitoxine

Antiskorpionserum wurde erstmals von Todd 1909 in Kairo hergestellt. Heute produzieren die Pasteurinstitute in Algerien, Marokko und Tunesien spezifische Antivenine, also Seren, in denen alle Komponenten des Gifts als Antikörper reagieren, gegen die wichtigsten nordafrikanischen Skorpione wie *Androctonus australis* und *Buthus occitanus.* Das Agouzainstitut in Kairo liefert ein polyvalentes Serum, das aus den Giften der folgenden Arten hergestellt wird: *„Buthus“ quinquestriatus, Leiurus quinquestriatus, Androctonus australis, Androctonus bicolor, Buthus occitanus, A. amoreuxi* und *Compsobuthus acutecarinatus.* Vom Listerinstitut in England wird ein Antiserum gegen afrikanische Skorpione bereitgestellt. Gegen *Tityus serrulatus* und *T. bahiensis* gerichtete Antivenine können aus dem Instituto Butantan, Sao Paulo, Brasilien, bezogen werden. Die Myn Laboratories in Mexiko sind Lieferanten eines polyvalenten Serums gegen *Centruroides exilicauda, C. noxius, C. limpidus, C. limpidus tecomanus, C. limpidus infamatus* und *C. suffusus.* Im Central Institute of Hygiene, Ankara, stellt man ein monovalentes Serum gegen *Androctonus crassicauda* und im Institute for Medical Research, Johannesburg, ein Serum gegen *Parabuthus*- und *Hottentotta*-Arten her. Weitere Bezugsquellen für Skorpionseren sind die Arizona State University, USA (gegen *Centruroides exilicauda*) und die hebräische Universität in Jerusalem (gegen die wichtigsten der in Israel vorkommenden Arten). In Deutschland ist ein Skorpiongift-Immunserum (Nordafrika) von der Twyford Pharmaceuticals GmbH, Ludwigshafen, zu beziehen.

Alle heute erhältlichen Antivenine werden von immunisierten Pferden gewonnen. Bei Personen, die gegen Pferdeserum empfindlich sind, vor allem auch bei den besonders gefährdeten Kindern, muß mit akuten anaphylaktischen Reaktionen nach der Injektion gerechnet werden. Insgesamt wird die Häufigkeit von Zwischenfällen mit 5% angegeben. Das Agouzainstitut stellt daher für gegen Pferdeserum allergische Personen zusätzlich ein aus Kühen gewonnenes Skorpion-Antivenin bereit.

Die Herstellung von Antiveninen ist ein langwieriger Prozeß. 400 bis 500 Giftblasen von *Androctonus bicolor* werden für ein achtmonatiges Immunisierungsprogramm bei einem Pferd benötigt, um eine Neutralisierung von 1 mg Gift pro Milliliter Immunserum zu erreichen (Balozet 1955). Im Butantan-Institut werden die Pferde mit Trokkengift immunisiert, das aus dem Rohgift nach Elektrostimulierung der Giftdrüsen gewonnen wird. Dazu wird den Skorpionen alle 2–3 Wochen Gift abgenommen. Nach Bücherl (1953) erfolgten in 16 Monaten bei *Tityus serrulatus* an 380 Tieren 4106 Giftabnahmen, wobei 309 mg Trockengift anfielen.

Eine Problematik bei der Herstellung der Antivenine darf nicht verschwiegen werden. Sie hängt mit der Zusammensetzung der Gifte zusammen. Die meisten Komponenten der Gifte sind großmolekular und kaum oder gar nicht toxisch. Die gefährlichen Neurotoxine machen nur weniger als 1% bis zu 3% des Gesamtgifts aus. Wenn man nun das Gesamtgift als Antigen benutzt, werden die meisten Antikörper gegen die harmlosen Substanzen im Gift – zum Nachteil der Neurotoxine – gebildet. Daher nimmt es nicht wunder, daß die meisten der heute verfügbaren Antivenine nur eine relativ geringe Wirksamkeit aufweisen (El Ayeb u. Delori 1984). Beim Vergleich von Antiseren, die in Algerien, Ankara, Johannesburg, Mexiko und Sao Paulo hergestellt wurden, erwies sich das *Androctonus crassicauda*-Serum aus Ankara am wirksamsten. Es neutralisierte *Androctonus australis*-Gift besser als das gegen diese Spezies gerichtete Antiserum (Whittemore et al. 1961). Es war so wirksam wie das *Androctonus australis*-Serum beim Neutralisieren der Gifte von *Buthus occitanus, Tityus serrulatus* und *Tityus bahiensis.* Die Antivenine gegen *Androctonus australis* und *A. crassicauda* schützten auch etwas gegen das Gift von *Centruroides exilicauda.* Diese Befunde zeigen, daß das *Andronoctus crassicauda*-Gift breitere Antigeneigenschaften als alle anderen Skorpiongifte aufweist. Andererseits schützten die 4 obengenannten Antivenine nur minimal dagegen. Mohamed et al. (1975) verglichen die Wirksamkeit des monospezifischen *„Buthus“ quinquestriatus*-Antiserums mit den polyvalenten Seren der Lister-, Agouza- und Pasteurinstitute, d.h. mit den gegen *Buthus occitanus, Androctonus aeneas* und *Pandinus* sp. gerichteten Antiseren. Am wirksamsten erwies sich das *„B.“ quinquestriatus*-Antiserum, gefolgt von dem polyvalenten Antiserum des Agouzainstituts, dem des Pasteurinstituts in Algerien und schließlich dem des Listerinstituts. Es konnte auch eine schwache Neutralisierungskapazität des ägyptischen Antiserums gegen Skorpiongifte libyscher Arten festgestellt werden. Nach Tulgat (1960) und Balozet (1971) waren gegen *„Buthus“ quinquestriatus*- und gegen *Androctonus australis*-Gift hergestellte Antiseren hoch wirksam, jedoch unwirksam gegen die Gifte der jeweils anderen Art. Andererseits wird das hochtoxische Gift von *Centruroides noxius* aus Mexiko im Tierexperiment durch das polyvalente ägyptische Antiserum zu einem relativ großen Anteil (35 LD_{50}, mithin das 35fache der LD_{50}, durch 1 ml Serum bei einer LD_{50} von 5 µg/Maus) neutralisiert (Hassan 1984). Bei den weniger schädigenden Giften mexikanischer Skorpione zeigte sich eine weitaus schwächere Neutralisierungskapazität dieses Antiserums.

So neutralisierte 1 ml nur 7,5 LD_{50} der Gifte von *Centruroides limpidus limpidus* (LD_{50} = 19 µg/Maus) und *Centruroides limpidus tecomanus* (LD_{50} = 25 mg/Maus). Anders ausgedrückt neutralisiert 1 ml Serum 0,175 mg Gift von *C. noxius*, 0,187 mg Gift von *C. l. tecomanus* und 0,150 mg von *C. l. limpidus*. Allgemein gilt, je näher die Skorpione genetisch miteinander verwandt sind, umso ähnlicher sind die immunologischen Eigenschaften. Es hat sich auch gezeigt, daß kein Skorpion-Antivenin bei Schlangenbißvergiftung hilft.

Trotz der aufgezeigten „Paraspezifität" von Antiveninen konnte niemals klar bewiesen werden, daß irgendeines der käuflichen Antivenine in der Lage ist, eine größere Anzahl von Skorpiongiften, z. B. von Arten, die in einem bestimmten Gebiet wie Nordafrika leben, zu neutralisieren. So mußte nach anderen Wegen gesucht werden, um die Serumtherapie zu verbessern. Als eine Möglichkeit dazu bietet sich die Verwendung von reinen Neurotoxinen anstelle des Gesamtgifts als Antigene an. Man spricht dann von Antitoxinen. Diese haben sich als von unschätzbarem Wert erwiesen. El Ayeb u. Delori (1984) haben zeigen können, daß durch definierte Mischungen von 2 oder 3 spezifischen Antitoxinen 4 der gefährlichsten Skorpiongifte neutralisiert werden konnten. Antitoxine wirken gegenüber ihrer eigenen Strukturgruppe spezifisch und zeigen keine Kreuzreaktion mit Toxinen, die zu anderen strukturellen Gruppen gehören, selbst wenn sie aus dem Gift des gleichen Skorpions isoliert wurden.

Da die Herstellung der Reintoxine sehr aufwendig ist, verwendet man heute die Fraktion für die Serumtherapie, in der nach Molekulargelfiltration die Toxine angereichert sind. Sie enthält etwa 20 % Neurotoxine, also etwa siebenmal so viel wie das Gesamtgift. Damit ist die Wirksamkeit gegenüber der früheren Therapie mit Antiveninen erheblich verbessert und ein großer Fortschritt erreicht worden.

2.6 Bedeutung von Skorpiongiften in der Medizin

Die größte Bedeutung haben die Neurotoxine von Skorpionen beim Studium der schnellen Natriumkanäle von elektrisch erregbaren Membranen erlangt. Solche Kanäle spielen eine wichtige Rolle bei der Übertragung von Nervenimpulsen. Mit Skorpiontoxinen gelingt es, die Kanäle auf zellulärer Ebene zu lokalisieren.

Es ist von großem wissenschaftlichen Interesse, daß ATX-II, ein Toxin, das aus dem Nematozysten von Seeanemonen isoliert wurde, ganz ähnlich wie Skorpiongift präsynaptisch wirkt (Béress, zit. bei Schmidt 1982). Es verlängert die Dauer der Nervenimpulse und führt so indirekt zu einer Vermehrung des freigesetzten Überträgerstoffes. Dies bewirkt zusammen mit der gleichzeitig erhöhten Frequenz der Aktionspotentiale krampfartige Kontraktionen der Muskulatur einschließlich der des Herzens, die stundenlang anhalten können. Solche Krämpfe sind dann auch die Ursache für den Tod der Beutetiere, die von den Tentakeln der Seeanemone gefangen werden. Ebenso wie die Neurotoxine der Skorpione stellt ATX-II ein hervorragendes Mittel zur Erforschung der Molekularbiologie der Natriumkanäle und der Erregungsphänomene der Herzmuskulatur dar.

Wenn solche Forschungen seit einiger Zeit auch sehr im Vordergrund des Interesses von Physiologen, Molekularbiologen und Pharmakologen stehen, so darf doch nicht übersehen werden, daß Skorpiongifte eine ganze Reihe von Eigenschaften haben, die eines Tages möglicherweise auch von praktisch-medizinischem Interesse sein könnten. Auf die ACE-Hemmung haben wir schon in 2.4.4 und 2.4.6 hingewiesen. Weiter muß auf die Anticholinesteraseaktivität mancher Gifte aufmerksam gemacht werden. Sie wurde 1971 von Babu et al. im Gift von *Heterometrus fulvipes* erstmals am Schabenmuskel nachgewiesen. Bei Mäusen, die chronisch mit dem Gift von *Hottentotta minax* behandelt wurden, konnten Moustafa et al. eine Cholinesterasehemmung in Herz, Leber und weißer Substanz des Gehirns finden. Fraktionen mit Anticholinesteraseaktivität erwiesen sich nach El-Asmar et al. (1977) als nicht dialysierbar und hatten ein relativ niedriges Molekulargewicht. Sie konnten die Cholinesterase von Erythrozyten und Blutplasma in vitro hemmen. Solche Untersuchungen könnten die Grundlage für die Entwicklung neuartiger Insektizide bilden.

Von noch größerer Bedeutung scheint die Entdeckung einer Substanz im Gift von *Leiurus quinquestriatus, Buthus occitanus, Hottentotta minax* und *Androctonus amoreuxi* zu sein, die für die Zerkarien von *Schistosoma mansoni*, den Darmpärchenegel, toxisch ist. El-Asmar et al. (1980) zeigten, daß sich um lebensfähige Zerkarien, die mit den obengenannten Giften inkubiert wurden, Hüllen ausbildeten. 1980 konnte von derselben Arbeitsgruppe ein Zerkarientoxin aus dem Gift von *Leiurus quinquestriatus* gewonnen werden. Es hat weder Anticholinesterase-Aktivität noch besitzt es proteolytische Eigenschaften. Während Methionin in Säugertoxinen fehlt, ist es im Zerkarientoxin enthalten (Swelam 1982). Selbst bei ziemlich hohen Dosen weist es keine Toxizität gegenüber Säugern auf. Wenn man mit Zerkarien infizierte Mäuse mit dem Zerkarientoxin behandelte, nahm die Anzahl der reifen Würmer, die in den infizierten Mäusen wiedergefunden wurde, ab, und die Überlebenszeit der Mäuse nahm zu. Eigenartigerweise waren die wiedergefundenen Würmer alle eines Geschlechts und gegenüber normalentwickelten Würmern verschmälert. In den Lebern der Mäuse fanden sich nur wenige Wurmeier, und die Leberparenchymzellen sahen, verglichen mit den Kontrollen, normal aus. Im Gegensatz zu Säugertoxinen verlängert das Zerkarientoxin das Aktionspotential des Froschmuskels beträchtlich. Es verlangsamt das Schließen der Natriumkanäle nach ihrer Aktivierung (Swelam 1982).

1982 gelang El-Asmar und seinen Mitarbeitern eine weitere bedeutsame Entdekkung. Sie fanden heraus, daß Fraktion 7 des Giftes von *Leiurus quinquestriatus* in der Lage ist, die Motilität von menschlichen Spermien zu stoppen (Hafiez et al. 1982). Mit 32 µg/10^6 Spermien bei 37 °C ging der mittlere Prozentsatz beweglicher Spermien von 65 auf 10 sofort zurück. Der Prozentsatz morphologisch veränderter Spermien unterschied sich nicht signifikant von dem der Kontrollen. Wurde zeugungsfähigen männlichen Albinoratten die spermizide Giftkomponente injiziert, so nahm die Empfängnis ihrer Weibchen ab. Die Fraktion 7 führt auch zu einer Abnahme des Plasmatestosterons und zu einem Anstieg des Prolaktinspiegels (El-Asmar u. Hafiez 1984). Schließlich wurde noch eine Störung der Spermatogenese nachgewiesen. Im Hoden wiesen einige Kanälchen überhaupt keine Spermien auf, während andere eine Degeneration der meisten Spermatozyten erkennen ließen.

Ob diese Forschungsergebnisse eines Tages dazu führen werden, bei der Lösung des Überbevölkerungsproblems mitzuwirken, ob sie in der Veterinärmedizin oder eher vielleicht in der Schädlingsbekämpfung neue Akzente setzen werden – wir wissen es nicht. Immerhin wäre es doch so etwas wie eine ausgleichende Gerechtigkeit, wenn das Gift eines der gefährlichsten Skorpione auch zum Wohle der Menschheit beitragen könnte.

2.7 Skorpione in Geschichte, Sage und Mythos

Skorpione werden in der Bibel an mehreren Stellen genannt, giftige Spinnen dagegen nirgends. Der „Skorpion“ in 1. Könige 12,11 ist allerdings eine Stachelpeitsche. Die übrigen Bibelstellen finden sich bei LUKAS 10,19 und 11,12 sowie in der Offenbarung 9, 3, 5 u. 10. Diese Tiere werden auch im Talmud erwähnt. Auf einem babylonischen Grenzstein (1100 v. Chr.) sind sie dargestellt. Im Mithraskult, der sich etwa ab 70. v. Chr. in Europa verbreitete, spielten sie eine wichtige Rolle. Bei den alten Ägyptern war der Skorpion Symbol von Typhon, einem bösen Geist, und auf altägyptischen Steinen steht ihm Anubis, der schakalköpfige Totengott, in beschwörender Stellung gegenüber.

In der altgriechischen Orionsage wurde der Held durch den Stich eines Skorpions getötet, den die Erdgöttin gesandt, weil ORION sich gerühmt hatte, kein Tier könne seinen Pfeilen entgehen. Nach einer späteren Überlieferung schickte die Göttin ARTEMIS den Skorpion, weil ORION gewagt hatte, sie zu lieben.

Die alten Römer nannten ein Wurfgeschütz, das ursprünglich Pfeile schleuderte, „Skorpion“.

3. Geißelskorpione und ihr „Spray“

Geißelskorpione (Uropygida) sind nächtliche Jäger der Tropen und Subtropen, die Feuchtigkeit lieben. Sie fehlen in Europa, Australien und, bis auf eine eingeschleppte Art, auch in Afrika. Ihr nördlichstes Vorkommen liegt in Japan. In Indien trifft man eine Spezies in den Häusern der Eingeborenen an. Die meisten Spezies weisen eine Körperlänge von zwei bis drei Zentimetern auf. Die Riesen der Ordnung, die etwa 180 Arten umfaßt, gehören zu der amerikanischen Gattung *Mastigoproctus*. Ihre 12 Arten werden 6–8 cm lang. Größte Spezies ist *Mastigoproctus giganteus* (Abb. 10).

Der Hinterleib dieser Tiere besitzt einen fadenförmigen schwanzartigen Anhang. Das dünne erste Beinpaar dient nur zum Tasten, nicht zum Laufen. Wie bei den Skorpionen dienen die Maxillipalpen dem Ergreifen der Beute. Die Tiere graben sich Höhlen ins Erdreich und schleppen ihre Beute dorthin. Im Gegensatz zu einer weitverbreiteten Ansicht haben sie keine Giftdrüsen. Die Stellung der 8 Augen entspricht der bei den Skorpionen.

Als Nahrung dienen Insekten, Schnecken und Tausendfüßer. Nur *Mastigoproctus* erbeutet auch kleine Wirbeltiere. Wenn sich Geißelskorpione bedroht fühlen, spritzen sie einen nach Essig, Ameisensäure oder Chlor riechenden Spray aus Drüsen, die an der Basis des in einen langen dünnen Faden auslaufenden Postabdomens münden.

Abb. 10. Der größte Geißelskorpion, *Mastigoproctus giganteus,* aus Florida (3/4 nat. Größe). Zeichn. M. SCHMIDT

Der Sprühstoß reicht bis zu einer Weite von 50 cm und enthält Essigsäure, Ameisensäure, Caprylsäure, Capronsäure und Ketone bzw. einige dieser Komponenten (je nach Art). Er ist in der Lage, das Chitinskelett von Insekten anzugreifen. Bei *Mastigoproctus* besteht er aus 84 % Essigsäure, 5 % Caprylsäure und 11 % Wasser. Dabei senkt Caprylsäure die Oberflächenspannung des Sprays, so daß sich dieser fein auf der Haut des Feindes verteilen kann. Beim Menschen bewirkt es dort, auf den Schleimhäuten, besonders aber am Auge, heftigen Schmerz. *Typopeltis crucifer*-Spray hat eine ähnliche Zusammensetzung. Der Essigsäuregehalt nimmt mit der Anzahl der Sprühstöße ab. *Typopeltis cantonensis* benutzt 2-Heptanon, 2-Octanon und 2-Nonanon neben Essigsäure als Verteidigungssekrete (HAUPT et al. 1988). Auf der Haut und vor allem auf den Schleimhäuten ruft das Sekret einen kurzen stechenden Schmerz hervor. *Thelyphonus linguanus* produziert Essigsäure, n-Hexylacetat, n-Octanol und n-Octylacetat (HAUPT 1992).

Geißelskorpione sind seit dem Karbon bekannt. Ihre Paarungssitten ähneln denen der Skorpione. Das Männchen ergreift mit seinen Chelizeren die letzten Glieder des ersten Beinpaares des Weibchens, und zwar über Kreuz, geht dann rückwärts, wobei es die Partnerin langsam mit sich zieht. Zwischendurch „streicheln" sich die Partner immer wieder. Eine solche Werbung kann sich über mehrere Tage hinziehen. Schließlich setzt das Männchen eine Spermatophore ab und führt das Weibchen wie bei den Skorpionen darüber. Zum Schluß stopft es die Spermatophore mit den Palpen in die Gonopore des Weibchens. Das Weibchen trägt später 20 bis 35 große Eier in einem häutigen Sack unter dem Abdomen. Die Jungen werden bis zu ihrer ersten Häutung auf dem Hinterleib der Mutter transportiert. Sie werden erst nach 4 Jahren reif und leben dann noch weitere drei oder vier Jahre, häuten sich dabei weiterhin und legen jährlich einoder zweimal Eier.

4. Walzenspinnen – Dichtung und Wahrheit über ihre Gefährlichkeit

Die Walzenspinnen (Solpugida) sind ebenso wie die bisher behandelten Gruppen der Spinnentiere vorwiegend nächtliche Jäger in Steppen- und Wüstengegenden, die aber in Australien fehlen. Es gibt nur wenige tagaktive Arten. 6 Spezies leben in Südeuropa, davon 2 in Spanien. Eine dieser beiden kann man auch in Portugal finden. Insgesamt wurden 840 Arten in 10 Familien beschrieben. In Nordamerika gibt es etwa 120 Arten. Die nördlichste wurde in Südwestkanada entdeckt. Im Pamir kommt eine Art sogar noch in 3 000 m ü. NN vor.

Die Körperlänge der Walzenspinnen schwankt zwischen 1 und 10 cm, doch sind die meisten Arten nur 3–5 cm groß.

Die gewaltigen scherenartigen Chelizeren enthalten keine Giftdrüsen. Sie sind meist größer als der Kopfteil, an den sich ein dreigliederiger Thorax anschließt. Die beinartigen Taster (Maxillipalpen) tragen an ihrer Spitze ein ausstülpbares Haftorgan, das zum Beutefang dient und beim Klettern eingesetzt wird. Besonders fliegende Insekten bleiben daran kleben und werden anschließend den Chelizeren zum Zerkleinern übergeben. Bei größeren Tieren ergreifen die Chelizeren die von den Palpen und vorderen Beinpaaren umklammerte Beute, die in Einzelfällen aus kleineren Wirbeltieren wie Eidechsen und Vögeln bestehen kann. Dabei steigen einige Arten auch auf Bäume.

Wenn Walzenspinnen eine Beute spüren, halten sie aus schnellstem Lauf plötzlich an. Da sie beim Laufen das erste, gegenüber den übrigen Beinen dünnere Beinpaar, das dann zum Tasten dient, nicht einsetzen, erscheinen sie auf den ersten Blick eher insektenartig, was noch durch den gegliederten Thorax unterstrichen wird (Abb. 11). Wie Pseudoskorpione und Weberknechte haben sie auch keine Fächertracheen. Manche Arten haben sehr große, zum Formensehen geeignete Mittelaugen, die bei der Jagd eine Rolle spielen. Seitenaugen sind nur schwach entwickelt, oft rudimentär oder fehlen ganz. Die Männchen sind gewöhnlich kleiner als die Weibchen und haben auch längere Beine als diese. Als Unterschlupf dienen den Tieren Steine oder selbstgebaute Wohnröhren.

Selbst eine nur 3 cm lange Walzenspinne stellt sich ohne weiteres zum Kampf, wenn sie von einer Katze angegriffen wird, und versteht es auch, geschickt den Angriffen ihrers Gegners auszuweichen. Erregte Walzenspinnen geben mit den Chelizeren, an deren Innenseite ein Stridulationsorgan liegt, rasselnde Laute von sich, was noch mehr dazu beiträgt, in ihnen unheimliche, furchterregende Gestalten zu erblicken. Bei Kämpfen mit Skorpionen bleiben sie in den meisten Fällen Sieger. Sie versuchen zunächst, den Nachleib des Skorpions, der den Giftstachel trägt, abzuschneiden, um ihren Gegner wehrlos zu machen. Ist das gelungen, haben sie leichtes Spiel. Die Chelizeren können auch ohne Schwierigkeiten die menschliche Haut durchdringen und schmerzhafte Bisse verursachen. Das geschieht vornehmlich nachts und besonders häufig in primitiven Behausungen von Eingeborenen. Daher werden diese Tiere auch sehr gefürchtet.

Abb. 11. Charakteristisch für Walzenspinnen (hier *Galeodes araneoides*) sind die kräftigen Chelizeren. Aus Kästner in Kükenthal 1940

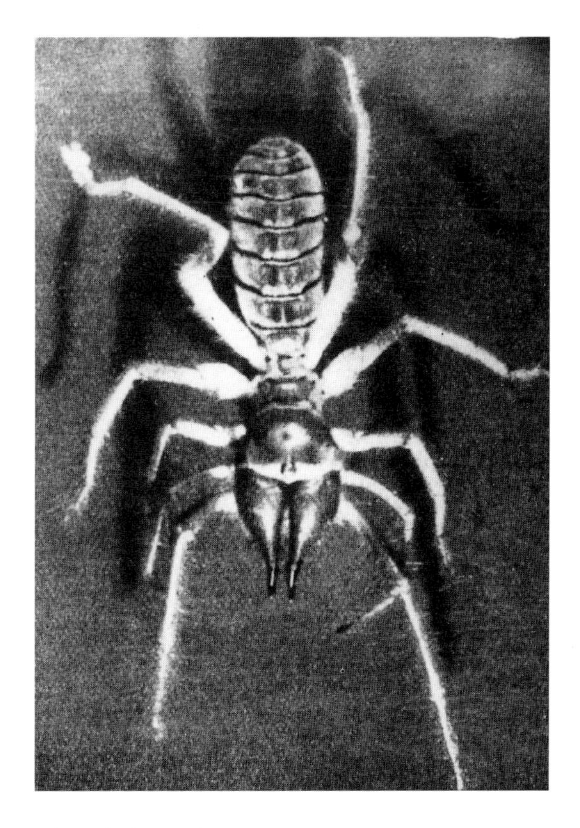

Zu einem Zwischenfall kam es während der Arbeiten am Assuanstaudamm. Die Eingeborenen wollten nicht weiterarbeiten, wenn nichts gegen die Walzenspinnen unternommen würde. Der leitende deutsche Ingenieur des betreffenden Bauabschnitts schickte als Corpus delicti eine getötete Solifuge der Gattung *Galeodes* an das Hamburger Tropeninstitut, von dem ich sie erhielt.

Obgleich Solifugen nicht giftig sind, muß doch bedacht werden, daß durch die bisweilen recht tiefen Bißwunden bakterielle Sekundärinfektionen entstehen können, die das eigentliche medizinische Problem darstellen.

Walzenspinnen sind seit dem Karbon bekannt. Recht eigenartig sind ihre Paarungssitten: Das Weibchen wird vom Männchen auf den Rücken geworfen. Dieses bringt dann den mit den Chelizeren aus der eigenen Geschlechtsöffnung entnommenen Spermatropfen in die des Weibchens. Vor der Eiablage baut das Weibchen in etwa 20 cm Tiefe eine Kammer, in der es ein- oder mehrmals, je nach Art, 50 bis 200 Eier ablegt, die bis zum Schlüpfen der Jungen bewacht werden. Während dieser Zeit nimmt es keine Nahrung zu sich. Seinen stärksten Appetit entwickelt es wie bei den Spinnen zwischen Begattung und Eiablage. Eine 5 cm große Art frißt dann in Gefangenschaft beispielsweise pro Tag mehr als 100 Fliegen.

5. Milben

5.1 Allgemeines

Vom Typus der Spinnentiere haben sich die Milben am weitesten entfernt. Es handelt sich zum größten Teil um mikroskopisch kleine Organismen. So ist die Gallmilbe *Eriophys parvulus* mit 0,08 mm Körperlänge der kleinste Gliederfüßer überhaupt. Eine klare Gliederung des Körpers in Cephalothorax und Abdomen ist nicht mehr vorhanden. Man findet anstelle des ersteren höchstens eine Kopfplatte (Gnathosoma). Die Mundwerkzeuge können zu einem Stechrüssel modifiziert sein. Von den etwa 30 000 Arten leben allein 4 000 im Süßwasser. 500 der heimischen 3 000 Milbenarten entfallen auf Wassermilben, die artenreichste Milbengruppe überhaupt. Mit bis zu 8 mm Körperlänge zählen sie zu den größten nichtparasitären Milben.

Milben übertreffen nach Anzahl der Individuen alle sonstigen Spinnentiere bei weitem. Gegen 200 000 Exemplare/m^2 wurden in Waldböden ermittelt. Hier sind in erster Linie die Oribatiden zu nennen, die bei der Humusbereitung eine entscheidende Rolle spielen. Mit etwa 800 einheimischen Spezies sind sie die artenreichste Milbenfamilie bei uns. Nur eine Art wurde als Fischparasit erkannt (Schmidt 1982), einige ernähren sich von Bandwurmeiern.

Milben leben als gewandte Jäger, Pflanzenfresser und -parasiten, Tierparasiten und Verwerter toter organischer Substanzen. In der Unterordnung Ixodides (Zecken) mit etwa 800 Arten, davon 30 einheimischen, leben nur Parasiten von Säugern, Vögeln und Reptilien, in der Unterordnung Tetrapodili nur vierbeinige Gallmilben.

5.1.1 Körperbau und Lebensweise

Was die Milben von allen anderen Spinnentieren unterscheidet, ist das Auftreten von sechsbeinigen Larven (Abb. 12). Nur die Larven der Tetrapodili sind vierbeinig, wie dies im Unterschied zu allen anderen Milbengruppen auch die Erwachsenen sind. Bei der Gattung *Halarachne* (in der Nasenhöhle von Seehunden lebend) und vielen Tarsonemini (zu den Trombidiformes zählend) werden gar keine Larvenstadien ausgebildet. Bei anderen Milben werden 1, 2 oder 3 Nymphenstadien übersprungen, und die Weibchen mancher Tarsonemidae bringen sogar gleich geschlechtsreife Junge zur Welt. Nur die Familien der Oribatei durchlaufen das Larvenstadium und alle 3 Nymphenstadien.

Die Mundwerkzeuge der Milben dienen zum Beißen, Stechen, Sägen oder Saugen. Atmungsorgane sind Tracheen, Stigmen, Darm und Haut. Hochentwickelte Sinnesorgane finden sich bei räuberischen Arten, die andere Milben jagen. Viele Milben sind augenlos. Allen fehlen die Mittelaugen bzw. sie sind zu einem Auge verschmolzen. Dementsprechend beträgt die Anzahl der Augen, sofern überhaupt vorhanden, 1, 2, 3, 4 oder 5.

Abb. 12. Larve einer Herbst- oder Erntemilbe *(Trombicula autumnalis)*. Aus VITZTHUM in KÜKENTHAL 1931

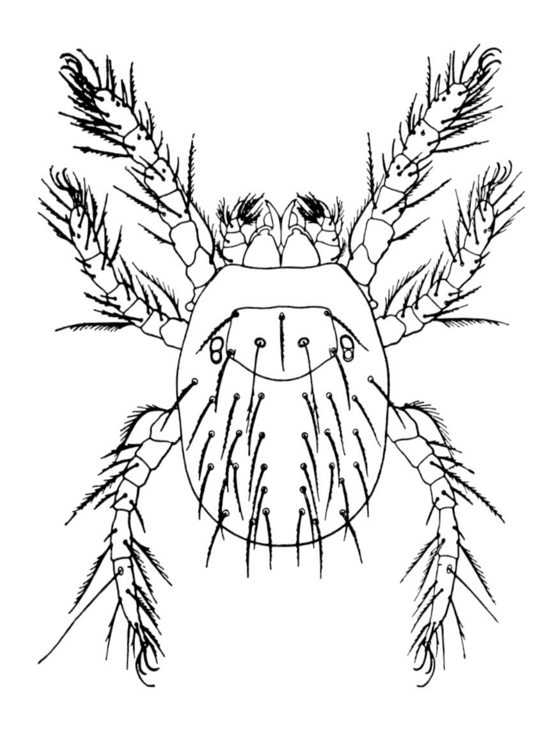

Bei den Zecken ist ein Geruchssinn ausgebildet. Sie reagieren auf Buttersäure und verwandte chemische Verbindungen, die in den Ausdünstungen von Warmblütern vorkommen, und können somit nach der Duftkonzentration ihre Wirte finden, z. T. im Sprung von Sträuchern und Bäumen, wenn unter diesen Warmblüter rasten.

Die Begattung erfolgt entweder durch Spermatophorenaufnahme oder durch Gliedmaßen, seltener durch einen Penis.

Ein Spinnvermögen ist bei den Spinnmilben (Tetranychidae), zu denen die sogenannte Rote Spinne gehört, ausgeprägt. Diese Tiere haben Spinndrüsen im Vorderkörper, mit denen sie lockere Gewebe zwischen Blättern und an Baumstämmen anfertigen. Einige unter ihnen sind gefährliche Pflanzenschädlinge.

Einfachste Körperformen sind solchen Milben eigen, die ihr ganzes Leben geschützt im Innern von tierischen Geweben verbringen (Abb. 16), seien es die Krätzemilben *(Sarcoptes scabiei)* des Menschen oder die vielen Räudeerreger der Säuger oder jene Formen, die in Affenlungen, Vogelfedern oder -nasenlöchern sowie in Tracheen von Insekten (Bienen) leben.

Viele der samtrot gefärbten Trombidiiden, eine Familie mit mehreren tausend Arten, ernähren sich als Erwachsene von Insekteneiern, während die Larven auf Insekten parasitieren. Etwa 700 Arten umfaßt die Familie Trombiculidae (Herbstmilben). Weniger als 50 Arten gehen als Larven auch an den Menschen und verursachen rötliche stark juckende Knötchen, besonders an den Beinen. Nachdem sie sich vollgesogen haben, fallen sie ab. Gegen diese Parasiten, im englischen Sprachraum als „chiggers“ be-

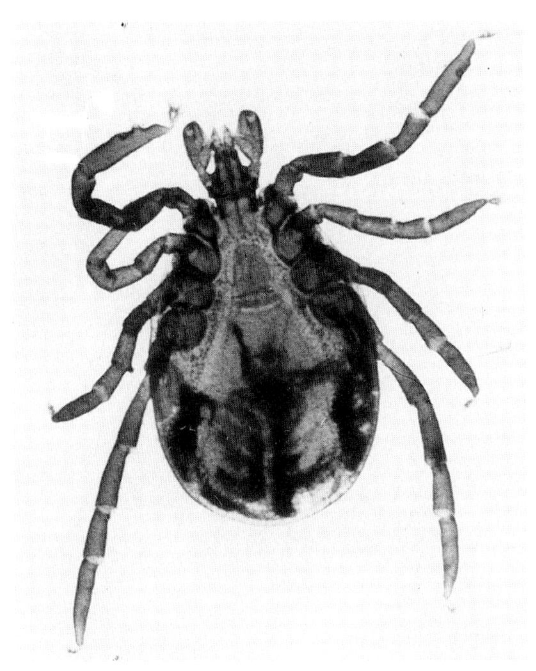

Abb. 13. Der Gemeine Holzbock *(Ixodes ricinus),* eine medizinisch bedeutsame Art. Aufn. W. KARG

zeichnet, sind einige Personen immun. In den Urwäldern Panamas sind die Larven der Trombiculiden die lästigste Plage überhaupt.

Die Käse-, Mehl- und Polstermilben können nicht nur stark juckende Allergien hervorrufen, sondern auch das Hausstaub- oder Milbenasthma verursachen. Die nur etwa 0,5 mm großen Hausmilben können pro Monat eine Generation hervorbringen. Bei der Mehlmilbe können Dauerstadien (Deutonymphen) ungünstige Lebensumstände bis zu 2 Jahren unbeweglich überdauern. Die Siedlungsdichte der Käsemilbe kann 2 000/cm^2 betragen. Die medizinisch in letzter Zeit in den Vordergrund getretene Milbe aus diesem Formenkreis ist *Dermatophagoides pteronyssinus*, die Hausstaubmilbe.

43 Arten von Zecken sind als Urheber der Zeckenlähmung, 126 als Überträger von Viren, Rickettsien und Bakterien bekannt. Wichtigster Überträger des Virus der Frühsommer-Meningoenzephalitis ist *Ixodes ricinus*, der Gemeine Holzblock (Abb. 13), ein häufiges Mitbringsel von Waldspaziergängen, gleichzeitig aber auch ein Rinder- und Schafparasit. Lederzecken können über 20 Jahre hungern.

5.1.2 Verbreitung

Milben sind weltweit verbreitet. Sie kommen auf dem Boden, in seiner obersten Schicht, auf und in Pflanzen, Insekten, Fischen, Reptilien, Vögeln und Säugern, in Häusern auf Teppichen, Polstersesseln, Matratzen, Nahrungsmitteln, im Süßwasser und Meer vor. Man begegnet ihnen auf hohen Bergen (5 513 m) ebenso wie in Meerestiefen von vielen hundert Metern. Längeres Einfrieren schadet ihnen nicht.

5.1.3 Systematik

Die Milben werden in etwa 200 Familien eingeteilt, die – je nach Autor – auf 7 bis 9 Unterordnungen entfallen. Unterordnungen, Überfamilien und Familien mit medizinisch bedeutsamen Vertretern werden im folgenden genannt:

Sarcoptiformes
- Acaridiae (Krätze- und Räudemilben)
  - Acaridae (Hausmilben)
  - Epidermoptidae (Hausstaubmilben)
  - Sarcoptidae (Räudemilben)

Trombidiformes
- Tarsonemini
  - Pyemotidae
- Prostigmata
  - Tetranychidae (Spinnmilben)
  - Cheyletidae (Raubmilben)
  - Demodicidae (Haarbalgmilben)
  - Anystidae (Wirbelmilben)
  - Trombiculidae (Herbstmilben)
  - Erythraeidae (Laufmilben)

Parasitiformes
- Tetrastigmata
  - Holothyroidae
- Mesostigmata
  - Dermanyssidae („Vogel“milben)
- Ixodides (Zecken)
  - Ixodidae (Holzböcke, Schildzecken)
  - Argasidae (Lederzecken)

5.1.4 Medizinische Bedeutung

Milben spielen als Überträger von Viren, Rickettsien und Bakterien sowie als Ursache von Allergien, entzündlichen und toxischen Reaktionen eine bedeutende Rolle. Krätze, Zeckenlähmung, Haustaubasthma, Rocky-Mountains- und Q-Fieber, Milbenfleckfieber, Frühsommer-Meningoenzephalitis (FSME), Lyme-Arthritis, Bäckerekzem, Kolonialwarenekzem, Erntekrätze, Rickettsienpocken, St.-Louis-Enzephalitis sind nur einige der wichtigsten Krankheiten, an denen Milben direkt oder indirekt als Überträger beteiligt sind. Mehr als 40 Gattungen aus 14 Familien sind hier zu nennen. Schon ein einziger Holzblock kann die FSME übertragen. Massenbefall mit den verschiedensten Milbenarten führt zu stark juckenden und nässenden Dermatosen, die den Betroffenen zum Kratzen veranlassen („Krätze“), wodurch leicht Sekundärinfektionen entstehen können. Daß Krätze durch kleine Tiere erzeugt wird, wußte übrigens schon Hildegard von Bingen im 12. Jahrhundert.

5.2 Für Menschen gefährliche Milben

Bei der Behandlung der humanpathogenen Milben wollen wir entsprechend dem in 5.1.3 aufgeführten System vorgehen und die einzelnen Spezies nach Familien geordnet nennen.

Acaridae

Die hier subsummierten Spezies kommen sowohl freilebend als auch – wenigstens für kurze Zeit – als Hautparasiten von Säugetieren vor. 1 oder 2 Arten leben auf Fischen (Schmidt 1982). Nach Southcott (1976) handelt es sich bei den humanpathogenen Formen im wesentlichen um

Acarus siro (Mehlmilbe – Abb. 14) – Ursache des Bäckerekzems
Tyrophagus putrescentiae – Ursache des Kopraekzems
Suidasia nesbitti – Ursache des Weizenkleieekzems
Glycyphagus domesticus (Polstermilbe) – Ursache des Kolonialwarenekzems
Carpoglyphus lactis – Ursache der Dörrfrucht-Dermatitis
Rhizoglyphus hyacinthi – Ursache der Zwiebelmilben- Dermatitis.

Alle diese Arten spielen als Vorratsschädlinge bzw. als Wohnungsmilben eine große Rolle. Exponierte Personen, wie Bäcker, Landwirte und Lebensmittelhändler, zeigen bei Milbenbefall am Körper und an den Extremitäten Symptome einer Kontaktdermatitis mit diffus gestreuten zerkratzten Papeln und Bläschen. Später kann es zu Ekzem-

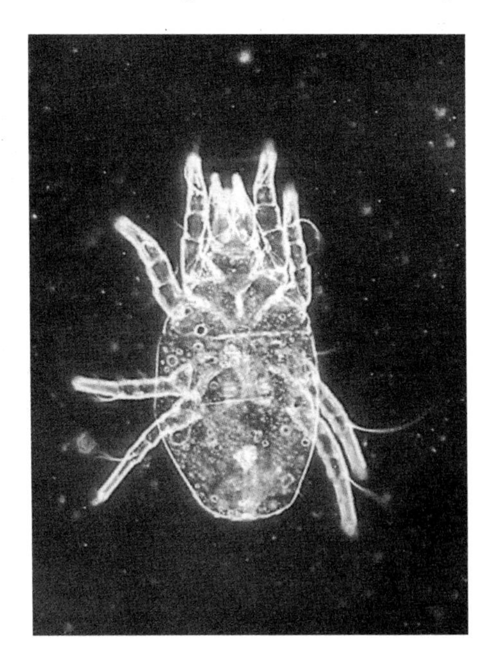

Abb. 14. Mehlmilbe *(Acarus siro)*, Weibchen in Ventralansicht. Aus Mumcuoglu u. Rufli 1983

bildung, Pyodermien und gelegentlich zu chronischem Verlauf kommen. Nach VOORHORST et al. (1969) kann ein Allergen aus *Glycyphagus* bei empfindlichen Personen allergische Rhinitis und Konjunktivitis verursachen.

Die Milben sind in der Lage, mit ihren Mundwerkzeugen in die Hautoberfläche einzudringen. In den Speicheldrüsen befinden sich toxische Substanzen, welche entzündliche Reaktionen auslösen. Auch der Milbenkot spielt dabei eine Rolle. Zusätzliche hyperergische Reaktionen sind an der Exanthembildung beteiligt. Die Primäreffloreszenzen, die zerkratzten, mit Krusten bedeckten Papeln, ähneln den Verhältnissen bei der Skabies (MUMCUOGLU u. RUFLI 1978).

Die Bekämpfung hat sich vornehmlich auf die Vernichtung der befallenen Nahrungsmittel bzw. deren Behandlung mit Paradichlorbenzen- und Schwefelrauch zu konzentrieren. Bei Wohnungsmilben kommt gleichfalls die Räucherung in Betracht. Da sich Wohnungsmilben besonders in feuchten Räumen enorm vermehren können, ist auf trockene und schimmelpilzfreie Wohnräume größter Wert zu legen.

Epidermoptidae

Dermatophagoides scheremetewskyi, der sich als Ursache einer Dermatitis erwies, kann in Nasenlöcher, Ohren und Augen einwandern. *D. farinae* und vor allem *D. pteronyssinus* (Abb. 15) sind in großen Teilen der Welt für das Auftreten der sogenannten Hausstauballergie, die sich als allergische Rhinitis und Milbenasthma manifestiert, verantwortlich. Erst 1964 gelang VOORHORST et al. der Nachweis, daß das Hausstauballergen mit der freilebenden Milbe identisch ist. Präzipitine von Patienten mit Hausstauballergie reagieren mit Hausstaubextrakten ebenso wie mit solchen aus den Milben. Das aus

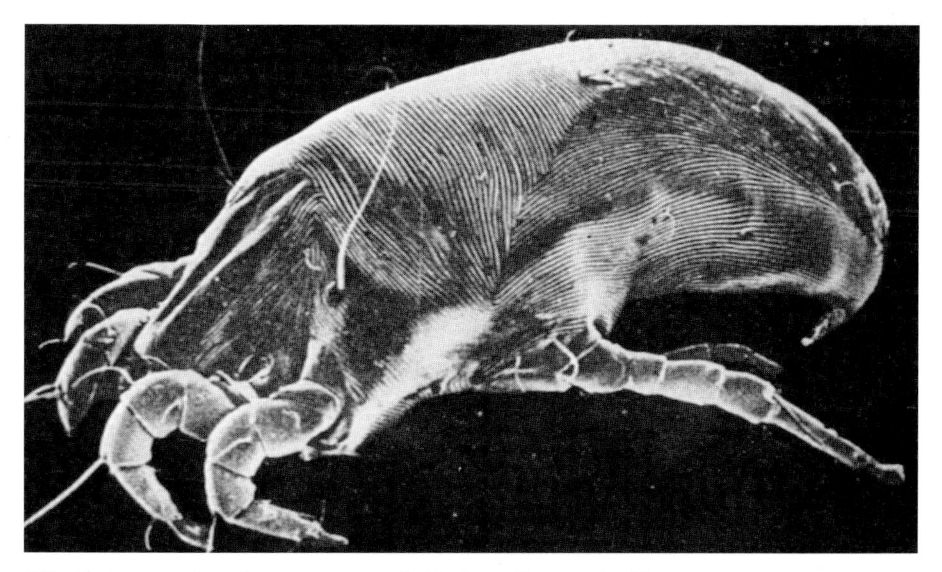

Abb. 15. *Dermatophagoides pteronyssinus,* die häufigste Hausstaubmilbe. Aus MUMCUOGLU u. RUFLI 1978

D. pteronyssinus isolierte Hauptallergen P_1, ein Glykoprotein mit einem Molekulargewicht von 24 000 wurde in den Milben selbst, ihrer Kutikula und vor allem auch in ihrem Kot gefunden (Tovey et al. 1981). Ein weiteres Hauptallergen, Dpt_{12}, hat dasselbe Molekulargewicht. Von sonstigen inzwischen isolierten Allergenen hat Dpt_4 ein Molekulargewicht von 274 000.

Während *D. pteronyssinus* häufigste Ursache des allergischen Asthma bronchiale und der exogen-allergischen Alveolitis ist, führt *D. farinae* neben seiner Wirkung auf das Respirationssystem zu Dermatitiden (Woodford 1980). Dabei werden lymphozytäre Reaktionen bei Allergikern durch T-Lymphozyten vermittelt.

In 1 g Bettstaub finden sich bis zu 6 000 *D. pteronyssinus*-Exemplare, wobei eine direkte Korrelation zur Höhe der relativen Luftfeuchtigkeit besteht. Die Milben ernähren sich von den Hautschuppen, die ein Mensch während der Nacht verliert (ca. 0,5 g) und die von Mikroorganismen, vor allem Pilzen, vorverdaut worden sind. Dabei werden gleichzeitig auch die Pilze mitgefressen. Optimale Verhältnisse herrschen bei 25 °C und 80 % relativer Luftfeuchtigkeit. Ein solches Mikroklima liefert der Mensch im Schlaf. Beim Bettenmachen werden die Kotklümpchen der Milben, die eine 10^7 mal stärkere allergene Potenz als die Milben selbst aufweisen, durch die Luft gewirbelt und inhaliert. Dies kann bei Sensibilisierten zum Asthmaanfall führen.

Die Milben wachsen über 3 Stadien in etwas über 30 Tagen heran und leben im männlichen Geschlecht bis zu 80, im weiblichen bis zu 150 Tagen. Ungünstige Bedingungen können in Ruhestadien überbrückt werden.

An Bekämpfungsmaßnahmen steht die Hygiene an erster Stelle. Dazu gehören häufiges Staubsaugen, auch bzw. gerade auf Matratzen und Bettlaken, sowie Ausklopfen und Lüften der Matratzen und der Bettwäsche, die in kurzen Abständen gewechselt werden muß. Durch Plastikhüllen kann verhindert werden, daß Hautschuppen auf die Matratzen gelangen und die Luftfeuchtigkeit zu hoch wird.

Bei durch Tests verifiziertem Hautstaubasthma kann eine Hyposensibilisierung versucht werden, die besonders bei jüngeren Personen erfolgversprechend ist.

Sarcoptidae

Die Meerschweinchenmilbe *Trixacarus caviae* kann auf den Menschen übergehen, wo sie namentlich an den Armen und seitlichen Halspartien ein pruriginöses, papulöses Exanthem erzeugt. Sie ist etwas kleiner als die Krätzemilbe des Menschen, *Sarcoptes scabiei.* Im Gegensatz zu dieser hat sie keine dornartigen dorsalen Haare. Sie hält sich nie lange auf dem Menschen und gräbt dort auch keine Gänge in die Haut. Daher ist zur Behandlung des Exanthems eine Kortikoidsalbe ausreichend.

Weitere Milben des Meerschweinchens, die bei Übergang auf den Menschen ähnliche Symptome hervorrufen können, sind *Sarcoptes scabiei cuniculi* und *Notoedris muris.*

Sarcoptes scabiei canis, der Erreger der Sarcoptesräude des Hundes, und *Notoedres cati,* die Räudemilbe der Katze, werden gleichfalls durch direkten Kontakt mit den befallenen Haustieren übertragen, können sich jedoch nicht lange auf dem Menschen halten. Sie erzeugen diffus verteilte erythematös-papulöse Exantheme an Händen, Unterarmen und Hals. Die Milben können die menschliche Haut nicht penetrieren. Die Entzündung erfolgt durch Reizung der Haut mit den Mundwerkzeugen und zusätzliche Sekrete der Speicheldrüsen, wahrscheinlich auch durch Exkremente.

Abb. 16. Weibchen der Krätzemilbe *(Sarcoptes scabiei).* Aus MUMCUOGLU u. RUFLI 1978

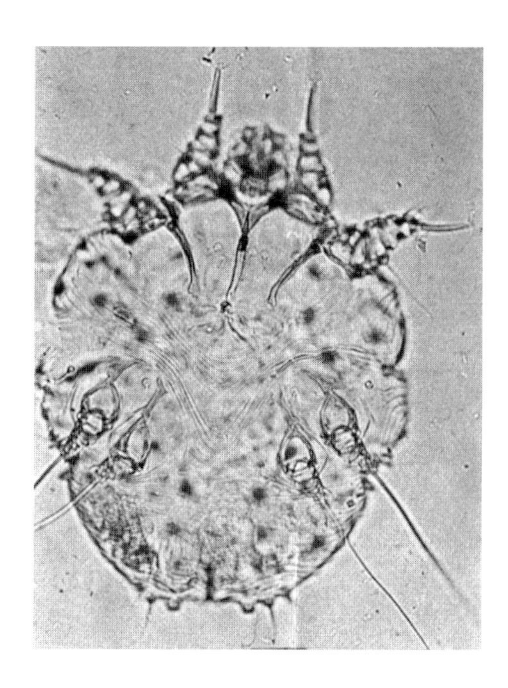

Knemidocoptes laevis gallinae, die Kalkbeinmilbe der Hühner, und *Choriocoptis bovis*, die Rinderräudemilbe, wurden gelegentlich als temporäre Hautparasiten des Menschen nachgewiesen. Alle befallenen Haustiere müssen mit Akariziden behandelt werden.

Wichtigster Vertreter dieser Familie aber ist *Sarcoptes scabiei*, der Erreger der Krätze. Diese Milbe (Abb. 16) hat sich seit 1965 weltweit ausgebreitet. Sie lebt nur auf dem Menschen und stirbt außerhalb der menschlichen Haut innerhalb von 2–3 Tagen. Charakteristisch für einen Befall sind die bis zu 1 cm langen Milbengänge in der Hornschicht der Haut, in denen sich reife Weibchen mit Eiern, Eihüllen und Kot finden. Nach FALK (1980) sind bei 41 % der Patienten die IgE-Spiegel erhöht. Auch Glomerulonephritis kann auftreten (HERSCH 1967).

Ein Weibchen legt täglich bis zu 4 Eier über 3–4 Wochen. Die Larven verlassen den Gang und halten sich mit den Saugnäpfen der beiden Vorderbeinpaare in kleinen Hautmulden fest. Die Weibchen des 2. Nymphenstadiums graben sich wieder in die Hornschicht der Haut ein, wo die Begattung erfolgt. Alle 14–17 Tage erscheint eine neue Milbengeneration.

Milbengänge finden sich zwischen den Fingern, an den Handtellern, bei Frauen am Warzenhof der Brüste, beim Mann am Penis, bei Kleinkindern zusätzlich an den seitlichen Partien der Fußsohlen. Etwa 4 Wochen nach einer Infektion bildet sich das Exanthem symmetrisch an den Beugeseiten der Handgelenke, interdigital, an den vorderen Axillarfalten, gluteal, an den Gelenkbeugen, am Bauch und den seitlichen Rumpfpartien, niemals dagegen am Kopf und zwischen den Schulterblättern. Es besteht aus zerkratzten feinen Papulovesikeln mit bräunlichen zentralen Krusten und deutet auf eine hyperergische Reaktion auf die Milbe oder ihre Exkremente. Die Krätze zeichnet sich durch intensivsten Juckreiz, vornehmlich nachts, aus. Wegen der großen Ansteckungsgefahr müssen neben den Patienten selbst alle ihre Kontaktpersonen mit Gamma-Hexacyclohexan lokal behandelt werden.

Pyemotidae

Pyemotes tritici, die Kugelbauch-, Kornkäfer-, Heu-, Stroh- oder „falsche-Krätze"-Milbe, parasitiert auf Larven von Mehl- und Getreidemotten, Bohr- und Kornkäfern sowie Getreidewespen, findet sich vor allem in Getreidespeichern und Mühlen, geht aber beim Schlafen auf Stroh, beim Dreschen von Getreide und beim Verladen von Korn und Mehl auch auf den Menschen über. Hier kann es zu einer sich schnell entwickelnden Quaddel mit zentralem Bläschen und umgebender erythematöser Zone kommen. Gewöhnlich sind die Befallenen mit Hunderten solcher stark jukkender Papeln bedeckt. Außerdem können als Zeichen einer Allgemeininfektion Fieber, Kopfschmerz, Übelkeit, Erbrechen, Durchfall, Appetitlosigkeit, Gelenkschmerz und Asthma auftreten. Juckreiz beginnt erst etwa 10 Stunden nach dem Befall. Beim Zerkratzen der Effloreszenzen bildet sich Schorf, der als braune oder graue Flecke große Teile des Körpers bedeckt.

Obwohl die Milben nur 0,1–0,2 mm lang sind, gelingt es ihnen doch, mit ihren Mundwerkzeugen in die menschliche Haut einzudringen. Die trächtigen Weibchen sind infolge ihres durch den Uterus aufgetriebenen Hinterleibes, der dann 7- bis 8mal so dick wie der Vorderleib ist, leicht zu erkennen. Darauf findet man zur Zeit der Trächtigkeit auch die Männchen, die auf das Schlüpfen der bereits geschlechtsreifen jungen Weibchen warten, um mit ihnen sofort kopulieren zu können.

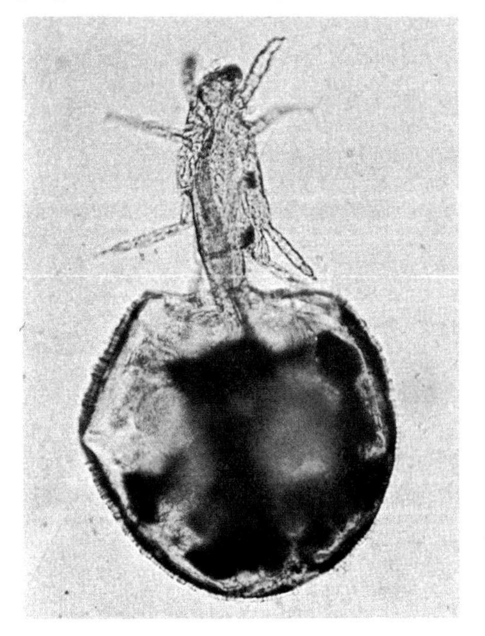

Abb. 17. Das Weibchen der Kornkäfermilbe *(Pyemotes tritici)* fällt durch seinen aufgetriebenen Hinterleib auf. Aus MUMCUOGLU u. RUFLI 1978

Abb. 18. Spinnmilbe *Tetranychus urticae.* Aus BERLESE (vgl. CROME 1956)

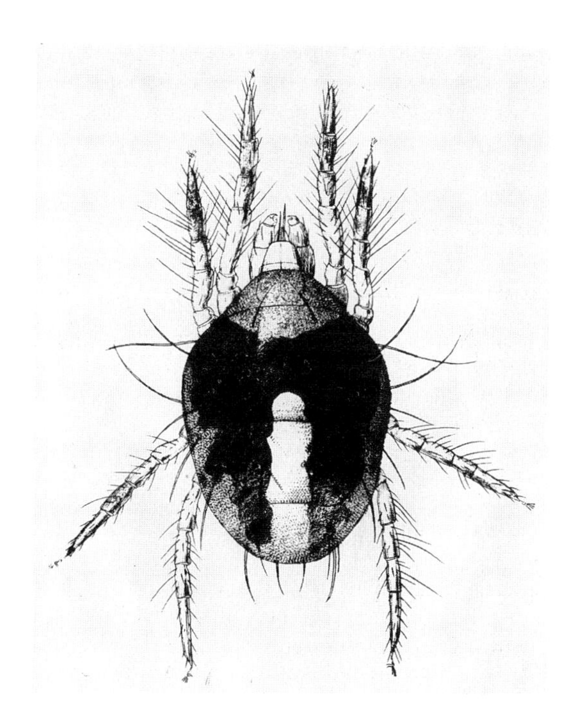

Tetranychidae

Von den Spinnmilben wurden 3 Arten bekannt, die den Menschen schädigen können (SOUTHCOTT 1978). *Paratetranychus mangiferus* verursacht juckende Flecken und später Quaddeln. Auch die „Rote Spinne", *Tetranychus urticae,* kann Hautreizungen und -schäden durch ihren Biß hervorrufen. Bißverletzungen durch *Bryobia praetiosa,* die mitunter in Häuser einwandert, sind ebenfalls schon berichtet worden. Diese Pflanzenfresser halten sich aber niemals über längere Zeit auf der menschlichen Haut auf.

Cheyletidae

Unter den Raubmilben, die sowohl freilebend als auch als Parasiten von Kleinsäugern und Vögeln auftreten, befinden sich 2 Arten, die – normalerweise auf Hunden, Katzen und Kaninchen vorkommend – auch auf den Menschen übergehen können, wenn dieser mit den an der Parasitose erkrankten Tieren in engen Kontakt kommt (Abb. 19). Besonders junge Hunde und langhaarige Katzen stellen das Wirtsreservoir dar, wo die Milben an Nacken, Rücken und Schwanzbereich und an den Schlafplätzen der Haustiere bevorzugt nachzuweisen sind. Beide Arten, *Cheyletiella parasitivorax* und *Ch. yasguri,* werden etwa 0,4 mm lang und besitzen stark ausgebildete Palpalklauen, mit denen sie sich am Wirt befestigen. Auch die Mundwerkzeuge sind kräftig entwickelt (Abb. 20).

Auf dem Menschen halten sich die Milben nur kurzfristig. Ihr Stich bewirkt die Entwicklung von 1–3 mm großen Papeln, die stark jucken. Sie finden sich an Unterarmen,

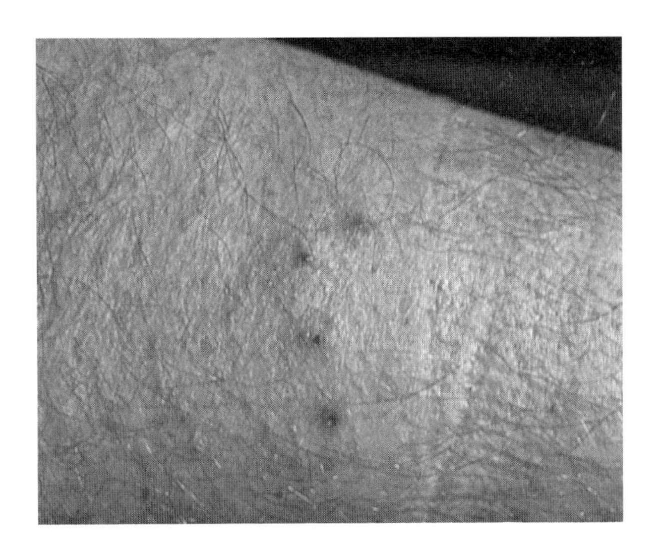

Abb. 19. Menschlicher Unterschenkel mit Stichen von *Cheyletiella* sp. Aus MUMCUOGLU u. RUFLI 1978

Innenseiten der Oberarme, Bauch, Brust und Beinen meist in Gruppen. Durch wiederholten Befall kann eine Sensibilisierung auf den Stich erfolgen, so daß die Papeln über einen längeren Zeitraum persistieren. Die Behandlung besteht in der Applikation von Kortikoidexterna und Antihistaminika sowie in der Therapie der befallenen Haustiere mit Akariziden, wobei die Schlafplätze nicht vergessen werden dürfen. Eine Wiederho-

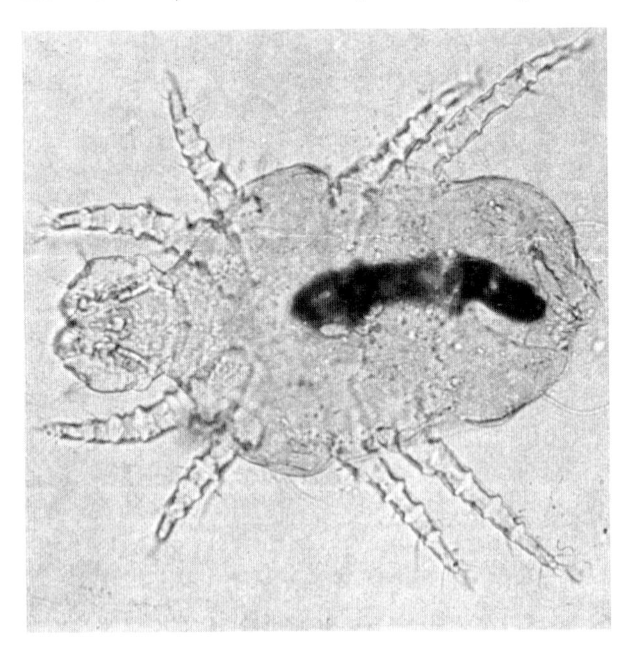

Abb. 20. Raubmilbe der Gattung *Cheyletiella.* Aus MUMCUOGLU u. RUFLI 1978

lung dieser Maßnahmen nach 1–2 Wochen ist anzuraten. Die Diagnose kann nur durch Nachweis der Milben an den infizierten Haustieren gestellt werden, wobei jedoch zu beachten ist, daß diese auch bei starkem Befall nicht wie durch *Notoedres cati* und *Sarcorptes scabiei canis* geschädigt, sondern absolut gesund aussehen.

Demodicidae

Demodex folliculorum und die kürzere Spezies *D. brevis* kommen beim Menschen regelmäßig als Kommensalen in Haarfollikeln und Talgdrüsen vor, wo sie sich von Sekretionsprodukten ernähren. Besonders häufig sind sie im Gesicht und dort wiederum in Mitessern auf der Nase. Frauen sind stärker als Männer befallen, was damit zusammenhängt, daß sie von Cremes und Pudern, welche die Entwicklung der Milben fördern, mehr Gebrauch machen. So kommt es auch, daß das durch die Milben verursachte relativ seltene rosaceaähnliche Erythem bei Frauen häufiger auftritt. Bei besonders starkem Befall kann eine *Demodex*-Blepharitis entstehen. Infizierte Personen berichten dann über brennende und juckende Augenlider.

D. folliculorum lebt mehr in Haarfollikeln, wo sie die Follikelöffnungen verstopft, während *D. brevis* eher in den Talgdrüsen, und zwar immer nur einzeln, zu finden ist. Beide Arten können bei derselben Person vorkommen.

Eine Behandlung ist nur dann nötig, wenn es zum Ausbruch von Dermatosen und Blepharitiden gekommen ist. Durch häufiges Waschen mit Wasser und Seife, gegebenenfalls durch zusätzliche Anwendung von Seleniumsulfid-Shampoo verschwindet die rosaceaähnliche Dermatose innerhalb von 3–4 Tagen. Bei Blepharitis werden die Augenlider 3- bis 4mal täglich mit Borwasser (Wattetupfer) behandelt.

Anystidae

Zu dieser Familie gehören die bekannten roten Rennmilben, die wie „wirbelnd" auf Blättern, an Blumenkästen und an Hauswänden, namentlich im Frühjahr, umherlaufen. Lee (1961) und Southcott (1976) berichteten über schwere Hautreizungen durch *Anystis*-Arten in Australien. Der Biß ist außerordentlich schmerzhaft und führt zu kleinen örtlichen Hämorrhagien und Quaddeln, die sich zu Papeln entwickeln, welche noch nach 8 Tagen sichtbar sind. Wenn man sie nicht dabei stört, bleibt die Milbe bis zu 26 Minuten auf der Haut, wo sie nacheinander an verschiedenen Stellen beißt. Allerdings ist der Biß so schmerzhaft, daß kaum jemand sich freiwillig mehrmals beißen lassen dürfte.

Trombiculidae

In dieser Familie finden sich einige der lästigsten, aber auch zwei der gefährlichsten Milbenarten überhaupt. Während die erwachsenen Gras- oder Herbstmilben sich von Pflanzenteilen, Arthropoden und deren Eiern ernähren, parasitieren die Larven an Wirbeltieren, in einigen Fällen auch an Wirbellosen. In unseren Breiten werden vor allem Mäuse, Ratten und Kaninchen befallen. Allerdings erfolgt die Übertragung auf den Menschen nicht durch direkten Kontakt mit diesen Warmblütern, sondern dadurch, daß sich Menschen dort aufhalten, wo sich diese Parasiten oft in solchen Mengen befinden, daß der gesamte Erdboden oder die Pflanzendecke rotgefärbt erscheint. In tropischen Urwäldern, vor allem in Mittelamerika, kommt der Befall während des ganzen Jahres vor, in unseren Breiten nur im Sommer und Herbst. Man spricht daher von Erntekrätze. Beteiligt sind *Trombicula autumnalis* und andere Arten der Gattung. Häufigster Erreger in den Vereinigten Staaten ist *T. alfreddugesi.*

In Südostaustralien verursacht *Eutrombicula samboni* die „Teebaumkrätze“, in Nordaustralien lebt *Eutrombicula sarcina,* der Erreger der „Schwarzerdekrätze“, in Nordaustralien und Papua-Neuguinea sind *Eutrombicula hirsti* und *E. wichmanni* häufig, letztere kommt auch auf den Philippinen vor. In der Gegend von Sydney verursacht *Odontacarus australiensis* von Oktober bis April Dermatitiden. Die drei wichtigsten Dermatitis-Erntemilben in Papua-Neuguinea sind *Schoengastia blestowei, S. vandersandei* und *S. schueffneri* (SOUTHCOTT 1978). Die etwa 0,4 mm langen karminroten rundlichen Milbenlarven wandern auf der Hautoberfläche, bis sie an ein Hindernis (Strümpfe, Unterhosen- und Hosenbund, Büstenhalter-Gummizug, Kragen) stoßen. Dort stechen sie in die Haut. Durch ihren Speichel, der nicht nur allergisierende Substanzen, sondern auch Enzyme enthält, verflüssigen sie Epidermiszellen, die sie dann zusammen mit Blut aufsaugen. Nach 38 Stunden fallen sie ab. Es kann sowohl zu sofortigen als auch zu verzögerten Hautreaktionen kommen. Spätestens 1 Tag nach dem Stich erfolgt eine Bläschenreaktion auf einem bis zu 2 cm messenden Erythem. Außer den stark juckenden Knötchen an den Stichstellen beobachtet man mitunter auch das Auftreten von Fieber.

Da auch Hunde und Katzen von diesen Milben stark befallen werden, können sie im Haus eine zusätzliche Infektionsquelle für den Menschen darstellen.

Wer sich in Gegenden aufhalten muß, von denen bekannt ist, daß sie von *Trombicula*-Arten verseucht sind, sollte rechtzeitig den ganzen Körper mit einem Repellent einreiben bzw. einreiben lassen. Stellen, die man dabei vergißt, wird man hinterher umsomehr spüren. Auf dem Arachnologenkongreß in Panama 1983 waren praktisch sämtliche Exkursionsteilnehmer in unterschiedlicher Stärke befallen, so auch der Autor, der vergessen hatte, Füße und Unterschenkel einzureiben. Als Behandlung wird wäßrige Zinksuspension mit Resorzinzusatz empfohlen (MUMCUOGLU u. RUFLI 1978).

In Asien und im pazifischen Raum einschließlich Australien sind *Leptotrombidium*-Arten Reservoir und Überträger einer hochletalen Krankheit, die als Tsutsugamushi-Fieber, Flußfieber, Kedani-Fieber, Pseudotyphus, Milben- oder Buschfleckfieber bezeichnet wird. Erreger ist *Rickettsia tsutsugamushi* (in Nagern), Überträger sind *L. akamushi* und *L. deliense.* Die Krankheit nimmt stets einen schweren Verlauf mit Enzephalitis, Lymphadenitis, ± stark ausgeprägter Primärläsion und Exanthemen. Eigenartigerweise ist gerade bei dieser Erkrankung die Frühreaktion wenig ausgeprägt, und die Hautnekrosen treten bisweilen erst 10–12 Tage nach dem Milbenbiß auf. Die Sterblichkeit beträgt 15–20 %.

Erythraeidae

Im Gegensatz zu dem bis zu 3 mm langen, schön rot gefärbten *Erythraeus regalis* gibt es unter den nur etwa 2 mm großen Angehörigen der auch in Mitteleuropa heimischen Gattung *Balaustium* Vertreter, die in Nordamerika und Japan stark juckenden und stechenden Hautausschlag mit Papeln hervorrufen. Die sechsbeinigen Larven parasitieren auf Insekten oder ernähren sich von Pollen, die Nymphen und Erwachsenen jagen Insekten.

Holothyroidae

Die Gattung *Holothyrus*, die in Mauritius, Sri Lanka, Papua-Neuguinea, Australien und Neuseeland vorkommt, verfügt in ihrem Speichel über ein auch oral wirksames Gift, das so stark ist, daß Gänse und Enten, die die Milben verschluckt haben, daran sterben. In Mauritius kam es bei Kindern, die diese Milben angefaßt und ihre Finger dann in den Mund gesteckt hatten, durch *H. coccinella* zu Entzündungen der Schleimhäute von Mund und Rachen mit stärkstem Speichelfluß.

Dermanyssidae

Die weltweit in temperierten Gebieten verbreitete Geflügelmilbe *Ornithonyssus sylviarum* kommt auch bei einer Vielzahl von freilebenden Vögeln vor und geht leicht auf den Menschen über, wo sie Hautreizungen hervorruft. In den USA waren Exemplare aus Wildvogelnestern mit den Viren der westlichen Pferde-Enzephalitis und der St.-Louis-Enzephalitis infiziert, die beide auf Menschen übertragbar sind.

O. bursa, die tropische Geflügelmilbe, ist in Papua-Neuguinea, Australien und Neuseeland häufig Ursache einer Knötchen-Dermatitis. Die meisten Fälle ereignen sich auf der südlichen Halbkugel zwischen November und Februar, wenn die Jungvögel ihr Nest verlassen und die Milben zwingen, sich andere Nahrungsquellen zu erschließen. Häufig kommt es auch dadurch zum Übergang auf Menschen, weil sich mit Milben befallene Vögel ihre Nester unter Dachrinnen bauen, so daß die Parasiten leicht in die menschlichen Behausungen einwandern können. Der Hautausschlag juckt außerordentlich, und die Papeln weisen mitunter in ihrer Mitte Bläschen auf. In ländlichen Betrieben kann diese Akarose bei Hausgeflügel durch intensive Behandlung mit Akariziden größtenteils unter Kontrolle gebracht werden.

O. bacoti, eine häufige Milbe von Wildratten, kann in Häusern, in denen diese Nager in größerer Menge vorkommen, auch Personen, vor allem in dach- und kellernahen Räumen, belästigen. Die Stichstellen jucken stark und sind wie bei Befall durch Erntemilben dort massiert, wo die Milben infolge eng anliegender Kleidungsstücke in ihrer Wanderung behindert wurden. Behaarte Körperpartien, vor allem die Schamgegend, werden bevorzugt. Der Erreger wird zwar als tropische Rattenmilbe bezeichnet, ist aber ein echter Kosmopolit. In unseren Breiten ist sein Verbreitungsschwerpunkt die Umgebung von größeren Häfen, wo Personen, die mit dem Löschen und Verarbeiten von Waren, die durch Ratten kontaminiert wurden, besonders gefährdet sind. Die einzelne Papel kann einen Durchmesser bis zu 18 mm aufweisen. In den USA und in Chile gelang es, Mäuse-Fleckfieber-Rickettsien aus den Milben zu isolieren (Worth u. Rikkard 1951).

Nach Mumcuoglu u. Rufli (1978) sind bisher drei Fälle von Schlangenmilbenbefall beim Menschen berichtet worden. Die Erreger, *Ophionyssus natricis*, kommen ubiquitär in Schlangenterrarien vor, wo sie ihre Wirte gesundheitlich stark beeinträchtigen können. Bei Kontakt mit infizierten Schlangen kann auch der Terrarianer befallen werden. Die stark juckenden Papeln, die sich an den Stichstellen entwickeln, werden symptomatisch behandelt, die Schlangen selbst mit Pyrethrumpuder bestreut.

Liponyssoides sanguineus, eine Hausmausmilbe, ist Überträger von *Rickettsia akari*, dem Erreger der Rickettsienpocken, die sich durch klinisch leichten Verlauf auszeichnen. Durch den Stich kommt es zu einem juckenden makulopapulösen und vesikolo-

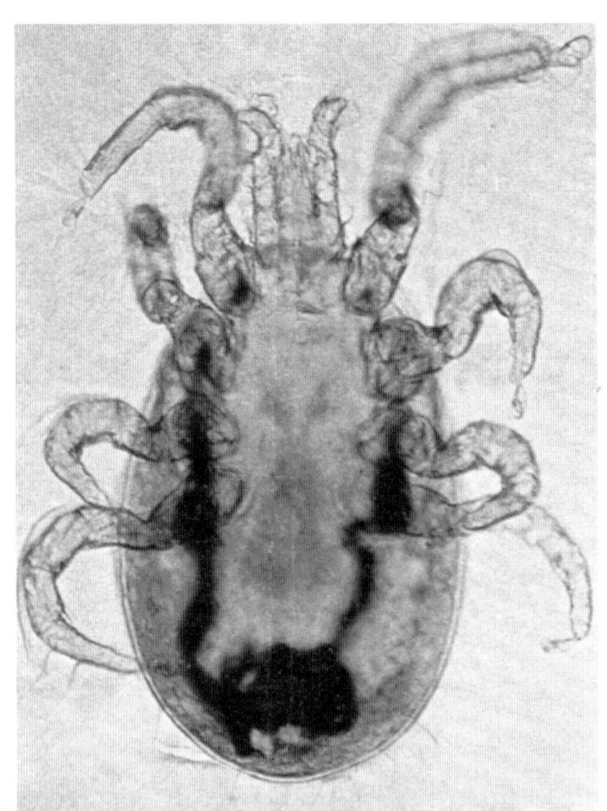

Abb. 21. Gelegentlich wird auch der Mensch von der Vogelmilbe *Dermanyssus gallinae* befallen. Aus MUMCUOGLU u. RUFLI 1978

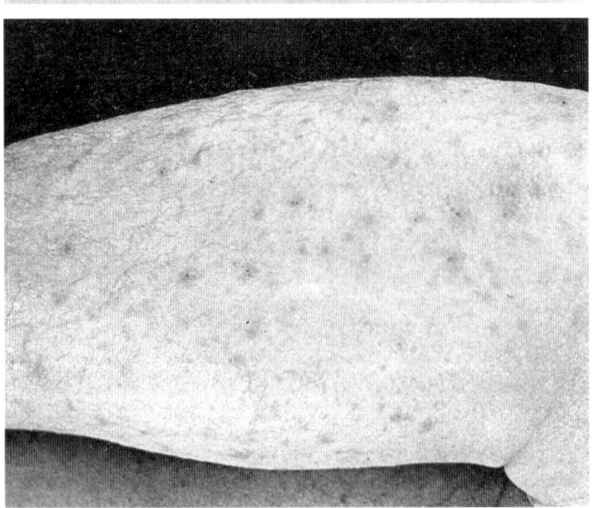

Abb. 22. Befallsbild von *Dermanyssus gallinae* am Oberschenkel eines Patienten. Aus MUMCUOGLU u. RUFLI 1978

papulösen Exanthem, das unter Narbenbildung abheilt. Die Krankheit ist bisher im Osten der USA und im Süden der UdSSR aufgetreten.

Dermanyssus gallinae, die rote Vogelmilbe (Abb. 21), befällt normalerweise Hühner, Tauben, Schwalben, Zaunkönige, Stare, Sperlinge – gelegentlich aber auch Pferde und Menschen, hauptsächlich solche, die in Geflügelfarmen arbeiten. Da aber auch Kanarienvögel, Finken und Sittiche infiziert sein können, ist eine Übertragung auf Ziervogelhalter ebenfalls möglich. In der Nähe von Hühnerställen oder Taubenschlägen muß mit Zwischenfällen gerechnet werden. Die erwachsenen Milben sind etwa 1 mm groß, zunächst graugefärbt, werden aber infolge ihrer Blutmahlzeiten rot. Unter günstigen Bedingungen folgt alle 7–10 Tage eine neue Generation, so daß die Wirtsvögel bei starker Vermehrung der Parasiten sehr geschädigt werden. Kommt es zum Tode der Vögel, so wandern die Milben, bis sie einen neuen Wirt, ggf. einen Menschen, gefunden haben. Die Art kann das Virus der St.-Louis-Enzephalitis übertragen. Die Milben sind ausgesprochen nachtaktiv. Tagsüber verkriechen sie sich in Ritzen und Spalten. Befallene Personen weisen zerkratzte Bläschen auf sehr kleiner Papel an vielen Körperstellen, hauptsächlich aber an den Unterarmen und in der Hals- und Nackengegend auf (Abb. 22). Manchmal lassen sich die Parasiten auf der Haut nachweisen. Der Juckreiz wird als fast unerträglich geschildert. Die Behandlung besteht in der Gabe von Gamma-Hexachlorcyclohexan als Akarizid und in der Bekämpfung des Juckreizes mit wäßrigen Zinksuspensionen oder Kortikoidlotionen. Hühnerställe und Taubenschläge sowie Vogelkäfige sind mit Akarizidpulver zu bestreuen.

Ixodidae

Die medizinisch bedeutsamsten Milben sind die Zecken. Obgleich keine einzige Art für den Menschen spezifisch ist, kann er von vielen Spezies befallen werden. Einige Zecken verfügen über starke Gifte in ihrem Speichel, *Ixodes holocyclus* außerdem über ein Antikoagulans.

Folgende Arten wurden als Erreger der Zeckenparalyse des Menschen erkannt: *Amblyomma americanum*, die „lone star tick“, befällt größere Säugetiere im Süden der USA. Sie überträgt außerdem *Francisella tularensis*, den Erreger der Tularämie, und verschiedene Rickettsien-Arten. *A. maculatum, A. testudinis* und *A. variegatum* sind weitere Überträger der genannten Erreger, von denen *A. testudinis* auf Schildkröten lebt. *Boophilus annulatus*, die Rinderzecke, verläßt ihre Wirte überhaupt nicht mehr. *Dermacentor andersoni* aus dem Westen und *D. variabilis* aus dem Osten Nordamerikas werden dort als „wood tick“ bezeichnet. Beide befallen ebenso wie *D. albipictus* große Säugetiere, besonders auch Rinder und Pferde, während man *D. marginatus* vor allem an Schafen findet. Er ist auch in Deutschland heimisch.

Weitere gefährliche Arten dieser Gattung sind *D. auratus, D. occidentalis* und *D. silvarum*. Diese Zecken übertragen *Francisella tularensis*, verschiedene Rickettsien-Arten, darunter *R. sibirica*, den Erreger des nordasiatischen Zeckenbißfiebers, Babesien, die Erreger der Piroplasmose der Tiere, und Theilerien, die Erreger des Rhodesischen Zekkenfiebers. Die Zecken parasitieren besonders im Nacken, entlang der Mähne und des Rückgrats, über den Schultern und an der Schwanzwurzel. Bei Lähmungen von Kindern durch *D. andersoni* kann es im Verlauf von 24 Stunden zum Tode kommen.

Haemaphysalis punctata findet sich auch im Küstengebiet der Nordsee. Weitere Paralyseerreger in dieser Gattung sind *H. inermis, H. kutchensis* und *H. parva*. Sie übertragen verschiedene Rickettsien, darunter *R. sibirica* u. *R. conori*, den Erreger des in Südeuropa, Afrika und Asien verbreiteten Boutonneuse-Fiebers, das durch Kopf- und Gliederschmerz, Konjunktivitis, makulöses Exanthem und Gelenkschmerzen charakterisiert ist, sowie *Babesia. Hyalomma aegyptium* lebt im Mittelmeergebiet und wird durch mediterrane Schildkröten oft nach Deutschland eingeschleppt. Andere Arten der Gattung wie *H. scupense* und *H. truncatum*, parasitieren auf Großsäugern. Neben *Rhipicentor nuttalli* sind vor allem die *Rhipicephalus*-Arten *R. bursa*, *R. evertsi evertsi*, *R. sanguineus*, *R. simus* und *R. tricuspis* von Bedeutung. Kosmopolitisch verbreitet ist *R. sanguineus*, die braune Hundezecke, die aber auch verschiedene andere Haustiere und freilebende Säugetiere befällt. Lähmungen bei Menschen sind selten. *R. simus* wurde in Somalia als Erreger einer Paralyse bei Kindern nachgewiesen. *Rhipicephalus*-Arten übertragen *Francisella tularensis*, Rickettsien, darunter *R. conori*, *Babesia*, *Theileria* und das Virus der Springseuche, einer Enzephalitis.

Die medizinisch bedeutsamste der Paralyse erzeugenden Zecken in Australien ist *Ixodes holocyclus*, dort als „dog paralysis tick" bezeichnet. Seine Wirte sind Nasenbeutler, alle Haussäugetiere, Dingo, Ratten, einige Ziervögel und Wildvögel. Zeckenparalyse in Ost-Victoria und Nord-Tasmanien wurde nicht auf diese Art, sondern auf *I. cornuatus* zurückgeführt. Weitere Paralyseerreger sind *I. brunneus*, *I. crenulatus*, *I. gibbosus*, *I. hexagonus*, der in Europa auf Igel, Fuchs und Fischotter parasitiert, *I. hirsti* und *I. scapularis*, in Afrika *I. pilosus*.

Im Gegensatz zu früheren Vorstellungen hat sich gezeigt, daß nicht nur trächtige Weibchen, sondern auch Larven, Nymphen und frischgepaarte Weibchen das die Paralyse erzeugende Toxin aufweisen. Daß besonders ältere Männchen viel Gift produzieren, ist seit längerem bekannt. Beim Menschen bestehen die Symptome in Fieber, sich verstärkender Toxämie und aufsteigender Lähmung, beginnend mit den Beinen über die Arme bis zur Lähmung der Atmungsmuskulatur, was zum Tode führen kann. Als Begleitsymptome treten namentlich bei Kindern Appetitlosigkeit und Erbrechen auf. Die Paralyse bleibt noch einige Tage nach Entfernung der Zecken bestehen. Die Tiere werden oft rein zufällig entdeckt, da der Stich völlig schmerzlos ist. Das Maximum der Lähmungsintensität tritt oft erst 2 Tage nach Entfernung der Zecken auf.

Innerhalb derselben *Ixodes*-Spezies kann die Virulenz des Giftes ganz unterschiedlich sein. Unter Laborbedingungen ist sie oft reduziert. Die Häufigkeit von Zwischenfällen geht mit der saisonalen Aktivität der Zecken Hand in Hand. Am meisten sind Kinder im Alter von 1–7 Jahren (bis zu 16 Jahren) betroffen. Die Mortalität kann 12 % betragen. In Nordamerika kommt die Zeckenlähmung in erster Linie bei Mädchen vor. In Australien wurde keine Geschlechtsdifferenz beobachtet (MURNAGHAN u. O'ROURKE 1978). Möglicherweise hängt eine Bevorzugung des weiblichen Geschlechts in der Jugend damit zusammen, daß sich die Zecken im langen Haar der Mädchen schwerer entdecken lassen. Bei Erwachsenen kommt die Krankheit bei Männern berufsbedingt häufiger als bei Frauen vor.

Krankheitssymptome treten 5–7 Tage, nachdem die Zecke beim Blutsaugen ihren Speichel injiziert hat, auf. Sie äußern sich in unterschiedlichen Graden von Inkoordination der Bewegungen, Ataxie und Muskelschwäche, die aber auch fehlen kann. In Nordamerika beobachtet man oft 12–14 Stunden vor dem Eintritt der Paralyse Prodromalerscheinungen wie Taubheitsgefühl oder Kribbeln in den Beinen, Lippen, in der Kehle oder im Gesicht sowie Reizbarkeit. In Australien ist für die *I. holocyclus*-Paralyse an Prodromalsymptomatik körperliches Unbehagen, Müdigkeit, schwerer Kopfschmerz und Erbrechen typisch. Innerhalb von 1–2 Tagen kann der Patient auch nicht mehr gehen und stehen. Selbst Tod durch Aspirationspneumonie ist möglich. In Nordamerika führt die Entfernung der Zecke vom Körper innerhalb von 3–4 Tagen meist zu voller Gesundung, wenn die Krankheit nicht zu weit fortgeschritten war. In schweren Fällen kann es einige Wochen bis 6 Monate dauern. Die Symptome verschwinden gewöhnlich in umgekehrter Reihenfolge, wie sie entstanden sind.

Bei Lähmungen durch *Dermacentor andersoni* fanden sich deutliche Verringerungen der Leitungsgeschwindigkeit motorischer Nerven, Abnahme des Aktionspotentials der Nerven und ihrer korrespondierenden Muskeln, beeinträchtigte Impulsausbreitung afferenter Nervenfasern und EEG-Veränderungen, die aber auch fehlen können. Durch *Ixodes holocyclus*-Toxin wird die Azetylcholin-Freisetzung bei Temperaturen oberhalb von 30 °C gehemmt. Gegenüber der Paralyse durch diese Spezies kann Immunität erzeugt werden. Die Gifte selbst enthalten mehrere unterschiedlich wirkende Fraktionen. Eine nichtparalysierende, letale Fraktion weist ein Molekulargewicht von 20 000 auf, die höchste paralytische Aktivität findet man bei Molekulargewichten zwischen 60 000 und 100 000 (Stone et al. 1979).

Da der Speichel der Zecken außerordentlich allergisierend wirkt, ist eine Hyposensibilisierung empfehlenswert. Sie ist mit Zeckenextrakt möglich. Desgleichen steht zur Behandlung der *I. holocyclus*-Paralyse ein Zecken-Antivenin zur Verfügung, das langsam i.v. gegeben werden muß, ggf. mehrmals, falls sich der Zustand des Patienten verschlechtert. Eine vorherige Testung auf Verträglichkeit ist erforderlich, da es sich um ein heterologes Serum handelt.

Lähmungen werden auch in seltenen Fällen nach dem Stich von *I. ricinus* beobachtet. Hier sind sie aber nicht Folge des Toxins, sondern der virusbedingten FSME.

Unser Gemeiner Holzbock dürfte die einzige Milbe sein, die auch schon im Altertum bekannt war. Aristoteles bezeichnete sie als Kroton, Plinius als Ricinus. Diesen Artnamen führt sie noch heute. Ihr Stich ist nicht schmerzhaft. Während des Blutsaugens bemerkt man bisweilen, aber keineswegs immer, einen mehr oder weniger starken Juckreiz. Später bildet sich eine hämorrhagische Papel, die vom Patienten mitunter als Melanom mißgedeutet wird. Es ist nicht immer leicht, die Zecke vollständig zu entfernen. Geht man dabei zu unvorsichtig vor, so bleiben die Mundwerkzeuge in der Haut stecken. Daher empfiehlt sich das Beträufeln der Zecke mit Öl, um sie zu ersticken. Etwa ¼ Stunde später gelingt es dann, sie vollständig von der Haut abzuheben. Manchmal entsteht nach dem Stich ein Erythema migrans als kreisrunder, peripher fortschreitender Herd mit peripherem Erythem und ohne sonstige Veränderung der Epidermis, wie bei einer Pilzinfektion. Hier handelt es sich um eine Borelliose, hervorgerufen durch eine Spirochäte, die als *Borrelia burgdorferi* bezeichnet wird. In Amerika wird dieses Krankheitsbild „Lyme disease“ und in einer speziellen Form „Lyme-Arthritis“ genannt. Symptome sind neben der oft erst nach Monaten auftretenden Arthritis Schüttelfrost, Fieber, Kopf- und Nackenschmerzen, in schweren Fällen kommt eine Meningoenzephalitis mit peripheren Nervenlähmungen und manchmal Sehstörungen hinzu. Überträger ist neben *Ixodes ricinus I. dammini*, der mit Sicherheit auch in Mittelamerika und Europa vorkommt. Eigenartigerweise wird der Erreger nicht mit dem Speichel, sondern mit Darminhalt übertragen (z. B. beim Zerquetschen auf der Haut). Inzwischen weiß man, daß als Folge einer solchen Infektion auch Entzündungen des Herzbeutels und Herzmuskels entstehen können. Tod durch Herzversagen ist möglich. Die „Lyme-Arthritis“ wurde auch in Deutschland diagnostiziert, wobei HERZER (1983) annimmt, daß außer den Zecken Stechmücken den Erreger übertragen können. Die Behandlung – nach diagnostischer, in Spätstadien serologischer Klärung – besteht in der Gabe von Penicillin und Cephalosporinen. Epidemiologische Studien laufen z. B. in Niedersachsen (HORST 1987). Neben Spirochäten und Viren kann *I. ricinus* auch die Rickettsie *Coxiella burneti*, den Erreger des Q-Fiebers (Balkangrippe, Krimfieber, Pneumorickettsiose), übertragen. Allerdings spielen hier andere Übertragungswege eine weitaus größere Rolle. In 90 % aller Fälle gelangen die Coxiellen durch Inhalation kontaminierter getrockneter, aus tierischen Ausscheidungen stammender Erreger in den menschlichen Organismus. Gefährdet ist z. B. besonders das Schlachthofpersonal. In Deutschland wurden in 30 Jahren 4 300 Fälle mit mindestens 40 letalen Ausgängen bekannt. Die Therapie erfolgt mit Tetrazyklinen. Gleiches gilt für *Rickettsia rickettsi*, den Erreger des durch Ixodidae (Schildzecken) in Nordamerika übertragenen Rocky-Mountain-Fleckfiebers.

Ixodes ricinus und andere *Ixodes*-Arten sind weiterhin Überträger von *Francisella tularensis, Rickettsia sibirica, R. australis* und *R. conori*, Springseuche-Virus und *Babesia*. Am wichtigsten sind sie jedoch durch die Übertragung des FSME-Virus. In Endemiegebieten Deutschlands ist die Bevölkerung zu 1–3 % befallen. Die Zecken selbst erwiesen sich zu 1 ‰ verseucht, in Endemiegebieten jedoch zu maximal 2 %. In $\frac{2}{3}$ bis $\frac{9}{10}$ aller Fälle verläuft die Infektion symptomlos. In den restlichen Fällen kommt es zu Meningitiden, Enzephalitiden, Myelitiden und grippeartigen Erscheinungsbildern. Die Krankheit wird von April bis Dezember beobachtet, wobei Häufungen im Frühsommer auftreten. 2–28 Tage nach dem Zeckenstich kommt es zu grippeartigen Erscheinungen als Folge der Virusvermehrung. Diese Phase dauert 1–8 Tage. Entweder ist die Erkrankung damit überstanden oder es folgt nach 1–20 Tagen die zweite Phase mit heftigen Kopf- und Nackenschmerzen ohne Fieber, dann plötzlich bis zu 40 °C Fieber und Nackensteifigkeit. Bei schwerem Verlauf treten Lähmungen der Bein- und

Abb. 23. In die Haut eingebohrte Zecke *(Ixodes ricinus)*. Aus MUMCUOGLU u. RUFLI 1978

Armmuskulatur sowie der Augen-, Gesichts- und Blasenmuskulatur auf. Je älter der Patient, umso schwerer ist meist der Krankheitsverlauf. Allerdings können auch Kinder und Jugendliche schwer erkranken. Die 2. Phase tritt bei etwa 33 % der Erkrankten, ein schwerer Verlauf bei etwa 5–18 % der Patienten auf. Die Letalität beträgt 2 %.

Die Zecke parasitiert an im Wald lebenden Säugern und Vögeln, geht aber leicht an Hunde, die dann zusätzlich eine Gefahr für den Menschen darstellen. Die wildlebenden Säuger stellen das natürliche Reservoir des FSME-Virus dar. Eine einmal infizierte Zecke bleibt lebenslang infektiös.

In Deutschland sind außer *I. ricinus* (Abb. 23) weitere 6 Zeckenarten als Virusüberträger bekannt geworden. Nach SCHAWALLER (1988) können vom Befall durch die Zecke bis zum Stich 12 Stunden vergehen. Daher ist es so wichtig, daß die Zecken so schnell wie möglich von der Haut entfernt werden. Besonders sorgfältig sind der Haarbereich des Kopfes, die Ohren, die großen Beugen, die Hände, Arme, Füße, Unterschenkel und die Schamgegend zu durchsuchen.

Der Holzbock lebt während der meisten Zeit in der Vegetation oder auf dem Erdboden. Die Paarung erfolgt vor der letzten Mahlzeit meistens auf dem Wirt. Danach saugt das Weibchen 6–11 Tage lang Blut und legt in den nächsten Monaten bis zu 5 000 Eier in der oberen Bodenschicht ab, aus denen schon nach einigen Wochen Larven schlüpfen. Die wiederum entwickeln sich zu Nymphen und später zu geschlechtsreifen Tieren. Zur Entwicklung ist die Aufnahme von Blut in jedem der Stadien erforderlich. Sie dauert jeweils 2–7 Tage. Reife Männchen saugen kein Blut, sondern Gewebsflüssigkeit. Die gesamte Entwicklung erstreckt sich in Deutschland über etwa 2 Jahre, bei ungünstigen Bedingungen über einen längeren Zeitraum. Das Maximum der Aktivität liegt im Mittelmeerraum in den Monaten November bis Januar; in Nordeuropa und im Gebirge ist ein Gipfel von Juni bis September und in Mitteleuropa eine zweigipfelige Häufigkeitskurve (Mai/Juni und September/Oktober) zu beobachten.

Die FSME ist in großen Teilen Asiens und Europas verbreitet. In Sibirien sind bis zu 40 % der *Ixodes*-Populationen durchseucht. Während weite Gebiete der ehemaligen UdSSR, Polens, Finnlands, der ČSFR, Deutschlands, Ungarns, Österreichs, der Schweiz, Schwedens und Norwegens betroffen sind, fehlen bis jetzt Berichte über das Auftreten in Belgien, Spanien, Portugal, Großbritannien, Irland und Island. Alle Gebiete liegen meist an Waldrändern mit angrenzenden Wiesen, in Waldlichtungen, Bach- und Flußauen, Schonungen mit Unterholz und Hecken, Wäldern mit gut entwickelter Krautschicht, Strauchbeständen von Holunder, Haselnuß und Brombeeren, vor allem an Südhanglagen. Gefährdet sind nichtimmune Personen, vor allem Jäger, Forstarbeiter, Pilzsucher, Wanderer usw. Durch Immunglobulin tritt eine Schutzwirkung 24 Stunden nach der Injektion auf, hält aber nur etwa 4 Wochen lang an. Bis zum 4. Tag nach einem Stich kann der Antikörpertiter mit Erfolg genutzt werden. Durch 3 Teilimpfungen im Laufe eines Jahres erzielt man einen fast 100 %igen Schutz für 3 Jahre. Danach kann mit einer weiteren Dosis der Schutz jeweils um mindestens 3 Jahre verlängert werden.

Argasidae

Auch unter den Lederzecken gibt es Arten, welche an ihrem Speichel über Toxine verfügen, die beim Menschen zu Lähmungen führen können. Darüber hinaus ist auch das Sekret ihrer Coxaldrüsen, die an den vorderen Beinhüften münden, giftig. Es wird z. B.

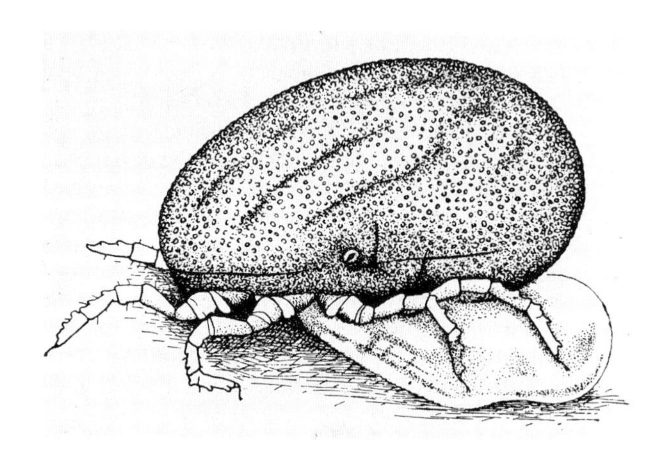

Abb. 24. Die blutsaugende Lederzecke *Ornithodorus mobuata,* eine in Afrika weit verbreitete Art. Aus PAWLOWSKY 1927

bei *Ornithodorus mobuata*, einer in Afrika weit verbreiteten Art, beim Blutsaugen sezerniert (Abb. 24). Möglicherweise verhindert es ebenso wie der Speichel die Blutgerinnung. Bei der in Zentralasien häufigen Spezies *O. tholozani*, die hauptsächlich an Kleinsäugern parasitiert, werden die Coxaldrüsen erst nach dem Blutsaugen entleert. Hier ist die Bedeutung der Coxaldrüsensekrete unklar. *O. coriaceus*, eine in Mexiko und Kalifornien heimische Art, verursacht außerordentlich schmerzhafte Stiche, sogar durch die Kleidung hindurch. Die sich an den Stichstellen entwickelnden Knötchen können bis zu 8 Monate lang sichtbar bleiben. *O. lahorensis* und *O. savignyi* sind wichtige Paralyse-Zecken, deren Stich bei Schafen und Geflügel nach Lähmungen zum Tode führen kann. In Australien ist *O. guerneyi*, die Känguruhzecke, die medizinisch wichtigste Argaside. Sie kann sich innerhalb von 10–20 Minuten mit Menschenblut vollsaugen. Symptome eines Stiches sind starker Juckreiz, Quaddelbildung, Schwellungen im Bereich der Stichstelle und sogar Lokalanaesthesie. Auch Übelkeit, Erbrechen, Kopfschmerz, Sehstörungen und Bewußtlosigkeit sowie allergische Reaktionen können in schwereren Fällen vorkommen. Die Hautläsionen verschwinden erst nach Wochen.

Neben *Otobius megnini* sind vor allem *Argas*-Arten als Paralyseerreger noch zu erwähnen. *A. persicus* ist weltweit verbreitet. Natürliche Wirte sind Vögel und Fledermäuse. In warmen und trockenen Gebieten der Erde kann er zu einer Plage des Hausgeflügels werden. Sein Stich führt beim Menschen neben Pulsbeschleunigung, Erbrechen und Atemnot zu hämorrhagischen Papeln, die stark anschwellen können. So wird berichtet, daß sie am Fuße Eigröße erreichen und damit das Schuhanziehen unmöglich machen. Paralysen durch diese Art verlaufen bei Geflügel und Schafen nicht selten tödlich. *A. reflexus*, die Taubenzecke, ist in Europa, dem mittleren Osten, Südwestrußland und Südamerika verbreitet. Auch ihre Stiche sind außerordentlich schmerzhaft. Weitere Lähmungen erzeugende Arten sind *A. arboreus*, *A. radiatus*, *A. sanchei* und *A. walkerae*. Von diesen wurde die letztgenannte am gründlichsten toxikologisch untersucht (GOTHE et al. 1979).

Die Lähmung beruht auf einer funktionellen Beeinträchtigung der peripheren Nerven, insbesondere der schnell leitenden motorischen Fasern mit praktisch fehlender

Beeinflussung der afferenten Fasern. Das Gift bewirkt reversible Veränderungen in den peripheren Nerven. Es wird wahrscheinlich an Membranen oder an Ranviersche Knoten gebunden. Generell betrachtet handelt es sich bei der Lähmung um eine motorische Polyneuropathie mit nur geringer oder mäßiger Beteiligung der afferenten Bahnen. Die Atmung wird behindert, da efferente Fasern, die die Atemmuskulatur innervieren, so geschädigt sein können, daß eine Innervation nicht mehr stattfindet. Das Toxin hemmt die Azetylcholinfreisetzung und setzt die Empfindlichkeit des Rezeptors an den neuromuskulären Synapsen herab. Es reduziert damit auch die neuromuskuläre Übertragung.

Argasidae sind aber nicht nur durch ihre Toxine, sondern auch durch die Fähigkeit, Spirochäten der Gattung *Borrelia* zu übertragen, von medizinischer Bedeutung. Das durch *Ornithodorus mobuata* mit dem Speichel und dem Coxaldrüsensekret übertragbare Zecken-Rückfallfieber tritt in den warmen Regionen Afrikas und Amerikas sowie im Vorderen Orient, Süd- und Zentralasien auf. Erreger ist *B. duttoni.* Nach einer Inkubationszeit von 3–12 Tagen beobachtet man Kopf-, Glieder- und Rückenschmerzen sowie Übelkeit und Fieber bis zu 41 °C. Das Fieber hält 3–4 Tage lang an. Die Anzahl der Rückfälle beträgt 6–12. Die Fieberschübe werden von Mal zu Mal kürzer, die Intervalle zwischen ihnen länger. Schon frühzeitig entwickeln sich Milz- und Leberschwellung, z.T. mit leichtem Ikterus oder Subikterus. An Komplikationen sind Kreislaufkollaps, Nierenschäden, Bronchopneumonie und Neuritis möglich. Da keine Dauerimmunität entsteht, sind Reinfektionen nach kurzer Zeit wieder möglich. Die Behandlung besteht in der Bekämpfung der Spirochäten mit Penicillin oder Tetrazyklin. Wegen der Gefahr einer Herxheimer-Jarisch-Reaktion auf Erreger-Antigen muß einschleichend dosiert werden.

6. Spinnen

6.1 Allgemeines

Spinnen, eine Tiergruppe, die seit etwa 40 Millionen Jahren in höchster Blüte steht, sind wie die Milben seit dem Devon überliefert. Damals hatten sie einen gegliederten Hinterleib, wie er heutzutage in voller Ausprägung nur noch bei Angehörigen der Unterordnung Mesothelae (Gliederspinnen) vorkommt, die im Karbon die beherrschenden Spinnen waren.

Für den Nichtzoologen verkörpern Spinnen den Typus der Spinnentiere am deutlichsten. Die Gliederung des Körpers in Pro- und Opisthosoma, die 8 Beine, die Chelizeren und Maxillipalpen als Mundwerkzeuge, die meist 8 Linsenaugen – all das läßt ihn erkennen, daß es sich um einen eigenen Typus und nicht etwa um eine Untergruppe der Insekten handelt (Abb. 25).

Die kleinsten Vertreter sind 0,5, die größten 110 mm (ohne Beine, Mundwerkzeuge und Spinnwarzen) lang. Von den bis jetzt etwa 34 000 bekannten Arten lebt nur eine ständig im Süßwasser. Mehrere Dutzend sind amphibisch, etliche Arten, vor allem un-

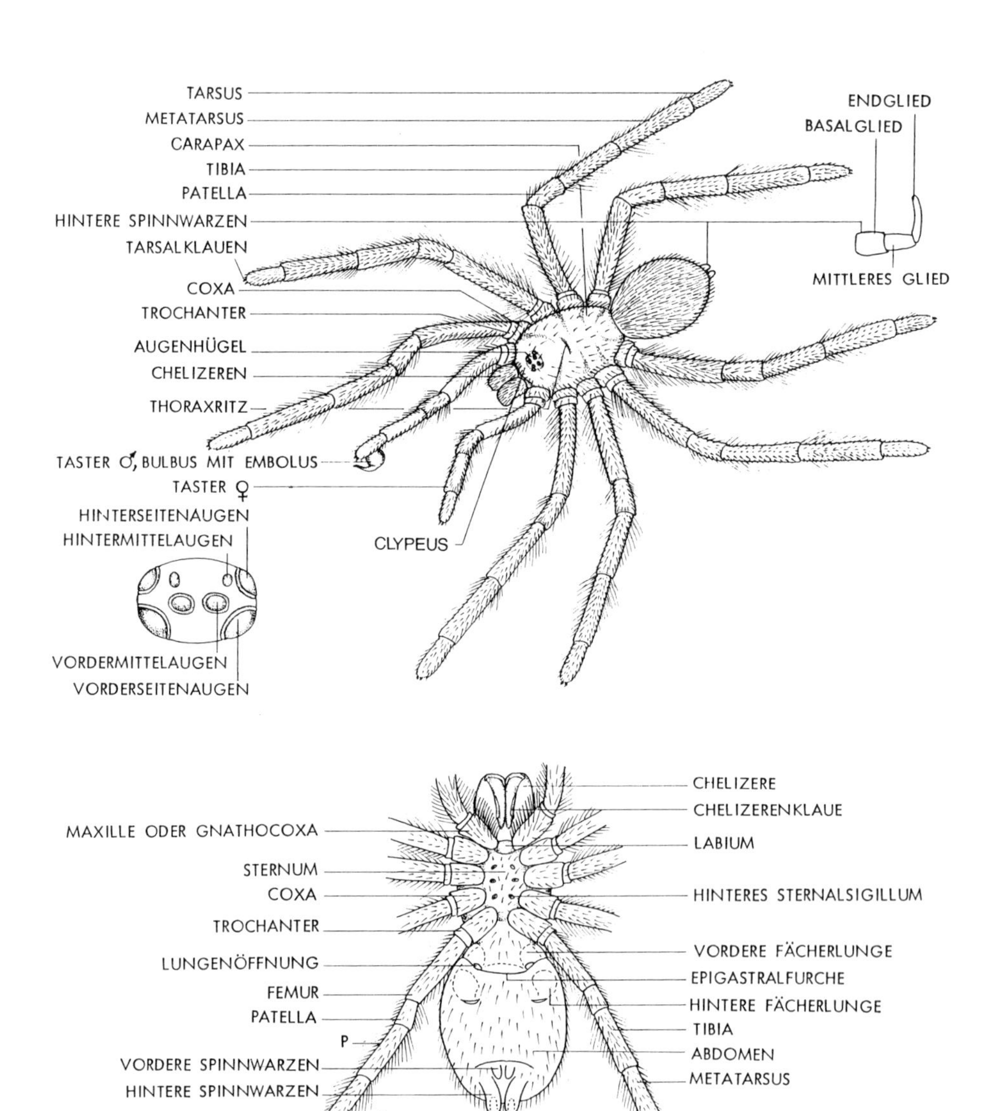

Abb. 25. Dorsal- (oben) und Ventralansicht (unten) einer Spinne. Aus SCHMIDT 1989

ter den Wolf-, Trichternetz- und Zwergspinnen, kommen in der Gezeitenzone des Meeres vor und lassen sich zeitweilig überfluten.

Vergleicht man die Dichte der Besiedlung eines Waldbodens durch Spinnen und Milben, so betragen die Werte bei den Spinnen nur etwa 0,1 % der der Milben. In manchen Monaten findet man pro m^2 in der Streuschicht skandinavischer Wälder 400–600 Spinnen. In unseren Breiten sollte ein gesunder Forst einen durchschnittlichen Spinnenbesatz von 50–200 Tieren/m^2 haben.

Spinnen sind Jäger, die nur in Ausnahmefällen auch an frisches Aas gehen. Sie gehören zu den wichtigsten Regulatoren der Insekten.

6.1.1 Körperbau und Lebensweise

Bei den Spinnen befinden sich die Giftdrüsen im Prosoma (Abb. 26) außer- oder innerhalb der Chelizeren, in deren Klauen ihre Ausführungsgänge münden (Abb. 27). Die sehr enge Speiseröhre läßt im wesentlichen nur verflüssigte Nahrungsbestandteile in den Magen gelangen. Ein Großteil der Verdauung spielt sich vor der Mundöffnung,

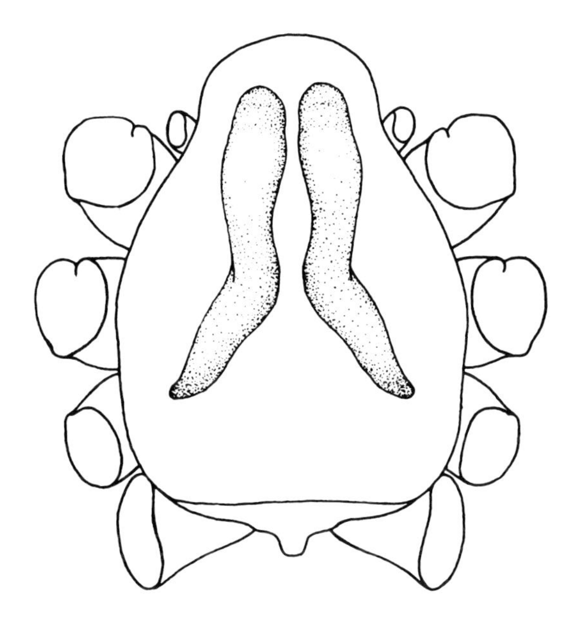

Abb. 26. Lage der Giftdrüsen bei einer Schwarzen Witwe. Aus KASTON (vgl. CROME 1956)

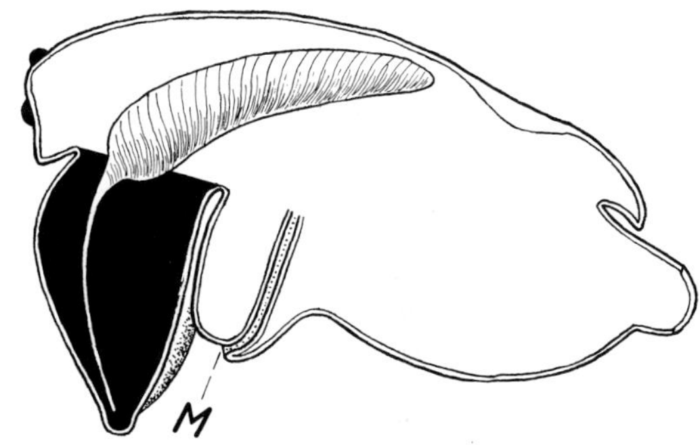

Abb. 27. Giftdrüse mit Ausführungsgang sowie Mundöffnung (M) bei der Wasserspinne *(Argyroneta aquatica)*. Aus CROME 1956

also außerhalb des Körpers, ab. Zu diesem Zweck werden Verdauungsenzyme in die Beutetiere erbrochen. Die Speiseröhre ist vom Schlundring des Nervensystems umgeben, der oben aus dem Gehirn und unten aus dem Unterschlundganglion besteht. Pro- und Opisthosoma sind durch einen dünnen Stiel, den Petiolus, miteinander verbunden, durch den Aorta, Darm, Nerven und Muskeln verlaufen. Das Opisthosoma enthält das Herz, unter dem der Darm mit seinen verästelten Blindsäcken liegt. Bei reifen Weibchen wird der größte Teil des Hinterleibs vom Ovar mit seinen Eiern ausgefüllt. Die paarigen Geschlechtsorgane münden unterseits an der Basis des Hinterleibs. Bei den Männchen muß das Sperma, das eigens auf ein Spermagewebe gepreßt wird, erst mit den Tastern aufgenommen werden, bevor die Tiere begattungsbereit sind. Auch nach Entleerung der Taster bei einer Kopulation müssen diese erneut mit Sperma gefüllt werden.

Bei den Spinnen kommen zwei verschiedene Atmungsorgane vor, Fächer- und Röhrentracheen. Vogelspinnen haben zwei Paar Fächerlungen, die meisten anderen Spinnen ein Paar Lungen und ein Paar Röhrentracheen. Schließlich liegen im Abdomen noch die Spinndrüsen, deren Spinnspulen auf den 2 bis 8 meist am Hinterende des Abdomens gelegenen Spinnwarzen austreten.

Alle Spinnen sind getrenntgeschlechtlich und eierlegend. Parthenogenese wurde nur bei einer *Dysdera*-Art beobachtet. Unter meist 4 bis 15 Häutungen wachsen die aus den Eiern geschlüpften Spinnen zur Reife heran. Lediglich die Weibchen der Mygalomorphae und Filistatidae häuten sich auch nach der Reife meist einmal pro Jahr.

Von den Sinnesorganen sind die Augen besonders gut bei Jagdspinnen entwickelt. Bei Springspinnen ist ein hochdifferenziertes Formen- und Farbensehen ausgebildet. Das in 8 cm Entfernung vom Männchen entfernte Weibchen erscheint diesem so, wie wir es aus 44 cm Abstand sehen. Bei Netzspinnen sind die Augen in der Regel weniger gut entwickelt. Dafür haben sie einen hochdifferenzierten Tast- und Erschütterungssinn. Geschmack und chemotaktischer Sinn sind allgemein gut ausgeprägt, der Geruchssinn ist meist auf die Wahrnehmung von Pheromonen beschränkt. Wasser wird auf größere Entfernungen rezipiert. Wichtige Sinnesorgane sind die auf den Beinen angeordneten Trichobothrien und Spaltorgane.

Spinnen sind größtenteils Einzelgänger. Soziale Formen gehören zu den Seltenheiten. Bei einer Springspinnenart, deren Vertreter in größerer Dichte an Baumstämmen leben, ist eine Gestik ausgebildet, die eine Verständigung ermöglicht. Die Jungen von Wolfspinnen, Riesenkrabbenspinnen und Vogelspinnen werden auf dem Körper des Weibchens getragen, bei manchen Kugelspinnen auch vom Weibchen gefüttert. Einige Riesenkrabbenspinnen zerreißen für die auf ihrem Körper befindlichen Jungen Beutetiere, Weibchen anderer Arten lassen die Jungen an der eigenen Beute mitfressen.

Es gibt Jagd- und Netzspinnen. Für den Menschen gefährliche Arten kommen bei beiden Gruppen vor. Selbst in ein- und derselben Familie (Lycosidae, Araneidae, Salticidae) trifft man auf Netzbauer und Jäger, die ohne Zuhilfenahme von Fangnetzen Beute machen. Diese wird bei den Jägern durch katzenartiges Anschleichen und Zupacken im Sprung überwältigt (Salticidae), in den meisten Fällen aber nach unbeweglichem Lauern und kurzem Sprung unter Zuhilfenahme von 4, 6 oder 8 Beinen ergriffen (Lycosidae, Oxyopidae, Ctenidae). Bei den Netzspinnen unterscheiden wir zwischen Rad-, Hauben-, Decken-, Trichter-, Röhren-, Maschennetz- und weiteren Netztypen. Die Beute wird entweder zuerst eingesponnen und dann gebissen (viele Theridiidae – Haubennetzspinnen) oder zuerst gebissen und dann eingesponnen (Nephilinae – Seidenspinnen). Bei manchen *Argiope*-Arten und anderen Radnetzspinnen (Araneidae) kommt es auf die Beutetiere an, welches der beiden Programme abläuft: Hymenopteren werden erst eingesponnen, dann gebissen, Schwebfliegen z. B. erst gebissen, dann eingesponnen. Manche Araneidae erbeuten Schmetterlinge mit einem an einem hin- und hergeschwungenen Faden sitzenden Klebtropfen oder nur dadurch, daß sie, die keine Netze mehr herstellen, ruhig dasitzen und einen Duft verströmen, der den Weibchen einer bestimmten Schmetterlingsart eigen ist. Männliche Schmetterlinge werden davon angelockt, und die Spinne *(Celaenia)* braucht nur noch zuzupakken, um sich zu bedienen. In der Gattung *Scytodes* gibt es Arten, die Insekten dadurch erbeuten, daß sie nach vorsichtigem Anschleichen aus 0,5–2 cm Entfernung einen klebrigen, sofort erstarrenden Saft aus den Chelizeren auf sie spritzen, die sie auf der Unterlage fixiert. Die Scharfaugenspinne *Peucetia viridans* kann auch Gift verspritzen (Fink 1984).

6.1.2 Verbreitung

Wie die Milben sind auch die Spinnen weltweit verbreitet. Die meisten Arten haben die Fähigkeit, sich wenigstens in ihrer Jugend – einige, wie die Zwergspinnen, auch als erwachsene Tiere – mittels eines Fadenfloßes vom Wind verfrachten zu lassen. Dabei können Hunderte von Kilometern durchmessen und Höhen von mehr als 3 000 m erreicht werden. Auf dem Mount Everest fand man Springspinnen in 6 600 m Höhe (*Euophrys* sp.). Diese Spinnen ernähren sich von Insekten, die durch Aufwinde dorthin verfrachtet werden. Sie sind damit angeblich (Crompton 1953) die in den höchsten Höhen ständig lebenden Erdbewohner. In der Arktis und Antarktis kommen Spinnen überall dort vor, wo noch Pflanzen gedeihen. Auf Island (kurz unterhalb des Polarkreises) z. B. gibt es 87 Arten (Ashmole 1979). Die meisten Spezies leben jedoch in den Tropen und Subtropen. Hier trifft man auch auf die Mehrzahl der Giftspinnen.

6.1.3 Medizinische Bedeutung

Der Katalog von Brignoli (1983) verzeichnet 96 Spinnenfamilien. Die in Tabelle 9 aufgelisteten Familien enthalten Vertreter, die in der Lage sind, Menschen schmerzhaft zu beißen oder deren Gifte nachhaltige Folgen haben können. Insgesamt sind es 80 bis 100 Spezies, davon weniger als 60 von medizinischer Bedeutung (Newlands 1987). Das entspricht nur etwa 0,2 % aller Arten. Viele sind so scheu (z. B. *Agelena* sp.), daß es schwierig ist, mit ihnen überhaupt in Berührung zu kommen. Andere (z. B. *Argyroneta*) sind ausgesprochen beißunlustig. In den meisten Fällen, in denen die Tabelle Gattungen mit * aufführt, handelt es sich um vereinzelte Befunde.

Häufig sind die Giftspinnen einer Familie auf eine einzige Gattung beschränkt *(Loxosceles, Latrodectus, Phoneutria)*, und keineswegs alle Angehörigen der betreffenden Gattungen sind besonders giftig. Das gilt selbst für *Latrodectus* und *Phoneutria*.

Weltweit haben größte medizinische Bedeutung nur Spinnen aus den Familien Loxoscelidae, Sicariidae, Theridiidae und Clubionidae, während Hexathelidae, Barychelidae, Ctenidae und Lycosidae von mehr lokalem Interesse sind.

Giftspinnen kommen von den gemäßigten Zonen bis zu den Tropen vor. Sie fehlen

Tabelle 9. Für Menschen pathogene Spinnen. Die mit * markierten Gattungen sind von geringerer Bedeutung

Unterordnung	Familie	Gattung
Mygalomorphae (Vogelspinnen-artige)	Ctenizidae (Falltürspinnen)	*Ctenizа*, Bothriocyrtum* (?)
	Actinopodidae (Falltürspinnen ohne Augenhügel)	*Actinopus*, Missulena**
	Dipluridae (Doppelschwanzspinnen)	*Trechona* (?)
	Hexathelidae (Trichternetz-Vogelspinnenartige)	*Atrax, Macrothele*
	Barychelidae (Rechen-Falltürspinnen)	*Idiommata*, Harpactirella*
	Theraphosidae (Echte Vogelspinnen)	*Poecilotheria*, Selenocosmia**
Araneomorphae (Echte Spinnen)	Sicariidae (6-äugige Krabbenspinnen)	*Sicarius*
	Dysderidae (Sechsaugenspinnen)	*Dysdera**
	Segestriidae (Kellerspinnen)	*Segestria**
	Loxoscelidae (Einsiedlerspinnen)	*Loxosceles*
	Amaurobiidae (Finsterspinnen)	*Ixeuticus**
	Theridiidae (Kugelspinnen)	*Latrodectus, Steatoda* (?)
	Araneidae (Kreuz- oder Radnetzspinnen)	*Mastophora**
	Gnaphosidae (Plattbauchspinnen)	*Lampona**
	Clubionidae (Sackspinnen)	*Cheiracanthium, Trachelas**
	Miturgidae (Sackspinnenverwandte)	*Miturga*
	Ctenidae (Kammspinnen)	*Phoneutria*
	Zoridae (Kammspinnenverwandte)	*Diallomus**
	Agelenidae (Trichternetzspinnen)	*Agelena*, Coelotes**
	Argyronetidae (Wasserspinnen)	*Argyroneta**
	Lycosidae (Wolfspinnen)	*Hogna*, Isohogna*, Lycosa*, Scaptocosa**
	Salticidae (Springspinnen)	*Phidippus*, „Dendryphantes"*, Mopsus**

in den kalten Regionen der Erde. Insgesamt müssen Angehörige von etwa 40 Gattungen berücksichtigt werden.

Wie XENOPHON (434–359 v. Chr.) berichtete, kannte schon SOKRATES schmerzhafte Bißverletzungen durch *Latrodectus tredecimguttatus*, die Malmignatte oder Schwarze Witwe. ARISTOTELES (384–322 v. Chr.) unterschied Schwarze Witwen von Taranteln, machte Mitteilungen über die Biologie von *Latrodectus* und wußte, daß die Art für den Menschen gefährlich sei. Um 136 v. Chr. schilderte NIKANDROS als Symptome des *Latrodectus*-Bisses u. a. Rigor und bei Männern Erektionen und Ejakulationen. Er wußte, daß Todesfälle vorkommen können. STRABO (63 v. Chr.–20 n. Chr.) gab einen Bericht des SICULUS über eine *Latrodectus*-Bißepidemie in Äthiopien. Etwa um die gleiche Zeit schrieb SUSRUTA über Spinnenbisse und ihre Behandlung. Die Schilderungen dürften sich auf *L. tredecimguttatus* und/oder *L. indicus* beziehen. Auch CELSUS lieferte einen Bericht über Giftspinnen. Nach PLINIUS (29–79) ist *Latrodectus* im Sommer am gefährlichsten. Eine exakte Schilderung der Folgen von *Latrodectus*-Bissen verdanken wir DIOSKURIDES, der im 1. Jahrhundert geboren wurde. Als Symptome nannte er leichte

Abb. 28. Detail eines Tarantella-Notenblattes aus dem 16. Jh. Aus THORP u. WOODSON 1945

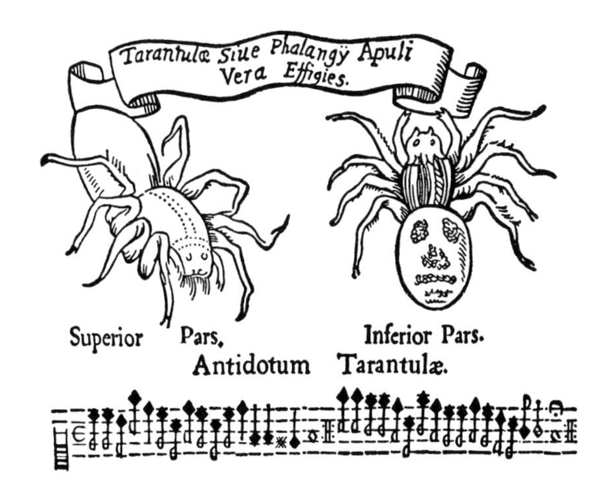

lokale Reaktionen, Schwitzen, Tränenfluß und Dysurie. Um 250 findet sich bei SOLINUS der Hinweis auf Todesfälle durch *Latrodectus* auf Kreta. AL-RASI (850–925) unterschied zwischen *Latrodectus* und Taranteln. IBN SINA (979–1037) nannte 6 Arten von Giftspinnen und gab erneut exakte Beschreibungen des Vergiftungsbildes nach *Latrodectus*-Biß. Als Therapie empfahl er ebenso wie MAIMONIDES (1135–1205) u. a. Opiate.

1623 stellte ALDROVANDI fest, daß *Latrodectus* und nicht, wie man im Mittelalter allgemein glaubte, *Lycosa tarentula* die Zwischenfälle verursacht, die man unter dem Begriff „Tarantismo" zusammenfaßte und durch Tanzen nach Tarantellen zu heilen suchte (Abb. 28). Dieser Autor unterschied auch zwischen der italienischen *L. tarentula* und der russischen *Allohogna singoriensis.* 1693 ließ sich SANGUINETTI von zwei Taranteln beißen und schilderte als Folge lediglich Hautverfärbung an der Bißstelle und ein leichtes Ödem. 1836 erschien der erste Bericht über *Cheiracanthium punctorium*-Zwischenfälle von DUGÈS. 1925/26 schrieben BRAZIL u. VELLARD u. a. über *Latrodectus*-Arten, *Scaptocosa erythrognatha* (eine brasilianische Tarantel) und *Phoneutria keyserlingi* (zusammen mit *P. nigriventer* giftigste bekannte Spinne in Brasilien). Diese Arbeiten enthalten auch Angaben über Todesfälle beim Menschen. 1926 erfolgte der erste Bericht über Todesfälle durch *Atrax robustus* in Australien durch MUSGRAVE. Durch MACCHIAVELLI (1937) weiß man, daß *Loxosceles* Nekrosen verursacht. Daß *Harpactirella lightfooti* schwere Zwischenfälle beim Menschen in Südafrika hervorrufen kann, wissen wir seit 1939 durch die Arbeiten von FINLAYSON und SMITHERS. THORP u. WOODSON (1945) berichteten über tödlichen Ctenizidae-Biß. 1952 und in den folgenden Jahren meldete ich in Westdeutschland die ersten Unfälle mit Bananenspinnen aus Mittelamerika, Ekuador und Brasilien. Hier waren *Phoneutria keyserlingi* und *P. boliviensis* beteiligt. 1957 konnten ATKINS et al. *Loxosceles reclusa* für nekrotische Hautläsionen beim Menschen in den USA verantwortlich machen. 1984 zeigte NEWLANDS, daß wenigstens zwei Arten der Gattung *Sicarius* (*S. hahni* und *S. albospinosus*) als potentiell letal für den Menschen betrachtet werden müssen. Über Zwischenfälle mit den Vogelspinnengattungen *Poecilotheria* und *Pterinochilus* berichtete ich 1988.

Zusammenfassend ergibt sich, daß vor allem Arten der Gattungen *Latrodectus, Atrax, Loxosceles, Phoneutria, Cheiracanthium, Sicarius* und *Harpactirella* als für den Menschen gefährlich angesehen werden müssen.

6.2 Für Menschen gefährliche Spinnen

6.2.1 Europäische Arten

Außerordentlich schmerzhaft ist der Biß der südeuropäischen *Cteniza sauvagesi*, die vor allem auf Korsika und Sardinien vorkommt (Schmidt 1987). Diese Falltürspinne beißt, wenn man sie aus ihrer Wohnröhre holt. Normalerweise kommt sie mit dem Menschen aber nicht in Berührung. Gefährdet sind daher praktisch nur Sammler.

Segestria florentina, eine in West- und Südeuropa, Nordafrika, auf den Azoren, Kanarischen Inseln und dem Madeira-Archipel verbreitete bis zu 22 mm lange Röhren- oder Kellerspinne, wird in Italien als giftige Art gefürchtet. Sie besiedelt auch menschliche Behausungen. Über die Folgen des Bisses liegt eine Mitteilung von Dugès (1836) vor. Maretic u. Lebez (1979) meldeten weitere 4 Fälle. Die Symptome einer Bißverletzung bestehen in heftigem Schmerz, lokaler Rötung, Ödem, selten auch in Schwindelgefühl und Übelkeit (Vellard 1936, Maretic u. Lebez 1979). An den Bißstellen können sich oberflächliche Verkrustungen bilden.

Von den 8 *Loxosceles*-Spezies (Einsiedlerspinnen), über die Berichte von Zwischenfällen vorliegen, kommt nur *L. rufescens*, eine inzwischen kosmopolitisch verbreitete Art, im europäischen und afrikanischen Mittelmeergebiet vor. *L. laeta* wurde aus Südamerika nach Finnland eingeschleppt. 1929 beschrieb Schmaus einen Fall, bei dem es nach dem Biß von *L. rufescens* zu einer nekrotischen Hautläsion kam. Maretic u. Russell (1979) schilderten aus Istrien ein Krankheitsbild, das möglicherweise auf den Biß dieser Art zurückgeht. Leider war die Spinne nicht bestimmt worden. Inzwischen liegt ein weiterer Zwischenfall mit dieser Art vor. Wie Hansen schrieb, verursacht der Biß nach seiner Erfahrung schmerzhafte Hautnekrosen, die im Verlauf von etwa 3 Monaten verheilten (in litt. an Sacher, 1989). Aus Afrika, Madagaskar, Japan, Australien und den USA, wohin die Art eingeschleppt wurde, liegen bisher noch keine Berichte über Zwischenfälle vor. Während die Spezies auf den Kanarischen Inseln unter Steinen und nicht in menschlichen Behausungen lebt, ist sie nach Hansen im Wohnbereich Venedigs relativ häufig. Nach meiner Erfahrung ist sie überhaupt nicht aggressiv. Sie beißt nur, wenn sie mit Menschen in Berührung kommt, die z. B. beim Anziehen in Kleider schlüpfen, in denen sie sich bei nächtlichen Ausflügen versteckt hatte. Obgleich sie nur 8–10 mm lang ist, kann sie mit ihren etwa 1 mm langen Giftklauen die menschliche Haut durchdringen, wobei 1–4 mg Toxin abgegeben werden. Das Gift gehört zum zytotoxischen und zytolytischen Typ.

Latrodectus 13-guttatus (s. Farbtafel II) und *L. lugubris*, die einzigen Vertreter dieser Gattung in Europa, leben im Süden des Erdteils, im Mittelmeergebiet und in großen Teilen Afrikas und Asiens (Arabien, Kaukasus), auf den Atlantischen Inseln, in Südrußland, Osteuropa, Nordafrika, Kleinasien, Zentralasien, im Gebiet der Kirgisensteppe und in Kasachstan. Das als Latrodectismus bezeichnete Vergiftungsbild tritt in

Form von Epidemien, entsprechend der wechselnden Dichte des Spinnenbesatzes, auf. Solche Epidemien können 1–6 Jahre anhalten. Vor Einführung der Serumtherapie betrug die Sterblichkeit etwa 5%. Betroffen waren vor allem Kleinkinder. Von 996 Fällen, über die BETTINI (1966) berichtete, waren dagegen nur 2 tödlich. Mit 0,2% war die Letalität nach Einführung der Serumtherapie also sehr niedrig. Trotzdem ist diese Art nach wie vor die gefährlichste Giftspinne Europas. In Istrien entfielen von 177 gebissenen Personen 14 auf die Altersgruppe 0–9 Jahre, 28 auf die 10- bis 19jährigen, aber 35 auf die 20- bis 29jährigen. Im wesentlichen waren Landarbeiter bei der Ernte betroffen. Von 137 Bissen erfoglten 31 in den linken Unterarm und 16 in den rechten Oberschenkel (MARETIC u. LEBEZ 1979). Gefährlich sind nur die 9–15 mm großen Weibchen, nicht aber die nur ⅓ so großen Männchen.

Der Biß ist in den meisten Fällen nicht schmerzhaft und wird oft überhaupt nicht wahrgenommen. Erst der später auftretende Leibschmerz ist in fast 90% aller Fälle das Leitsymptom, gefolgt von Schweißausbrüchen. Ein wichtiges diagnostisches Zeichen ist das Schwitzen der Haut an der Bißstelle. Am 4. Tag tritt stark juckender scharlachartiger Hautausschlag auf. Seltener sind Übelkeit, Erbrechen, lokale Schwellungen, Hautrötungen, Muskelschwäche, Herzklopfen und -jagen sowie Verwirrtheit, Urinverhaltung und Oligurie.

In schweren Fällen kommt es zu Schlaflosigkeit, Atemstörungen, Hypertonie, Krämpfen und Lähmungen. In etwa 40% aller Fälle treten neuromuskuläre Erscheinungen auf. Es kommt auch zu verstärktem Speichelfluß, dann zu Mundtrockenheit. Die Augenlider sind geschwollen, die Muskeln und Fußsohlen schmerzen. Bei Männern sind Erektionen und Ejakulationen häufig. Weitere Symptome sind Tremor, Opisthotonus, Druckgefühl in der Brust, Parästhesien, Pupillenerweiterung, Tränenfluß, Dyspnoe, Schocksymptome und Todesangst. Falls der Tod durch Atemlähmung erfolgt, geht ihm meist ein Lungenödem voraus. Gewöhnlich erholen sich die Gebissenen aber bereits nach einigen Tagen, nur Impotenz kann über Monate bestehenbleiben. Bei Kindern, älteren Personen und Herzpatienten halten die Krankheitssymptome dagegen länger an.

Im Gegensatz zu anderen *Latrodectus*-Arten ist *L. 13-guttatus* eine Spezies, die meist im Freien lebt und nicht in menschliche Behausungen einwandert. Lediglich aus Israel liegen Berichte vor, nach denen die Spezies auch in alten Gebäuden angetroffen wurde (LEFFKOWITZ u. KADISH 1962). Hier muß allerdings offen bleiben, ob es sich wirklich um *L. 13-guttatus* gehandelt hat. Auf jeden Fall sind Bisse in die Genitalien durch *Latrodectus*-Exemplare, die ihr Gewebe unter der Brille von Außenaborten angebracht haben könnten, in Europa nicht vorgekommen.

Reife Weibchen findet man im südlichen Verbreitungsgebiet das ganze Jahr hindurch, im nördlichen ab Mitte Juni. Im Süden überwintern die Tiere, im Norden nicht. Nördlichstes Vorkommen der Art ist in Europa die Bretagne. Entsprechend tritt der Latrodectismus im äußersten Süden ganzjährig, im Norden, wie in Istrien, nur in den Monaten Juni bis Oktober mit einem Gipfel während der Erntezeit von Juni bis August (MARETIC u. LEBEZ 1979) auf.

Wenn man auch an dieser Stelle die Braune Witwe, *L. geometricus*, erwähnen muß, so lediglich als eine Art, die in den letzten zwanzig Jahren ebenso wie die Schwarze Witwe, *L. mactans* (Abb. 41), nach Belgien und andere westeuropäische Länder eingeschleppt wurde (BENOIT 1969). In Mitteleuropa sind *Latrodectus*-Arten vereinzelt nach-

Abb. 29. *Steatoda paykulliana,* eine Haubennetzspinne, wird häufig für *Latrodectus* gehalten. Aufn. M. Tesmoingt

Abb. 30. Die Dornfingerspinne *Cheiracanthium punctorium* ist in Mitteleuropa die einzige Art, deren Biß beim Menschen deutliche Giftwirkungen hervorruft. Aufn. H. Kretschmer

gewiesen worden. Benoit (1969) diskutiert die Möglichkeit des Überlebens in bestimmten Gegenden aufgrund winterresistenter Eier.

Steatoda paykulliana (Abb. 29), eine Art, die im Mittelmeergebiet (nördlichstes Vorkommen: Paris), in Marokko, Äthiopien und Turkestan vorkommt, sieht einer *Latrodectus*-Art auf den ersten Blick sehr ähnlich und ist bisweilen sogar von Arachnologen damit verwechselt worden. Ihr Gift ist zwar schwächer als das von *Latrodectus*, verursacht aber bei Meerschweinen ähnliche neurotoxische Symptome (Maretic u. Lebez 1979). Zwischenfälle beim Menschen sind mit dieser Spezies noch nicht vorgekommen.

Argiope lobata, eine über das Mittelmeergebiet, Vorderasien, Turkestan und China verbreitete Radnetzspinne (Araneidae), die nach älteren Quellen (Kobert 1901) für Menschen sehr gefährlich sein soll, erwies sich als absolut harmlos (Maretic u. Lebez 1979).

Cheiracanthium punctorium (Dornfinger, eine Sackspinne), die nach *Latrodectus 13-guttatus* wichtigste europäische Giftspinne, lebt in großen Teilen Europas und Asiens bis Turkestan und China (Abb. 30 u. Farbtafel II). Es handelt sich um eine im weiblichen Geschlecht grüngelb gefärbte Art, die eine Körperlänge von 15 mm erreicht. Sie ist die einzige Giftspinne unserer Heimat. Der Biß kann recht schmerzhaft sein und in große Teile des Körpers ausstrahlen. Hinzu kann Druckgefühl in der Brust, Schüttelfrost, Fieber und Schwächegefühl, bei Kindern auch Kopfschmerz, Übelkeit und Erbrechen auftreten. Später kommt es im Bereich der Bißstelle zu verstärktem Juckreiz, Hautrötung und -schwellung sowie kleinen Nekrosen. Die Lymphknoten sind vergrößert. Ganz selten tritt eine Schocksymptomatik auf.

Meistens verschwinden die Symptome nach 1 Tag, selten auch erst nach 2–3 Wochen. Der *Cheiracanthium*-Biß wird in seiner Schmerzintensität mit einem Wespenstich verglichen.

In Mitteleuropa ereignen sich die meisten Bißverletzungen im August, wenn die Weibchen ihren Kokon und die später schlüpfenden Jungen bewachen. Unfälle kommen sowohl durch Weibchen wie auch durch Männchen vor. Weibchen sollen toxischer sein (Spassky 1957).

Zwei Fallberichte sollen die recht unterschiedlichen Giftwirkungen demonstrieren. Der erste stammt von Habermehl u. Mebs (1979), der zweite von Sacher (1990).

1. Frau, 37 J., Biß in den linken Daumen. Innerhalb von 10 min leichte Unterblutungen um die Bißstelle, Pustelbildung, leichter Muskelschmerz und Gefühllosigkeit bis in den Arm reichend, über 3 Wochen anhaltend.

2. Mann, 44 J., Selbstversuch mit 2 am 11. 9. 1988 bei Wittenberg/Sachsen-Anhalt gefangenen Weibchen, die, obwohl sie bereits Junge hatten, wenig aggressiv waren und erst nach längerer Reizung zubissen. Weibchen I biß in Fingerkuppe des rechten Zeigefingers. Zunächst kein Effekt, später nur ganz leichter Schmerz, der auf die Bißstelle beschränkt blieb. Weibchen II biß ins Mittelglied des linken Ringfingers seitlich, 5 min später. Nach 2 min starker brennender Schmerz wie nach Bienenstich, fleckige Rötung an der Bißstelle. 8 min später Schmerz im Oberarm, der sich innerhalb von 4 min bis unter die Achsel ausbreitet (Lymphknotenschmerz). Verschwinden der Schmerzen im Oberarm nach 1 Stunde, in den Lymphknoten nach 6 Stunden. Der Finger blieb leicht geschwollen und wies eine schwache Rötung bis zum nächsten Tag auf. Schmerzfreiheit nach insgesamt 24 Stunden. (Bei einer Wiederholung im Folge-

jahr war die Wirkungsqualität vergleichbar, die Schmerzintensität allerdings ungleich höher; Schmerzfreiheit war erst nach 30 Stunden festzustellen.)

C. mildei, eine zweite europäische Spezies, die im südlichen Westdeutschland, in Frankreich, im Mittelmeergebiet, auf den Azoren, Kapverdischen Inseln (SCHMIDT 1990) und im Kaukasus vorkommt, wurde in die USA eingeschleppt, wo es zu Zwischenfällen gekommen ist. In Europa spielt die Art keine Rolle als Giftspinne. Nach eigenen Feststellungen ist sie überhaupt nicht aggressiv.

Die Trichternetzspinne *Agelena labyrinthica*, eine bis zu 14 mm große über Europa, Zentralasien und Japan verbreitete Art, verursachte einen Unfall, den BONNET (1966) mitteilte. Nach dem Biß in den Finger trat heftiger lokaler Schmerz auf, begleitet von Schwellungen, Tremor und Spasmen. Die Schmerzen strahlten in die ganze Hand aus und hielten bis zum nächsten Tag an. Die anderen Reaktionen waren selbst nach 4 Wochen noch nicht vollständig verschwunden.

Der Arachnologe BERLAND (1932) berichtete davon, daß er von der unter Steinen lebenden Trichternetzspinne *Coelotes obesus* in den Finger gebissen worden sei. Er verspürte heftigen Schmerz, und sein Finger blieb einige Stunden lang gelähmt.

Auch die in der nördlichen Paläarktis weit verbreitete Wasserspinne *Argyroneta aquatica* (Abb. 31) soll für Menschen giftig sein (GERHARDT 1921). Allerdings dürften von dieser Art wie von den zuvor erwähnten Agelenidae wohl nur Leute gebissen werden, die sich beim Einfangen der Spinnen ungeschickt verhalten. Keineswegs geht von ihnen irgendeine Gefährdung für die Allgemeinheit aus. Folgen wir GERHARDT, so

Abb. 31. Wasserspinne *(Argyroneta aquatica)*; die normalerweise erheblich größere Lufthülle ist hier durch detergentienhaltiges Wasser stark reduziert. Aufn. H. KALDEWEY

Abb. 32. In ihrer Gefährlichkeit für den Menschen lange überschätzt: die Apulische Tarantel *(Lycosa tarentula)*. Aufn. F. Hirschfeld

Abb. 33 Die der Apulischen Tarantel ähnliche Spanische Tarantel *(Hogna hispanica)* mit Eikokon. Aufn. H. Kretschmer

Abb. 34. *Allohogna singoriensis*, eine der größten Wolfspinnenarten. Aufn. G. Schmidt

hatte der Biß des gegenüber dem Weibchen größeren Männchens der Wasserspinne Brennen und Taubheitsgefühl sowie mäßig starke ausstrahlende Schmerzen zur Folge. Die genannten Symptome verschwanden innerhalb von 2 Wochen allmählich wieder. Solche Fallschilderungen haben Seltenheitswert. Denn gerade die Wasserspinne ist, worauf schon Crome (1956) hinwies, ausgesprochen beißunlustig.

Lycosa tarentula, die Apulische Tarantel, eine in mehreren Unterarten im Mediterrangebiet verbreitete, im weiblichen Geschlecht bis zu 3 cm langen Wolfspinne (Abb. 32) lebt in bis zu 15 cm tiefen Wohnröhren. Ihr Biß verursacht in den meisten Fällen lediglich leichte lokale Reaktionen wie Rötungen, Schwellungen und Juckreiz. In einem Fall trat jedoch eine Hautnekrose auf, ähnlich derjenigen, die von südamerikanischen Lycosiden bekannt sind (Maretic u. Lebez 1979).

Der Biß der größten europäischen und russisch-asiatischen Art, der bis zu 3,8 cm großen Wolfspinne *Allohogna singoriensis* (Abb. 34), führt zu Schmerz, Schwellung, Rötung und Juckreiz. Besonders aggressiv und toxisch sind Weibchen, die ihren Eierkokon bewachen. Marikowski (1956) schildert in seinem Selbstversuch, unmittelbar nach dem Biß in die Hand einen heftigen bohrenden Schmerz verspürt zu haben. Dann bildete sich an der Bißstelle ein roter Fleck, gefolgt von Schwellung und Parästhesien des Armes. Einige Stunden später kamen eine Schwere im ganzen Körper, Somnolenz, Apathie und schließlich Schmerzen in der Brust beim Atmen und Dyspnoe hinzu. Am nächsten Tag waren alle Symptome bis auf die Rötung und Schwellung verschwunden.

Zusammenfassend ergibt sich, daß in Europa nur *Latrodectus 13-guttatus* und *L. lugubris* als Giftspinnen von einiger Bedeutung angesehen werden können. Unfälle mit

Cheiracanthium punctorium und *C. mildei* verlaufen relativ leicht, so daß auch kein Bedarf für ein Antiserum besteht. Die fünfte potentiell bedeutsame Giftspinne, *Loxosceles rufescens*, ist trotz der zwei bisher bekanntgewordenen Zwischenfälle vorerst als medizinisch bedeutungslos einzustufen. Alle anderen hier aufgeführten Arten, zu denen sicherlich noch weitere hinzukommen können, spielen hinsichtlich ihrer Gefährlichkeit praktisch kaum eine Rolle.

6.2.2 Afrikanische Arten

Viele der im europäischen Mittelmeergebiet vorkommenden Arten sind auch in Nordafrika verbreitet *(Segestria florentina, Loxosceles rufescens, Latrodectus 13-guttatus, L. lugubris, Steatoda paykulliana, Argiope lobata, Cheiracanthium mildei).*

Von den Rechen-Falltürspinnen der in Südafrika vorkommenden Gattung *Harpactirella* ist mit Sicherheit *H. lightfooti*, die „Bobbejaan Baboon Spider", für den Menschen gefährlich (Finlayson u. Smithers 1939). *H. flavipilosa* gilt ebenfalls als giftig. Es handelt sich um 13–30 mm lange Arten, die ihre Röhren unter Steinen und manchmal an Gestrüpp errichten. Im Gegensatz zu echten Falltürspinnen sind die Gewebe sehr zart und dünn. Ein eigentlicher Deckel fehlt bzw. ist durch ein primitives Gespinst über der Röhrenmündung ersetzt. Die Röhren sind etwa 18 cm lang. Nach Finlayson, der über zwei Zwischenfälle mit *H. lightfooti*, der größten Art der Gattung, berichtete, trat nach dem Biß brennender Schmerz auf. 2 Stunden später kam es zu ständigem Erbrechen und einer Schocksymptomatik. Einer der Patienten wurde blaß und war nicht in der Lage zu gehen. An der Bißstelle zeigte sich weder Verfärbung noch Schwellung. Während Maretic u. Lebez (1979) Spinnen dieser Gattung zu den wichtigsten mit neurotropen Giften rechnen, meint Newlands (1987), sie seien trotz ihres schlechten Rufs wahrscheinlich harmlos. Jedenfalls konnten Newlands u. Atkinson (1988) unter 40 Fällen von Spinnenbissen innerhalb einer 10-Jahres-Periode keinen einzigen auflisten, der durch *Harpactirella* verursacht wurde. Auch in seiner Übersicht der medizinisch bedeutsamen Spinnen Südafrikas zitiert Newlands (1975) lediglich die alte Arbeit von Finlayson (1939). Demgemäß sind neue Erkenntnisse seither wohl nicht mehr erfolgt, so daß Tiere dieser Gattung, auch wenn sie bisweilen in menschlichen Behausungen angetroffen wurden, wohl nur selten schwerwiegende Unfälle verursacht haben. Dennoch weist Habermehl (1976) darauf hin, daß tödliche Zwischenfälle mit diesen Spinnen berichtet worden seien. Dabei beruft er sich auf Bücherl (1971), der feststellt, daß Todesfälle beim Menschen vorkommen können. Gleiches schreibt er auch von dem Dipluridae-Genus *Trechona*, mit dem es jedoch noch nie zu einem Zwischenfall gekommen ist (Bücherl 1971). Auch Smith (1986) meint, daß unbehandelte Bißverletzungen tödlich sein können und empfiehlt zur Therapie *Latrodectus*-Antivenin, ein Vorschlag, der auf die Feststellungen von Finlayson zurückgeht, wonach mit diesem Serum behandelte Mäuse im Gegensatz zu unbehandelten überlebten. Dennoch läßt sich diese Behandlung vorerst nicht uneingeschränkt vertreten, da offenbar keine entsprechenden Erfahrungen beim Menschen vorliegen. Angehörige der Gattung *Harpactirella* nehmen, wenn sie sich bedroht fühlen, eine charakteristische Haltung ein, wobei sie sich auf die Hinterbeine stützen, den Vorderkörper erheben und die Vorderbeine gestreckt nach schräg oben richten. Dabei werden die Chelizeren mit den Giftklauen gespreizt. Ähnliche Haltungen werden bei entsprechenden Gelegen-

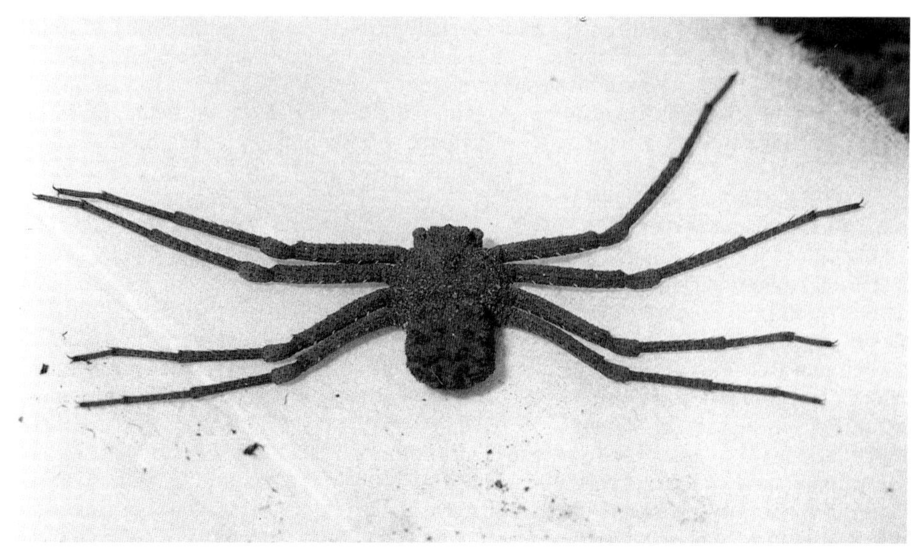

Abb. 35. *Sicarius testaceus* aus Südafrika. Aufn. D. WEICKMANN

heiten auch von manchen Vogelspinnen und von Kammspinnen der Gattung *Phoneutria* eingenommen. Man ist dadurch gewarnt und sollte die Spinne nicht weiter reizen.

In der schon zitierten Arbeit von NEWLANDS u. ATKINSON (1988) finden 2 Bisse durch *Harpactira* sp. Erwähnung, die ohne Folgen verliefen. Vogelspinnen dieser Gattung umfassen 16 südafrikanische Arten.

Nachdem sich in Tierexperimenten gezeigt hatte, daß eine ostafrikanische Spinne der 23 Arten enthaltenden Vogelspinnengattung *Pterinochilus* über ein hochwirksames neurotoxisches Gift verfügt, dessen LD_{50} bei Mäusen der des stärksten südamerikanischen Vogelspinnengifts entspricht, kam es in Westdeutschland 1986 erstmals beim Menschen zu einem Zwischenfall mit einem jungen Tier einer nicht näher bestimmten Art dieser Gattung. Ein Zoohändler war beim Demonstrieren der Spinne intensiv in den Daumen gebissen worden, als er sie, die aus ihrem Terrarium gesprungen war, auffing. Sie löste sich erst von ihm, nachdem er sie mit kaltem Wasser abgespült hatte. Obgleich er sofort ein Insektengiftentfernungsgerät einsetzte, verspürte er etwa 1 Stunde lang ein sehr starkes Brennen, war dann jedoch beschwerdefrei (SCHMIDT 1988). NEWLANDS (1987) hält die südafrikanischen Arten der Gattung für harmlos, empfiehlt aber trotzdem, nicht leichtfertig zu sein. Die größten Vertreter erreichen eine Körperlänge von mehr als 5 cm.

Die sechsäugigen Krabbenspinnen der Gattung *Sicarius* (Abb. 35) sind in Südafrika und Namibia mit 7 Arten vertreten, die eine Körperlänge von etwa 15 mm erreichen. Sie sind zwar nicht aggressiv und leben versteckt in Wüsten und Halbwüsten fernab von jeder Zivilisation, doch führen NEWLANDS u. ATKINSON (1988) zwei mutmaßliche Zwischenfälle an, ohne die Symptomatik zu schildern. Da die Autoren andererseits wenigstens *S. hahni* und *S. albopilosus* als potentiell tödlich ansehen, ist wohl anzunehmen, daß es sich im vorliegenden Fall nicht um Zwischenfälle mit *Sicarius* gehandelt hat. Als häufige Arten nennen die Autoren neben *S. hahni* noch *S. testaceus* und *S. oweni.* Die Gifte sind zytotoxisch. Geschädigt werden die Gewebe an der Bißstelle, Herzmuskel, Leber, Lunge und die Gerinnungsfaktoren. Massive Gewebsnekrosen und Hämorrhagien in Verbindung mit Verbrauchskoagulopathien charakterisieren das Vergiftungsbild. Gefährdet sind Spinnensammler, Geologen und solche Personen, die im Habitat der Spinne auf dem Boden schlafen. Inzwischen liegen auch dokumentierte Zwischenfälle beim Menschen vor, die die tierexperimentellen Befunde nachdrücklich bestätigen (Kraus, pers. Mitt. 1989).

Über zytotoxische Gifte verfügen auch die Einsiedlerspinnen der Gattung *Loxosceles.* Häufige Arten in Süd- und Südwestafrika sind *L. parrami, L. spiniceps, L. pillosa* und *L. bergeri.* Ihre Körperlänge beträgt etwa 9 mm. Weitere 6 Arten sind relativ selten. Man kann 2 Gruppen unterscheiden: Höhlen- und Savannenarten. Die ersteren 4 Arten sind dunkelbraun mit schwarzen Zeichnungen, die letzteren 5 hell- bis goldbraun, ebenfalls mit schwarzen Zeichnungen. *L. parrami* geht in menschliche Behausungen, wo sie in dunklen Ecken und hinter Bilderrahmen, in Schränken, zwischen Kleidungsstücken und in Schuhen Zuflucht nimmt. 70 % der Zwischenfälle ereignen sich im Schlaf, die meisten übrigen beim Anziehen der Schuhe. Wenn die Spinnen verletzt werden, beißen sie, was zu Schwellungen und schmerzhaften, bis zu 10 cm im Durchmesser großen, ulzerierenden Wunden führen kann, die Monate bis zur Heilung benötigen (Abb. 40). Der Biß selbst ist nicht schmerzhaft. Erst 2 Stunden später entwickelt sich ein erythematöses Ödem mit einem purpurnen Zentrum, und nach etwa 10 Tagen ist die Gewebsnekrose voll ausgebildet. Im Gegensatz zu den Verhältnissen in Amerika sind in Südafrika bisher noch niemals systemische Komplikationen aufgetreten. Grund dafür ist die weitaus geringere Giftmenge, die bei einem Biß der südafrikanischen Arten injiziert wird. Trotzdem muß bei sehr kleinen Kindern auch mit solchen Möglichkeiten gerechnet werden. Weiterhin ist von Interesse, daß die südafrikanischen Arten im Gegensatz zu den amerikanischen keine hämolytische Komponente in ihrem Gift haben, was auch bei in-vitro-Tests bestätigt werden konnte (Newlands u. Atkinson 1988). *L. rufescens* wurde nach Madagaskar verschleppt, *L. reclusa* nach Südafrika.

Die wissenschaftliche Bezeichnung der afrikanischen *Latrodectus*-Arten variiert von Autor zu Autor. Da es sich um medizinisch bedeutsame Spinnen handelt, werden hier auch einige der wichtigsten Synonyme genannt. *Latrodectus geometricus (L. concinnus, L. zickzack),* die Braune Witwe, eine weltweit in warmen Regionen verbreitete Art, findet sich auch in großen Teilen Afrikas, einschließlich der Kapverdischen Inseln (Schmidt 1988), Sansibars und Madagaskars. Sie ist, obgleich ihr Gift sich bei Mäusen als eines der wirksamsten aller *Latrodectus*-Arten erwiesen hatte (McCrone 1964), als relativ harmlos einzustufen. Nach Bücherl (1971) ist ihr Gift weitaus weniger toxisch als das von *L. mactans* und *L. curacaviensis,* zwei in Amerika verbreiteten Arten. In Südafrika ist *L. geometricus* wahrscheinlich die häufigste Spinne an Häusern und anderen Gebäuden (Newlands 1987). Trotzdem gehören Zwischenfälle mit dieser Art zu den größten Seltenheiten. Bisse sind schmerzhaft, aber ungefährlich. Die Symptome sind nach 1 Tag verschwunden (Zumpt 1968). Eine Serumtherapie ist nicht erforderlich. Auf den Kapverden gehört die Spezies gleichfalls zu den häufigsten Spinnen an und in Häusern. In einem mir dort bekannten Hotel siedelte sie überall im

Mauerwerk, in den Deckenwinkeln der Terrasse und Balkone, zwischen Garten- und Balkonpflanzen und unter Terrassenstühlen und -tischen. Über Unfälle mit dieser Art, die auf den Kapverden niemand für giftig hält, ist nie etwas bekanntgeworden.

Rein äußerlich sieht ihr *L. rhodesiensis* sehr ähnlich, unterscheidet sich aber, abgesehen von den Genitalien, durch die Form des Eierkokons. Während *L. geometricus* relativ kleine runde Kokons mit Protuberanzen herstellt, sind die von *L. rhodesiensis* verhältnismäßig groß und glatt. *L. rhodesiensis* ist in Südafrika, Namibia, Simbabwe, Mozambique und Botswana verbreitet (Mackay 1972). Über die Giftwirkung ist nichts bekannt (Maretic u. Lebez 1979).

Madagaskar und die Seychellen sind Heimat von *L. menavodi* (Levi 1959). Obgleich sie seit 1658(?) bekannt ist, erfolgten Berichte über ihre medizinische Bedeutung erst 1948 (Constant u. Gouere). Unter den aufgelisteten Fällen war auch einer mit tödlichem Ausgang. Weiter sind auf Madagaskar *L. geometricus* und *L. g. obscurior* zu finden.

Über die Verbreitung von *L. cinctus*, einer Rotrückenwitwe *(L. indistinctus, L. incertus)*, läßt sich noch nichts Abschließendes sagen. Mit Sicherheit ist diese Spezies in Südwestafrika, Südafrika, Ostafrika und Äthiopien, wahrscheinlich auch in Zentralafrika und auf den Kapverden (Schmidt 1993) vertreten. Sie gehört zu den medizinisch wichtigen Arten. Todesfälle sind in der Vergangenheit des öfteren vorgekommen. Gefährdet sind vor allem Kinder unter 5 Jahren und Erwachsene mit Herz- und Lungenkrankheiten. Der Biß verursacht qualvolle Leibschmerzen, Atemschwierigkeiten, Übelkeit, Erbrechen, Schwitzen und Unruhe. Nach etwa 20 Minuten treten krampfartige Schmerzen in der Brust, im Bauch und in den Gelenken auf. Häufig sind Bauchdeckenspannung, Fieber und Sehstörungen.

L. pallidus, die Weiße oder Blasse Witwe, ist von Libyen und Ägypten bekannt und bis nach Aserbaidshan und Turkmenien verbreitet. Ich fand sie 1988 auf den Kapverdischen Inseln (Schmidt 1990). In Asien scheint sie vor allem in Syrien, Israel und im Iran häufig zu sein. In Afrika geht sie im Gegensatz zu *L. geometricus* nicht an menschliche Behausungen. Gleiches gilt für Israel, wo die Spezies im Gegensatz zu *L. 13-guttatus* auf die Ebenen beschränkt ist. Es liegen kaum Berichte über Zwischenfälle mit dieser Witwe vor, deren Gift auch weitaus weniger toxisch als das von *L. 13-guttatus* und *L. revivensis* ist (Shulov u. Weissman 1959). Trotzdem wurde ein Antiserum dagegen entwickelt (Safarowa et al. 1986).

In Nordafrika, Äthiopien, St. Helena und Senegal sind *L. 13-guttatus* und *L. lugubris* weit verbreitet. Sie leben sowohl unter Steinen als auch im niedrigen Gestrüpp, z. B. an Sukkulenten. Hinsichtlich der Symptomatik nach einem Biß s. 6.2.1. Auf Fuerteventura lebt *L. revivensis* (Schmidt 1992, unveröff.).

Als letzte der in Afrika vorkommenden *Latrodectus*-Spezies muß *L. dahli* erwähnt werden, die auf der Insel Sokotra lebt, jedoch bis Buschehr im Iran und in der ehemaligen UdSSR verbreitet ist. Die Spinne ähnelt einer Schwarzen Witwe, ihr Abdomen ist ohne Zeichnungsmuster. Über die Wirkung des Giftes und die Symptomatologie nach Zwischenfällen ist nichts bekannt.

Steatoda nobilis, die größte bekannte Theridiide, lebt auf den Kanarischen Inseln, Madeira, den Azoren (Schmidt 1988) und in Marokko. Auf der Kanarischen Insel Hierro kam es bei einer dort üblichen Mutprobe, bei der Kinder die Spinne in den Mund nehmen und sofort wieder ausspucken, zu einem Zwischenfall, bei dem einer der Teilnehmer in die Zunge gebissen wurde (Schmidt 1977). Außer langdauerndem sehr heftigem Schmerz wurden nur für einige Tage anhaltende Allgemeinbeschwerden gemeldet.

In Südafrika ereignen sich die meisten Unfälle mit Spinnen durch Arten der Gattung *Cheiracanthium.* So berichten Newlands u. Atkinson (1988) über 18 von 40 Fällen, an denen *C. lawrencei* beteiligt war. Es handelt sich um eine bis zu 14 mm lange Sackspinne, die nachts ihrem Beuteerwerb nachgeht und häufig in Wohnungen angetroffen wird. Sie versteckt sich mitunter auch in Kleidern und beißt sofort, wenn sie sich gestört fühlt. Die meisten Zwischenfälle ereignen sich während des Schlafes oder beim Anziehen. Der Biß selbst ist nicht sonderlich schmerzhaft. Anfangs sieht man lediglich 2 kleine Injektionspunkte, die 6–8 mm auseinanderliegen und sich zu grünlichen oder gelblichen nekrotischen Flecken entwickeln. Das zytotoxische Gift ist nämlich grüngelblich gefärbt. Später wird das Gebiet um die Bißwunde erythematös. Es schwillt an und schmerzt sehr. Nach 4–5 Tagen ulzeriert die Wunde und hinterläßt einen etwa 1 cm breiten nekrotischen Bezirk. Normalerweise heilt sie innerhalb von 14 Tagen. Oft bildet sich allerdings kurze Zeit darauf eine zweite schmerzlose Wunde aus mit nur leichtem Ödem und bläulicher Hautverfärbung, die wie eine Quetschung aussieht. Bei der Therapie ist es wichtig, Sekundärinfektionen vorzubeugen. Antiserum steht nicht zur Verfügung. Über Zwischenfälle mit *C. mildei* in Afrika ist dagegen nichts bekannt.

Zusammenfassend ergibt sich, daß die wichtigsten afrikanischen Giftspinnen *Latrodectus 13-guttatus, L. lugubris, L. revivensis, L. cinctus, L. menavodi, Loxosceles parrami, Sicarius spp.* und *Cheiracanthium lawrencei* sind.

6.2.3 Asiatische Arten

Von den Trichternetze bauenden Hexathelidae ist die von den südjapanischen Nansei-Inseln bis Taiwan verbreitete *Macrothele holsti* als giftigste Spinne Taiwans gefürchtet, während sie auf den Nansei-Inseln bisher noch nicht in Zwischenfälle verwickelt war, wohl weil die Bevölkerung dort kaum Kontakt zu ihr hat (Ori 1977).

Poecilotheria fasciata, eine etwa 5 cm lange baumbewohnende Vogelspinne Sri Lankas, kommt bisweilen mit Kokosnußpflückern in Kontakt. Sie wird in ihrer Heimat als Giftspinne gefürchtet. In Deutschland und in der Schweiz, wo die Art viel gehalten wird, kam es zu insgesamt 3 Zwischenfällen mit ihr, wobei die Symptomatik in Schwellungen und Krämpfen nicht nur am Injektionsort, sondern auch in der Umgebung bestand. In einem Fall hielten die Symptome 8 Tage lang an. In einem anderen Fall bestand kurze Zeit nach Biß in den Unterarm ziehender Schmerz bis zu den axillären Lymphknoten. Der Biß selbst ist nicht sonderlich schmerzhaft. Im Vergleich zu den Folgen von Bissen südamerikanischer Vogelspinnen *(Brachypelma vagans, Aphonopelma saltator, Psalmopoeus cambridgei)* beim gleichen Patienten war die Symptomatik aber ausgeprägter (Schmidt 1988, 1989).

Obgleich *Loxosceles rufescens* auch in Japan häufig in Häusern gefunden wird, sind Vergiftungen bei Menschen bislang nicht aufgetreten.

Auch in Asien sind die *Latrodectus*-Spezies zweifellos die wichtigsten Giftspinnen. Zwischenfälle wurden berichtet aus Syrien, Libanon, Israel, Arabien, vor allem Saudi-Arabien, Jemen und Aden, aus den Gebieten um den Persischen Golf, der zentralasiatischen Steppe bis zum Gebiet des Balchaschsees, aus Astrachan am Kaspischen Meer, der Kirgisensteppe, Kokand, Kuldscha in der Dsungarei, Saissan Nor, Kasachstan (Umgebung von Alma Ata), Transkaukasien, Turkestan, Usbekistan, vor allem aus der Umgebung von Taschkent, aus Südtadshikistan, aus der Kalmückenrepublik und der Gegend nördlich von Kisil-Arwat, aus der Mongolei, Indien, Pakistan, Sri Lanka, den Malediven, Burma, Nepal, Indonesien, Kalimantan (Borneo), den Philippinen, den Ryukyu-Inseln (zwischen Japan und Taiwan), Ishigaki und von den Inseln des Westpazifik südlich Okinawa und Morotoi (Maretic u. Lebez 1979). Dazu gehört auch Taiwan. Von dort aus wurde *L. hasselti* durch das Fadenfloß oder andere Ursachen auf die in der Nähe befindlichen japanischen Yaeyama-Inseln (z. B. Iriomote) verbreitet, wo es in der Mitte der fünfziger Jahre unseres Jahrhunderts zu insgesamt 6 Zwischenfällen gekommen ist (Ori 1973). Ori vertritt die Auffassung, daß Latrodectismus in Japan nicht endemisch ist, da er 1972 kein Exemplar von *Latrodectus* auf seiner Forschungsreise auf den Yaeyama-Archipel finden konnte.

Das Verbreitungsgebiet von *L. 13-guttatus* überlappt sich mit dem von *L. hasselti* (Indien, Indonesien, Philippinen, Taiwan) und *L. lugubris.* Allerdings ist keineswegs sicher, daß es sich bei den von Arabien bis Südostasien vorkommenden Rotrücken-Witwen ausschließlich um *L. hasselti* (s. Farbtafel II) handelt. Auf jeden Fall gehört die in Sri Lanka lebende Rotrücken-Witwe *L. erythromelas* zum Verwandtschaftskreis von *L. cinctus.* Wie dieser, so fehlt ihr z. B. die Sanduhrzeichnung auf der Ventralseite des Abdomens. Sie ist auch wesentlich kleiner als *L. hasselti*, die rote Dorsalzeichnung ist breiter, Weibchen reagieren zwar sexuell auf die Werbung von *L. hasselti*-Männchen, zur Kopulation kommt es allerdings nicht.

L. geometricus kommt in Asien generell in den Tropen und Subtropen, besonders zahlreich aber in Indien, Sri Lanka, Indonesien und auf den Philippinen vor. *L. pallidus* ist eine Art Kleinasiens und des Mittleren Ostens und besonders in Syrien, Israel, dem Iran und den südasiatischen ehemaligen Sowjetrepubliken verbreitet. Die bisher genannten Arten kommen gleichzeitig rund um den Persischen Golf und bei Bushehr im Iran vor.

L. dahli wurde gleichfalls in Israel und Bushehr gefunden, ist aber auch in den südasiatischen ehemaligen Sowjetrepubliken verbreitet. *L. hystrix* lebt im Jemen und in Aden. *L. dahli* ähnelt durch Färbung und Form des Abdomens *L. mactans. L. hystrix* zeichnet sich durch kurze Stacheln auf dem fast dreieckigen Abdomen aus. *L. dahli* weist dort starke lange und schwächere kleine Stacheln auf, ähnlich *L. 13-guttatus* aus Nepal. In Israel kommt noch eine *L. hesperus* nahestehende oder mir ihr identische Spezies vor (Levy u. Amitai 1983).

Als letzte der asiatischen *Latrodectus*-Arten erwähnen wir *L. revivensis* von der Negev-Wüste Israels. Im Bezirk von Bersheba findet man 3 in Israel lebende *Latrodectus*-Arten *(L. 13-guttatus, L. pallidus, L. revivensis).* Wie Shulov u. Weissman (1959) schreiben, unterscheiden sich die Gewebe aller 3 Arten sehr deutlich. Das gilt auch für alle anderen *Latrodectus*-Spezies.

Die beiden israelischen Autoren untersuchten auch die Toxizität der 3 Arten aus der Negev-Wüste an der Ratte. Die Dosis letalis minima betrug bei *L. pallidus* 0,022 ml/g, bei *L. 13-guttatus* 0,004 ml/g und bei *L. revivensis* 0,006 ml/g. Allerdings kann man daraus keine weitreichenden Schlüsse auf die Gefährlichkeit der Bisse beim Menschen ziehen, außer daß *L. pallidus* als relativ harmlos einzustufen ist.

Von den *Cheiracanthium*-Arten Asiens ist *C. punctorium* in Turkestan und China, *C. mildei* in Syrien und im Kaukasus und *C. japonicum* in Japan, China und Korea verbreitet. Die von ORI (1975, 1976) gemeldeten Symptome nach dem Biß letzterer Art bestanden in heftigem Schmerz, Juckreiz an der Bißstelle, lokalen Petechien, Pigmentation sowie Übelkeit, Erbrechen und Schock. *C. japonicum* ist die gefährlichste Giftspinne Japans, wo sie vor allem im Norden des Landes eine Rolle spielt. Die meisten der bis jetzt bekanntgewordenen etwa 20 Zwischenfälle ereigneten sich in der Zeit zwischen Mai und August mit einem Gipfel im Juni. Viele erfolgten nachts durch Männchen, die in Häuser eingewandert waren, wie denn überhaupt Unfälle durch diese Spezies weit häufiger durch Männchen als durch Weibchen eintraten: ORI (1976) berichtet, daß die Jungspinnen nach der 2. Häutung ihre Mutter töten (?) und auffressen, ein Verhalten, das auch von wenigen anderen Spinnen bekannt ist, wo das Muttertier allerdings im Verlauf der Brutfürsorge stirbt und dem Nachwuchs als Nahrung dient.

Alles in allem verlaufen die Folgen eines Bisses ganz ähnlich wie bei *C. punctorium*. Auch Kopfschmerz, Druckgefühl in der Brust und Rhythmusstörungen im Sinne von Synkopen wurden berichtet. Die Zeitspanne bis zum Abklingen der Symptome ist nach ORI (1976) recht unterschiedlich:

Tage nach dem Biß	0,5	1	2	3	4	6	7	9	10	12	13	52
Zahl der Fälle	1	1	5	1	2	1	3	1	1	1	1	1

ORI weist darauf hin, daß die Wirkung der *Cheiracanthium*-Gifte sowohl nekrotisch als auch neurotoxisch sein kann. In einigen Fällen kam es zu bakteriellen Sekundärinfektionen. Medizinisch kommt es darauf an, den sehr starken Schmerz, der einige Tage lang anhalten kann und die Patienten am Schlaf hindert, zu bekämpfen.

Die im Bergland Japans vorkommende Trichternetzspinne *Coelotes modestus* kann ebenfalls schmerzhaft beißen (ORI 1975).

Zusammenfassend ist festzustellen, daß von den asiatischen Giftspinnen in erster Linie die *Latrodectus*-Arten *L. 13-guttatus, L. lugubris, L. hasselti, L. revivensis, L. dahli* und *L. hystrix*, ferner *Macrothele holsti* und *Cheiracanthium japonicum* medizinische Bedeutung haben.

6.2.4 Australische und ozeanische Arten

Missulena occatoria, eine Falltürspinne, die im Gegensatz zu den meisten Ctenizidae tagsüber wandert, hat im männlichen Geschlecht gewaltige, leuchtend rot gefärbte Chelizeren. Der einzige bekanntgewordene Bißfall ereignete sich 1935 (MUSGRAVE 1950). Eine Frau war in New South Wales in die Hand gebissen worden, was zu Schwellungen an der Bißstelle führte, die ärztlich versorgt wurden. Auch die westaustralische Falltürspinne *Aganippe raphiduca* kann nach MAIN (1967) schmerzhafte Bisse hervorrufen.

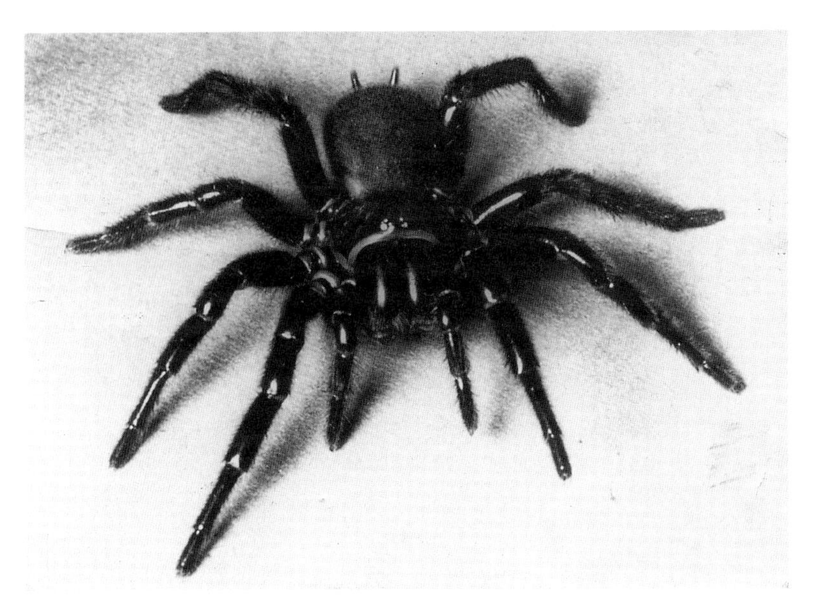

Abb. 36. *Atrax robustus,* eine gefürchtete Giftspinne der australischen Region. Aufn. R. Southcott

Zu den gefährlichsten Giftspinnen überhaupt zählen die *Atrax*-Spezies, die in 15 Arten von Tasmanien über Australien und Neuguinea bis zu den Salomonen verbreitet sind. Am häufigsten sind *A. robustus* und *A. formidabilis.* Entsprechend regelmäßig werden sie auch im Zusammenhang mit Bißfällen genannt. *A. robustus* (Abb. 36) lebt in Queensland und New South Wales, vor allem aber im Gebiet von Sydney, wo er sein Trichternetz zwischen Felsen und unter Steinen und Kisten anlegt. Die Verbreitungsgrenze der Art liegt im Umkreis von 160 km von Sydney. In Sydney selbst und in seinen Vororten wird sie bisweilen in Häusern und in leeren Swimmingpools angetroffen. Sie versteckt sich auch gern in geleerten Konservendosen. Die meisten Unfälle geschehen in den frühen Sommermonaten durch auf Weibchensuche umherstreifende Männchen. Ihr Gift ist bis zu sechsmal toxischer als das der Weibchen und wirkt vorwiegend neurotrop, insbesondere auf die neuromuskulären Verbindungen. Eigenartigerweise sind Menschen und Affen die einzigen Säuger, die derart empfindlich auf das *Atrax*-Toxin reagieren. Nach heftigem Schmerz treten innerhalb von 10 Minuten Übelkeit, Leibschmerz, Erbrechen, Steigerung der Reflexerregbarkeit, Krämpfe, Hypertonie, Tachykardie, Arrhythmien, Zyanose, Schüttelfrost, Schweißausbrüche, Speichel- und Tränenfluß, Erblinden, Atemstörungen auf, später Delirium, Ohnmacht, Nierenversagen, Hirnschäden. Der Tod kann durch Herzstillstand, akutes Lungenödem, Lähmung des Atemzentrums oder Verbrauchskoagulopathie eintreten. Er erfolgt im Krampfanfall. Kinder können innerhalb von 15–90 Minuten sterben. Bei Erwachsenen kann es 30 und mehr Stunden dauern, sofern eine Serumtherapie nicht möglich ist. In nicht tödlich endenden Fällen entwickelt sich später heftige Urtikaria.

A. formidabilis lebt in Nordwestaustralien und ist als Nordküsten-Trichternetzspinne bekannt. Im Gegensatz zu der vorigen Art errichtet er sein Netz in Bäumen, oft mehrere Meter über dem Erdboden. Bei dieser Spezies sind auch die bis zu 5 cm großen Weibchen gefährlich. Die Schilderung des folgenden Falls verdanken wir SOUTHCOTT (1976): Ein Mann wurde beim Anziehen von einem Männchen ins Gesäß gebissen. Die Spinne war vermutlich während der Nacht in seine Kleidung geraten. Beim Versuch, sie wegzuschlagen, erhielt er einen zweiten Biß in den Finger. Beide Bisse schmerzten sehr, die Bißstellen wurden gefühllos. Drei Stunden später mußte der Patient ausgiebig erbrechen, erlitt profuse Schweißausbrüche und heftige Krämpfe der Glieder- und Bauchmuskeln, während die Bißbezirke bei einer Inzision fast schmerzlos waren. Der Patient wurde schreckhaft, ängstlich und verwirrt. Sein Puls (60 Schläge/min) war schwach, die Atmung erschwert. Große Mengen von Schleim wurden bei gesteigertem Speichelfluß abgehustet. Die Pupillen waren verengt. In diesem schwerkranken Zustand kam er ins Krankenhaus, wo er sich allerdings recht schnell wieder erholte.

Über die Giftwirkung von *A. infensus*, der Toowoobaspinne Australiens, liegen keine wissenschaftlichen Veröffentlichungen vor. Die Art soll aber nicht so gefährlich wie die beiden zuvorgenannten sein.

Todesfälle sind hauptsächlich durch Bisse von *A. robustus* bekanntgeworden. Die Hälfte davon entfiel auf Kinder unter 10 Jahre. Zwischen 1927 und 1972 sind in New South Wales wenigstens 11 Todesfälle durch Männchen von *A. robustus* vorgekommen (SUTHERLAND 1972). Später berichteten TORDA et al. (1980) über einen Todesfall bei einer jungen Frau nach schwerem Lungenödem, das erfolgreich behandelt werden konnte, und einer drei Tage später aufgetretenen tödlichen Verbrauchskoagulopathie, verbunden mit Hirnschaden und Nierenversagen. Inzwischen gibt es ein Immunserum, das auch das Gift der extrem gefährlichen Weibchen von *A. formidabilis* neutralisiert und gegen das Toxin von *A. infensus* wirksam ist. Über seine erfolgreiche Anwendung liegen Berichte von HARTMANN u. SUTHERLAND (1984) vor. Todesfälle durch *Atrax*-Arten dürften nach Ansicht der Autoren damit der Vergangenheit angehören.

Idiommata blackwalli, die in den Vororten von Perth häufig angetroffen wird, soll extrem giftig sein (MAIN 1967). Allerdings wurden bislang nach Bissen nur örtliche Reaktionen wie Rötungen und Schwellungen an der Bißstelle beobachtet.

Eine der 11 auf Neu Guinea lebenden *Selenocosmia*-Spezies verursacht mit ihrem Biß schwere Muskelkrämpfe, gefolgt von Kollaps (MUSGRAVE 1949). In Australien verursacht *S. stirlingi* bisweilen ernsthafte Komplikationen (MAIN, pers. Mitt. 1989).

Dysdera crocota, ein Kosmopolit, der gelegentlich auch in Mitteleuropa zu finden ist, hat in Australien und Neuseeland vereinzelt Menschen gebissen (MUSGRAVE 1950, HICKMAN 1967, WATT 1971), die daraufhin ins Krankenhaus eingeliefert werden mußten. Als Symptome wurden angegeben: scharfer Schmerz, der in einem Fall allerdings nur 15 min lang anhielt, örtliche Reaktionen und „übliche Reaktionen wie nach Giftspinnenbiß", die bei Kindern einen 2- oder 3tägigen Krankenhausaufenthalt erforderlich machten.

Loxosceles rufescens ist seit wenigstens 55 Jahren in Australien verbreitet (SOUTHSCOTT 1976). Unfälle hat es anscheinend bisher nicht gegeben.

Ixeuticus robustus, die schwarze Finsterspinne Australiens, baut ihr Röhren-Maschennetz, das dem unserer *Amaurobius*-Arten ähnelt, in Fensterecken, vor allem von Kellern und Schuppen. Zwei Zwischenfälle sind aus Australien bekanntgeworden. In einem Fall erfolgte der Biß ins Gesäß. Die Symptome waren starker Schmerz in den Beinen, Gliederschwäche daselbst, Schwitzen, Erbrechen und Schwindelgefühl. Im zweiten wurde ein Mann direkt oberhalb der Ferse gebissen, bemerkte den Biß selbst aber gar nicht, sondern fühlte erst kurz darauf den Schmerz im Bein, der sich bis zur Leistenbeuge erstreckte, später langsam nachließ und am nächsten Tag verschwunden war (MUSGRAVE 1950).

Zwischenfälle durch *Latrodectus*-Arten sind von Australien, Tasmanien, Neuseeland, Neukaledonien, Neuguinea, den Neuen Hebriden, Marianen, den Loyalty-Inseln, Timor, den Aru-Inseln, Polynesien, dem Bismarck-Archipel, dem Malayischen Archipel und Hawaii bekannt. Beteiligt sind *L. geometricus*, der die tropischen Gegenden bewohnt, und *L. hasselti*, der mit seiner weiten Verbreitung zusammen mit *Atrax robustus* und *A. formidabilis* zu den wichtigsten australischen Giftspinnen gehört. Die Art ist auch in Ozeanien häufig anzutreffen. *L. katipo*, die man früher mit ihr synonymisiert hatte, lebt auf Neuseeland. *L. mactans*, die in Amerika weit verbreitete typische Schwarze Witwe, ist auf den Inseln des Bismarck-Archipels gefunden worden. Auf Hawaii war sie früher häufig, verschwand dann aber aus weiten Teilen (möglicherweise durch die Einführung ihres Parasiten, der Hymenoptere *Beaus californicus*) und wurde weitgehend durch *L. geometricus* ersetzt. Durch *L. hasselti* und *L. mactans* verursachte Unfälle treten fast ausschließlich in ländlichen Gegenden auf, vornehmlich auf Außenaborten, unter deren Brille die Tiere ihr Fanggewebe errichten. Nach INGRAM u. MUSGRAVE (1933) erfolgten 64 % aller *L. hasselti*-Bisse während der Klosettbenutzung in die männlichen Genitalien. Dieser Prozentsatz nahm, wie WIENER (1961) zeigte, auf 28 % ab, und zwar aufgrund des Rückgangs der idyllischen Häuschen mit dem Herzen. Noch 1952 betrug der Prozentsatz der Todesfälle in Australien 5. Nach VELLARD (1936) ereigneten sich in 10 Jahren 7 Todesfälle. Zwischen 1933 und 1959 kamen wenigstens 7 Personen um (WIENER 1961), der letzte tödliche Zwischenfall ereignete sich 1955. 1956 wurde die Serumtherapie in Australien durch WIENER möglich. Sie wird in etwa 80 % aller Zwischenfälle mit *L. hasselti* eingesetzt. Der Autor führte aus, daß bei 40 % aller Patienten neuromuskuläre Symptome aufgetreten seien. In einer Analyse von 167 Unfällen waren die häufigsten Symptome:

	in %		in %
Schmerz	89,9	Herzklopfen oder Tachykardie	9,6
Schwitzen	38,4	Schlaflosigkeit	9,6
Übelkeit oder Erbrechen	24,0	Schüttelfrost	9,0
lokale Ödeme	18,0	Fieber	8,4
Verwirrtheit oder Ohnmacht	16,8	Tremor	7,8
lokales Erythem	13,2	Muskelkrämpfe	7,2
Muskelschwäche	10,8	temporäre Hypertonie	1,8

Oft traten mehrere Symptome beim selben Patienten auf – beispielsweise hatten 150 Patienten Schmerzen, die in 3 Fällen mit Hypertonie gekoppelt waren.

Der Biß selbst war meist relativ schmerzlos. Manchmal wurde er mit einem Mükkenstich verglichen. In einigen Fällen war es nur ein Brennen. Wenige Minuten bis etwa ½ Stunden nach dem Biß nimmt der Schmerz in seiner Intensität zu, und es bildet sich eine Quaddel. Bißmarkierungen sind gelegentlich erkennbar. Ein wichtiges diagnostisches Kennzeichen ist das Schwitzen der Haut an der Bißseite.

In zwei der von INGRAM u. MUSGRAVE geschilderten Fälle kam es durch septische Infektionen, einschließlich Gasgangrän, zum Tode. Unbehandelt benötigten die Patienten bis zur völligen Heilung mitunter einen vollen Monat. Sie blieben wochenlang lethargisch.

Die Plattbauchspinne *Lampona cylindrata*, die einzige australasiatische Spezies der Familie Gnaphosidae, die dem Menschen gefährlich werden kann, wandert bisweilen in menschliche Behausungen ein. Sie ist in Australien und Neuseeland weit verbreitet. MUSGRAVE (1950), MAIN (1967) und MASCORD (1970) berichteten über Zwischenfälle. In einem Fall war ein 6jähriger Junge von einem Weibchen in den großen Zeh gebissen worden, was zur Folge hatte, daß sich die Gegend der Bißstelle verfärbte und der Patient über Jucken, Kopfschmerz sowie Kälteschauer klagte und Fieber bekam.

Von der weltweit verbreiteten Gattung *Cheiracanthium* ist besonders *C. mordax* in Australien und auf den Fidschi-Inseln häufig. Die Art wurde Anfang der fünfziger Jahre von Australien nach Hawaii eingeschleppt (PECK u. WHITCOMB 1970). Im gleichen Verbreitungsgebiet lebt auch *C. brevicalcaratum*. Nach BÜCHERL (1971) können Todesfälle durch *Cheiracanthium* vorkommen, sind aber noch nicht belegt. Spinnen dieser Gattung werden in der Tropen und Subtropen mitunter in Häusern angetroffen, wo es zu Zwischenfällen kommen kann. Nach MAIN (1976) verursacht der Biß von *C. mordax* Schmerz und Ulzeration. In schweren Fällen können Verwirrtheit und Koma hinzutreten, Schweißausbrüche, Pulsveränderungen und Atembeschwerden fehlen jedoch.

Die Gattung *Miturga* kommt in Australien, Tasmanien und Neuseeland vor. WATT (1971) schilderte, wie es ihm nach dem Biß einer unbeschriebenen neuseeländischen Art erging, die er in 1 500 m Höhe unter einem Stein fand und einsammeln wollte. Er wurde in die Fingerspitze gebissen und empfand sofort heftigen Schmerz wie nach einem Wespenstich. Die Bißmarkierungen lagen 2,5 mm auseinander. Er versuchte, das Gift sogleich auszusaugen. Die Bißstelle schwoll jedoch an und wurde hart. 20 Minuten später begannen seine Kniegelenke steif zu werden, und 3 Stunden nach dem Biß konnte er kaum noch gehen. Nach Einnahme von Aspirin hatte er nachts Schweißausbrüche. Am nächsten Tag ging es mit den Knien besser, aber andere Gelenke, z. B. Hand- und Fingergelenke, schmerzten weiterhin. An den nächsten Tagen taten Rükken, Schultern und Beine weh. Zwischendurch traten immer wieder Muskelkrämpfe auf, die sich auch auf die Finger- und Daumengelenke erstreckten. Belastung verstärkte die Gliederschmerzen. Die Symptome hielten insgesamt 1,5 Monate lang an.

Diallomus harpax, eine Spezies aus der Familie Zoridae, verbreitet in Westaustralien, kann sehr schmerzhafte Bisse zufügen (MAIN 1967). Die Familie Zoridae ist in anderen Erdteilen nie durch Zwischenfälle in Erscheinung getreten.

Die Springspinne *Mopsus mormon* ist in der Lage, durch einen Biß ins Bein schmerzhafte Schwellungen und lokale Verfärbungen, die 1 Woche lang sichtbar bleiben, hervorzurufen (MUSGRAVE 1950).

Zusammenfassend ergibt sich, daß in Australien, Neuseeland und Ozeanien nur *Atrax robustus, A. formidabilis, Latrodectus mactans, L. hasselti* und *L. katipo* lebensbedrohend sind. Als weitere Giftspinnen von einiger Bedeutung müssen *Miturga* sp. und *Cheiracanthium mordax* betrachtet werden.

6.2.5 Amerikanische Arten

Bothriocyrtum californicum, eine nordamerikanische Falltürspinne, die in Südkalifornien sehr häufig auftritt (Kaston 1978), soll in Texas einen tödlichen Zwischenfall verursacht haben (Thorp u. Woodson 1945). Da die Art in Texas nicht vorkommt, dürfte eine andere Falltürspinne für den Todesfall verantwortlich zu machen sein.

Bisse von *Actinopus*-Arten, die in Süd- und Mittelamerika leben, rufen Schmerz und Muskelkrämpfe hervor (Ori 1984).

Trechona venosa soll über ein auch für Menschen möglicherweise tödliches Gift verfügen (Bücherl 1971). Wie Raven (1985) jedoch mitteilt, ist die Art vermutlich vor allem bei Studien über die Giftwirkung mit der äußerlich sehr ähnlichen Nemesiide *Acanthogonatus subcalpeiana*, die im Gegensatz zu *Trechona venosa* in Chile vorkommt, verwechselt worden. Weder mit *Trechona* noch mit *Acanthogonatus* ist es bisher zu Zwischenfällen gekommen, über die in der Literatur berichtet wurde.

Vogelspinnen erlangten in den letzten Jahrzehnten zunehmend Beliebtheit als Terrarientiere. Im englischen und amerikanischen Sprachgebrauch werden sie als „Tarantulas" bezeichnet und in deutschen Übersetzungen häufig „Taranteln" genannt. Im Gegensatz zur landläufigen Meinung, aber auch zu der in manchen medizinischen Werken (z. B. Pschyrembel, Klinisches Wörterbuch 1986) vertretenen Auffassung,

Abb. 37. *Acanthoscurria gigantea*. Aufn. G. Schmidt

Abb. 38. *Lasiodora difficilis.*
Aufn. G. Schmidt

Abb. 39. *Vitalius roseus.*
Aufn. E. Ahrens

sind sie für den Menschen keineswegs sonderlich gefährlich, jedenfalls bestimmt nicht gefährlicher als Bienen oder Wespen. Trotzdem haben sie in Deutschland immer noch den Status von Gifttieren und unterliegen im Hinblick auf die Haltung, falls diese überhaupt genehmigt wird, strengen Bestimmungen. Selbst relativ aggressive Gattungen, wie *Acanthoscurria* (Abb. 37), *Phormictopus* und *Sericopelma*, beißen nicht ohne Grund und nehmen zuvor eine Drohhaltung ein, so daß man über ihre Absichten informiert ist. Arten, die über Stridulationsorgane verfügen, geben oft auch noch zischende Laute von sich. Vogelspinnen der Gattungen *Avicularia, Lasiodora* (Abb. 38), *Vitalius* (Abb. 39), *Acanthoscurria, Theraphosa* und noch einige andere schleudern bei Beunruhigung dem vermeintlichen oder wirklichen Gegner ganze Wolken von Reizhaaren entgegen, die mit den Hinterbeinen vom Abdomen abgestreift werden. Sie verursachen namentlich bei empfindlichen Personen stark juckende und später nässende Hautentzündungen und/oder Schleimhautödeme. Wahrscheinlich findet sich in den mit Widerhaken versehenen Reizhaaren eine toxische Substanz. Auf diese Weise kann selbst eine sonst so friedliche Art wie *Brachypelma emilia* ihren Halter belästigen.

Von großen amerikanischen Vogelspinnen Gebissene berichten, einen mäßigen bis starken Schmerz während einiger Stunden bis Tage verspürt zu haben. Daß es schmerzhaft sein kann, von einer der bis zu 11 cm großen Arten gebissen zu werden, ergibt sich schon aus der Länge der Giftklauen, die, wie im Fall von *Theraphosa leblondi*, mit 12,6 mm recht tief ins Fleisch eindringen können. Nach KASTON (1978) sind die mehr als 30 in den USA lebenden Arten jedoch harmlos. Ihr Biß ist in seiner Schmerzintensität mit einem Bienen- oder Wespenstich vergleichbar. BÜCHERL (1962) berichtete, mehrmals von südamerikanischen Vogelspinnen gebissen worden zu sein. Er verspürte keinen Schmerz, und die Bißstelle schwoll auch nicht an. Nach THORP u. WOODSON (zitiert nach BÜCHERL 1971) verursachen Bisse von mittel- und südamerikanischen Spinnen der Gattungen *Secricopelma* und *Aphonopelma* ziemlich heftigen Schmerz und mäßige Schwellungen an der Bißstelle. Es kann aber auch zu Lymphadenitis kommen (RUSSELL u. WALDRON 1967). BÜCHERL (1962) stellt abschließend fest, daß Vogelspinnen für Warmblüter, die mehr als 500 g wiegen, keine Gefahr bedeuten.

Obwohl schon seit 1937 bekannt ist, daß Einsiedlerspinnen der Gattung *Loxosceles* in Südamerika Hautnekrosen verursachen können, dauerte es bis 1957, daß auch in den USA eine *Loxosceles*-Art für nekrotische Hautläsionen verantwortlich gemacht wurde. 1956 konnte CROME also noch nichts über diese Tiere berichten, die wir heute zweifellos zu den medizinisch bedeutungsvollsten Giftspinnen rechnen müssen. Von den etwa 50 vorwiegend in Amerika lebenden Arten der Gattung sind die wichtigsten *L. laeta, L. reclusa, L. gaucho* und *L. rufescens.* Weiterhin wurden *L. rufipes, L. spadicea, L. deserta* und *L. arizonica* als humanpathogen erkannt.

L. laeta, L. reclusa, L. rufescens, L. deserta und *L. arizonica* sind Hausspinnen. Die größte Art ist *L. laeta.* Sie wird im weiblichen Geschlecht 25 mm lang und lebt in weiten Teilen Südamerikas, vor allem in Chile, Peru, Argentinien, Bolivien und Uruguay, hat sich aber mittlerweile bis Guatemala, Honduras, einige Teile der USA und sogar bis Kanada ausgebreitet. In Chile kamen bis 1962 auf 154 Zwischenfälle 15 tödliche, von 1966 bis 1975 auf 333 Zwischenfälle 41 tödliche. Aus ganz Südamerika waren bis 1968 etwa 780 Bißverletzungen bekanntgeworden. Nach SCHENONE u. SUAREZ (1978) beträgt die Mortalität in Chile, bezogen auf 84 Fälle, 17 %, in Peru 12 % (90 Fälle) und in den USA 3%. Hier waren 22 Fälle zugrunde gelegt worden, bei denen allerdings *L. reclusa* beteiligt war. Bis 1968 waren wenigstens 126 Zwischenfälle mit dieser Art in den USA bekanntgeworden (GORHAM 1968). Über den ersten Todesfall bei einem Erwachsenen wurde 1966 berichtet (TAYLOR u. DENNY). Bis 1977 waren es wenigstens 6.

Im Gegensatz zu den Verhältnissen in Europa und Afrika zeichnet sich der amerikanische Loxoscelismus dadurch aus, daß zusätzlich zu den lokalen Hautnekrosen auch noch systemische Reaktionen, einschließlich Hämolyse (hämolytische Anämie), Nierenversagen sowie Herz- und Leberschäden auftreten können. Nur in etwa 4,5% der Fälle führen die Bisse zwar zu ausgedehnten Ödemen, doch kommt es nicht zum Auftreten von Nekrosen. Stets sind sie sehr schmerzhaft. Die ersten Reaktionen sind Brennen und Jucken an der Bißstelle. Rund um diese kommt es zu Hautrötung und -entzündung mit Ödemen. Dann setzt Schorfbildung ein. Innerhalb von 24 Stunden verfärbt sich die Bißstelle schwärzlich, und etwa am 7. Tag ist das Zentrum der Läsion schwarz gefärbt. Der Schorf fällt ab, das darunterliegende entzündete Gewebe liegt offen. Nach Nekrosebildung tritt Heilung oft erst nach Wochen oder Monaten ein, häufig unter Narbenbildung. Selten ist Hautausschlag.

In Südamerika wird die nekrotische Form als kutaner Arachnidismus bezeichnet. Die in Nord-, Mittel- und Südamerika verbreitete viszerokutane Form ist gekennzeichnet durch intravaskuläre Hämolyse, Thrombozytopenie, Eosinophilie, Hämoglobinurie, Hämaturie, Magen- und Darmblutungen, Gelbsucht, Fieber bis 41 °C und allgemeine sensorische Beeinträchtigung innerhalb von 6–24 Stunden nach dem Biß. In besonders schweren Fällen fällt der Patient in einen komatösen Zustand, und Oligo-

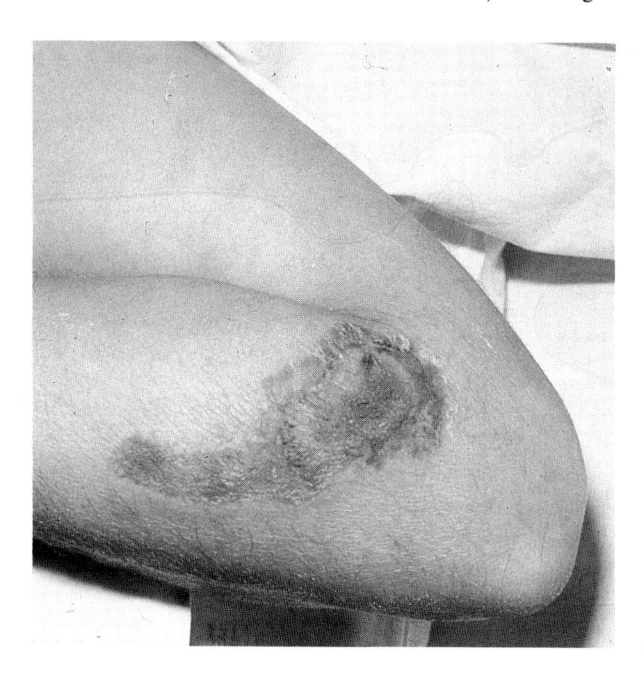

Abb. 40. Symptomatik 10 Tage nach einem *Loxosceles*-Biß. Aufn. H. LIESKE

und Anurie können zum Tod durch Nierenversagen überleiten. Diese viszerokutane oder systemische Form wird in durchschnittlich 13 % aller Fälle registriert. Es liegen etliche Fallberichte vor, in denen es zu Erbrechen, Schocksymptomatik, Blutdruckabfall und Zyanose gekommen war. Sekundärinfektionen wie z. B. Pneumonien sind nicht selten. Die systemischen Erscheinungen halten meist 2 Wochen lang an.

Es hat den Anschein, als ob sich die etwa 12 mm lange *L. reclusa* in den USA immer mehr ausbreitet. In etwa der Hälfte des Staatsgebietes, namentlich im mittleren Süden und südlichen mittleren Westen, war sie schon 1967 sehr häufig (WALDRON u. RUSSELL). Im Staat Missouri hat sie die Schwarze Witwe an Bedeutung überflügelt. Man schätzt, daß inzwischen allein in den USA mehr als 3 000 Zwischenfälle den Ärzten bekanntgeworden sind.

Über Zwischenfälle mit südamerikanischen *Sicarius*-Arten ist nichts bekannt.

Noch ist der Latrodectismus die wichtigste Form des Araneismus in den USA. Er ist vom Süden Kanadas bis zum äußersten Süden Südamerikas verbreitet. *L. curacaviensis*, eine Art mit weiter Verbreitung, ist von den Kleinen Antillen, einschließlich Curaçao, inzwischen verschwunden (LEVI 1959). Offenbar wird eine andere Art in Brasilien als *L. curacaviensis* und in Argentinien als *L. antheratus* bezeichnet. MACCRONE u. LEVI (1964) stellten fest, daß es sich bei den früher *L. curacaviensis* genannten Tieren um verschiedene Spezies handelt, von denen *L. variolus* von Südkanada bis Nordflorida und Mittelkalifornien verbreitet ist. Diese Art wird als Nördliche Witwe bezeichnet. *L. bishopi*, auch früher zu *L. curacaviensis* gestellt, die Rote Witwe, kommt in Mittel- und Südflorida vor. Die beiden letzten Arten sind viel größer als die Schwarze Witwe.

Abb. 41. Die berüchtigte Schwarze Witwe *(Latrodectus mactans)* mit typischer Sanduhrzeichnung auf der Bauchseite. Aufn. H. LIESKE

Eine nur in den patagonischen Anden von Argentinien und Chile verbreitete Spezies aus der *L. curacaviensis*-Gruppe ist *L. variegatus.* Es scheint festzustehen, daß *L. curacaviensis* in Nordamerika und weiten Teilen Südamerikas fehlt.

Von allen *Latrodectus*-Arten Amerikas ist *L. mactans*, die Schwarze Witwe (Abb. 41), am bekanntesten. Die im weiblichen Geschlecht bis zu 13,5 mm lange Kugelspinne gilt als die giftigste Witwe Nordamerikas. Sie ist in den USA vom Süden New Englands bis Florida, außerdem in Mittel- und großen Teilen Südamerikas verbreitet. *L. hesperus* lebt im Westen Nordamerikas, von Texas nördlich bis Kanada und westlich bis zu den pazifischen Küstenstaaten.

L. geometricus findet sich in den USA nur in den Städten Floridas und ihrer Umgebung, außerdem in den tropischen Gebieten von Mittel- und Südamerika.

Über die Verbreitung der vier aus Argentinien gemeldeten Spezies *L. mirabilis, L. diaguita, L. corallinus* und *L. quartus* im übrigen Südamerika liegen keine verläßlichen neueren Angaben vor. Alle diese Arten gehören zur *L. mactans*-Gruppe. *L. mactans* selbst aber fehlt in ganz Argentinien. Am weitesten südlich geht *L. mirabilis* (Patagonien), die auch in Uruguay vorkommt. *L. corallinus* ist im Nordosten des Landes zu finden, während *L. quartus* und *L. diaguita* mehr im Nordwesten Argentiniens verbreitet sind (Abalos 1978, Gonzales 1985).

Was die Wirkung der Gifte betrifft, so kann man davon ausgehen, daß die von *L. mactans, L. variolus* und *L. hesperus* etwa gleich stark sind. Das *L. bishopi*-Gift ist weniger toxisch. Bei den Symptomen fehlt die Härte der Bauchdecken. Dagegen hielt in einem der wenigen bekanntgewordenen Zwischenfälle das Gefühl der Brustenge 4 Tage lang an (Tinkham 1956). Von den südamerikanischen Arten, die alle bis auf *L. geometricus* Freilandbewohner sind, ist nur letztere ohne medizinische Bedeutung. In Argentinien ereignen sich die meisten Zwischenfälle bei Arbeiten auf dem Lande zwischen Dezember und April.

In den USA erfolgten die meisten Bisse durch *L. mactans* in die Genitalien von Männern während der Benutzung von Außenaborten. 1926 berichtete Bogen über 150 Zwischenfälle aus den USA und Kanada, von denen 12 tödlich verliefen. Von 1826–1963 sind aus den USA 578 Fälle bekanntgeworden (Thorp u. Woodson 1965). Von 1959 bis 1973 wurden 1 726 Zwischenfälle, darunter 55 tödliche, registriert. In der Zeit von 1950 bis 1954 starben in den USA 39 Personen. Die Todesrate beträgt bei unbehandelten Personen 5 %.

Von den Bola-Spinnen der Gattung *Mastophora* rufen die in Peru, Chile, Bolivien, Uruguay, Brasilien und Argentinien vorkommenden Arten, vor allem *M. gasteracanthoides* (die Podadora der Einheimischen) sehr schmerzhafte Gewebsnekrosen hervor. Angeblich soll es – vielleicht durch Sekundärinfektionen – sogar zum Tode gekommen sein. In der neueren südamerikanischen Giftspinnenliteratur werden diese interessanten Verwandten der Kreuzspinne, die ohne Zuhilfenahme eines Fangnetzes mit einem nach Schmetterling duftenden klebrigen Tropfen, der an einem Faden hin und her geschwungen wird, auf Beutefang gehen, nicht mehr erwähnt. Gonzales (1985) nennt für Argentinien als Giftspinnen nur Angehörige der Gattungen *Loxosceles, Latrodectus* und *Phoneutria.* Auch andere Radnetzspinnen, die im Verdacht stehen, schon Todesfälle verursacht zu haben, fehlen in der neueren Fachliteratur, so daß wir sie hier nicht zu nennen brauchen.

Das gilt jedoch nicht für die *Cheiracanthium*-Arten. Während die Gifte der südamerikanischen Arten nur leichte lokale Wirkungen aufweisen, verursacht *C. inclusum*, eine von Kanada bis Mexiko und die Westindischen Inseln verbreitete Spezies, schmerzhafte Hautläsionen. In einem von GORHAM u. RHENEY (1968) geschilderten Fall trat der Schmerz 1 min nach dem Biß auf. Der Patient, ein 22jähriger Mann, litt eine Viertelstunde später an Übelkeit und Brechgefühl. Die Bißstelle lag am linken Unterarm, der Schmerz strahlte jedoch über die Muskulatur des Oberarmes um die Achselhöhle aus und erstreckte sich bis in die Pectoralisgegend der linken Körperhälfte. 45 min nach dem Zwischenfall erfolgte die ärztliche Untersuchung im Krankenhaus. Dabei war die Bißstelle palpationsempfindlich, gerötet und etwa 1,5 cm im Durchmesser angeschwollen. Trotz i.m. Gabe von Analgetika (Pethidin) und Steroiden, die nach 1 Stunde wiederholt werden mußte, hielt der starke Schmerz fast 3 Stunden lang, vom Biß an gerechnet, an. Der Restschmerz verschwand erst mindestens 3 Tage später. Gewebsnekrosen traten nicht auf. Das Gift scheint nur neurotoxische Wirkungen zu haben.

C. mildei, eine aus Europa (Mittelmeergebiet) eingeschleppte Art, die in Häusern in der Nähe von Boston gefunden wurde, ruft dagegen nekrotische Hautläsionen hervor (SPIELMAN u. LEVI 1970). MINTON (1972) schilderte den Verlauf einer Vergiftung bei einer 51jährigen Frau, die am linken Unterarm gebissen worden war und 3 Stunden nach Gabe eines Steroidpräparates i.m. symptomlos wurde. 3 Tage später trat erneut Rötung, Schwellung und Jucken an der Bißstelle auf, das sich im Laufe der nächsten 3 Tage noch steigerte. Die Bißstelle wies ein 7 × 5 cm breites Erythem auf und stellte sich als knotige Verhärtung mit ein paar kleinen Petechien dar. Nach erneuter Gabe eines Glukokortikoids gingen die Symptome zurück. Bis zur völligen Heilung vergingen jedoch etwa 3 Wochen..

Die dritte in den USA lebende Art, *C. mordax*, die nach dem 2. Weltkrieg von Australien nach Hawaii eingeschleppt wurde, ist durch eine Reihe von Unglücksfällen bekanntgeworden (BAERG 1959, HOREN 1963). Auch hier trat zunächst heftiger Schmerz auf, der bisweilen in die gesamte betroffene Extremität ausstrahlte. Weitere Symptome waren ansteigendes Wärmegefühl an der Bißstelle, Parästhesien, Hyperästhesien und Hypästhesien im Wechsel, Hypalgesien, Anästhesien, in einigen Fällen kleine örtliche Nekrosen. Einige der Patienten waren während des Schlafs durch umherwandernde Spinnen gebissen worden.

Zwar sind bei *Cheiracanthium*-Arten Männchen und Weibchen giftig, doch soll nach BAERG (1959) bei *C. inclusum* das reife Weibchen am gefährlichsten sein.

Trachelas volutus, eine in den USA vorkommende relativ kleine Art mit dunklem Cephalothorax (bei *Cheiracanthium* ist er hell gefärbt), wurde als Verursacher eines Bißunfalls identifiziert (PASE u. JENNINGS 1977). Der Biß wurde als stechender Schmerz beschrieben. Um das rote Bißmal bildete sich ein weißer Ring. Die Schwellung war nur geringfügig ausgeprägt. Juckreiz trat nicht auf. Der rote Fleck an der Bißstelle blieb 3–4 Tage lang sichtbar. Weitere Symptome fehlten. Diese Spezies dürfte damit als ziemlich harmlos eingestuft werden.

Gleiches gilt für die großen tropischen Heteropodidae *Heteropoda venatoria* und *Polybetes pythagoricus*. BÜCHERL (1971) zitiert THORP u. WOODSON (1945), die über einen Fall berichten, bei dem nach einem Biß von *H. venatoria*, einer weltweit in den Tropen verbreiteten Riesenkrabbenspinne, innerhalb von 2 min bei dem betroffenen Finger eine so starke Schwellung auftrat, daß er das Zweifache seines normalen Umfangs er-

Abb. 42. Zu den gefährlichsten Giftspinnen überhaupt gehört die Kammspinne *Phoneutria keyserlingi.* Aufn. G. SCHMIDT

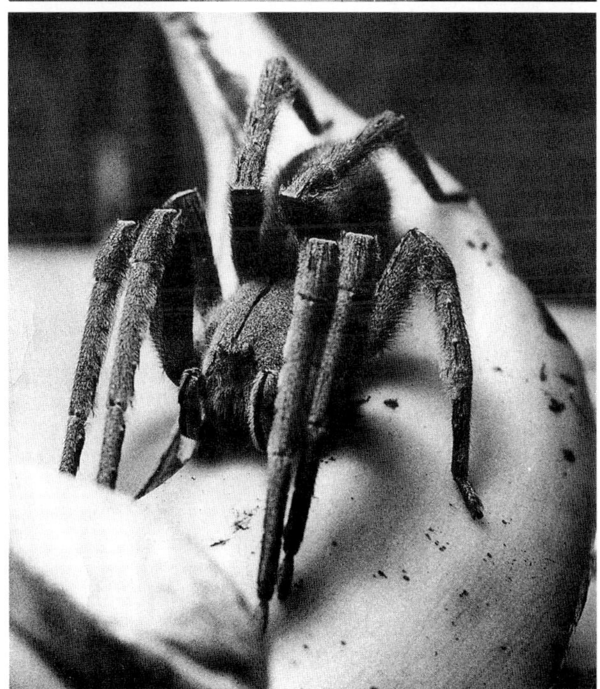

Abb. 43. *Phoneutria boliviensis* wird mit Bananen aus Mittel- und Südamerika nach Deutschland eingeschleppt. Aufn. R. PULZ

reichte. Nur 2 Stunden lang fühlte der Patient heftigen Schmerz bis zur Schulter. Noch geringere Aktivität hat das Gift von *Polybetes pythagoricus.* Nach MANZULLO (1985) verfügt es über leichte neurotoxische Wirkungen ähnlich dem von *Pamphobeteus roseus.*

Etwa 5 % aller aus Südamerika mit Bananen eingeschleppten Spinnen gehören zu den Ctenidae (Kammspinnen) (SCHMIDT 1952). Zu ihnen zählen auch *Phoneutria keyserlingi* (Abb. 42) und *P. nigriventer,* die wohl gefährlichsten Spinnen Amerikas überhaupt. Ihre Körperlänge beträgt im weiblichen Geschlecht 3,3–5,0 cm. Sie sind damit die größten labidognathen Spinnen Südamerikas. Die Männchen sind etwas kleiner. Es handelt sich um dämmerungs- und nachtaktive Tiere, die also auch morgens und abends umherwandern. Eigenartigerweise wirkt ihr Gift auf Säugetiere weitaus schneller als auf Insekten, ihre natürlichen Beutetiere. Mäuse verenden innerhalb von 3 s, während Heuschrecken nach einem Biß noch 10–14 min leben. Als Beutetiere werden Mäuse allerdings in den meisten Fällen verschmäht (SCHMIDT 1980). Zwischenfälle mit *P. keyserlingi* und mit *P. boliviensis* (Abb. 43), die aus Mittelamerika und Ekuador mit Bananen eingeschleppt wird, sind in Deutschland vorgekommen, verliefen aber relativ glimpflich. In einem Fall handelte es sich um ein nicht ganz halbwüchsiges Exemplar von *P. keyserlingi.* Wie die Witwen- und Hexathelidengifte sind die der Kammspinnen neurotoxische Substanzen. Die Symptome nach einem Biß von *P. nigriventer* und *P. keyserlingi* bestehen in kaum erträglichen weit ausstrahlenden Schmerzen, vielleicht wegen des hohen Gehalts an Serotonin und Histamin in den Giften, ferner in Tränen- und Speichelfluß, Pupillenerweiterung, unregelmäßigem Puls, Krämpfen, Konvulsionen, Beklemmungsgefühl in der Brust, Seh- und Bewegungskoordinationsstörungen, Niesreiz, Schläfrigkeit, Schwindelgefühl, Erbrechen, Schüttelfrost, Fieber, Schweißausbrüchen, bei Männern zusätzlich in Peniserektionen und Ejakulationen. Der Tod kann bei Unbehandelten noch nach 12–17 Stunden durch Atemlähmung (Ersticken) erfolgen. Mit einem einzigen Biß könnte so eine Spinne 26,7 kg Mäuse töten. Da der Mensch eine 5- bis 10mal stärkere Giftempfindlichkeit aufweisen kann, sind nicht nur Kinder, sondern auch Erwachsene ernsthaft gefährdet. Diese Spinnen, die sich bei hellem Tageslicht an dunklen oder wenigstens schattigen Plätzen verstecken, wandern meist bei Einbruch der Dunkelheit, während der Nacht und am sehr frühen Morgen. Sie geraten dabei vor allem während der kühleren Monate auch in menschliche Behausungen, wo sie sich gegen Morgen in Kleidungsstücken und Schuhen verstecken. Fühlen sie sich beunruhigt, so nehmen sie sofort eine Drohhaltung ein, wobei sie sich auf die Hinterbeine stützen und wiegende Körperbewegungen ausführen, während sie den Vorderkörper aufrichten, die Giftklauen und Chelizeren spreizen und die Vorderbeine erheben, bereit, sich im Sprung auf den Gegner zu stürzen.

Über 7 Todesfälle nach *Phoneutria*-Bissen berichteten BRAZIL u. VELLARD (1925). Da in Südamerika seit Jahrzehnten ein spezifisches Immunserum zur Verfügung steht, dürften solche Vorkommnisse der Vergangenheit angehören.

P. fera und *P. reidyi* sind im Amazonasgebiet verbreitet. *P. nigriventer* und *P. keyserlingi* findet man häufig in der Umgebung von Sao Paulo. Sie sind von Rio Grande do Sul bis Uruguay und die nordöstlichen Provinzen Argentiniens verbreitet. Ihr nördlichstes Vorkommen liegt in Minas Geraes.

Eine weitere Spezies, über deren Giftigkeit keine Berichte existieren, ist *P. colombiana,* die in Kolumbien lebt.

Neben den *Phoneutria*-Arten muß noch eine andere, nur 2 cm lange brasilianische Kammspinne, *Ctenopsis stellata*, genannt werden, die einmal mit Bananen eingeschleppt wurde (SCHMIDT 1954). Da sie eine erwachsene Maus innerhalb von 25 s mit einem einzigen Biß töten konnte, ist sie als für den Menschen potentiell gefährlich anzusehen (SCHMIDT 1984).

In Südamerika gehen Unfälle durch Spinnenbisse jährlich in die Tausende, wobei die meisten durch große Wolfspinnen (Lycosidae) verursacht werden. Am häufigsten sind Zwischenfälle mit *Scaptocosa erythrognatha*, eine bis zu 2 cm große Verwandte der Apulischen Tarantel, die mehrmals mit Bananen aus Brasilien nach Deutschland eingeschleppt wurde (SCHMIDT 1952, 1953, 1954). Diese Art wird auch in menschlichen Behausungen angetroffen, wo sie bisweilen in Pantoffeln zu nächtigen pflegt. Wird sie während der Nacht oder am Morgen gestört, so beißt sie zu, allerdings wohl nur, wenn sie direkt berührt wird. Sie ist nämlich im Gegensatz zu den Phoneutrien nicht aggressiv. Andere amerikanische Taranteln von einiger Bedeutung sind *Hogna carolinensis*, eine 3,5 cm lange Art, mit der es vereinzelt in den USA zu relativ harmlosen Zwischenfällen gekommen ist, *Isohogna miami*, bei der die Symptome nach einem Biß – Schmerz und Schwellung – bis zu 2 Tagen anhielten, *„Lycosa" pampeana*, eine über Brasilien, Argentinien und Paraguay verbreitete Art, deren Gift ähnlich wie das von *Scaptocosa erythrognatha* wirkt, und *Scaptocosa poliostoma*, gleichfalls aus Brasilien stammend.

Die Gifte dieser Taranteln haben vorwiegend lokale Effekte, die sich in erträglichen flüchtigen Schmerzen (82,7 %), gefolgt von Ödemen (18,8 %) und Erythemen (14,4 %) manifestieren. Nekrosen treten nicht auf. Die im bisherigen Schrifttum den Lycosiden zugeschriebenen schweren Hautnekrosen und das Bluthamen gehen auf Verwechslungen mit *Loxosceles*-Arten (Abb. 44), in Brasilien hauptsächlich auf *L. gaucho*, seltener *L. intermedia* und *L. amazonica*, zurück (LUCAS 1988).

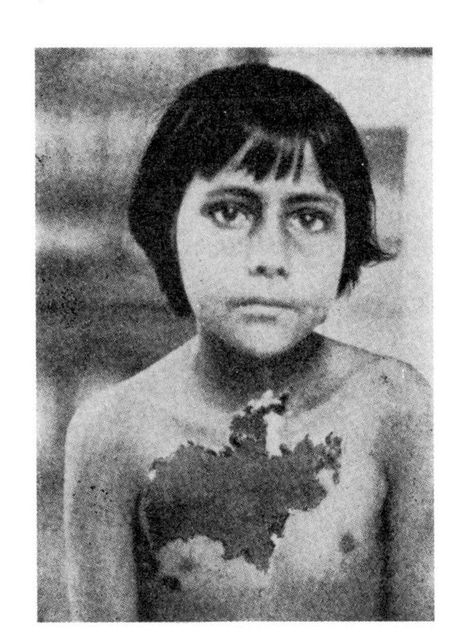

Abb. 44. Der Bißwirkung großer Wolfspinnen zugeschriebene Hautnekrosen wie bei diesem Indianerkind gehen auf *Loxosceles*-Arten zurück. Aus KÄSTNER in KÜKENTHAL 1938

Von den Springspinnen können Angehörige der Gattung *Phidippus* mit ihren Chelizeren die menschliche Haut durchdringen. Die größten Spezies werden etwa 2 cm lang. Bisse von *P. regius*, einer Art, die von Florida bis Mittelamerika verbreitet ist, sind recht schmerzhaft. Der Schmerz kann über große Körperpartien ausstrahlen (Schmidt 1987). *„Dendryphantes" noxiosus* ist möglicherweise auch eine *Phidippus*-Art, die über Brasilien, Chile und Bolivien verbreitet ist und in Bolivien als gefährlich gilt. Sie wird dort als Mico bezeichnet. Ihr Biß soll heftig schmerzen und kann angeblich Entzündungen und sogar Hämaturie nach sich ziehen. Obgleich die Spezies nur 5 mm lang ist, soll sie schon Todesfälle verursacht haben, was aber in der neueren Literatur nicht bestätigt werden konnte.

In den USA sind Springspinnen der Gattung *Phidippus* diejenigen, welche am häufigsten von allen Spinnen Menschen beißen, aber nur ein ernster Zwischenfall wurde bisher reportiert (Russell 1970): Ein Mann war zweimal hintereinander von *P. formosus* in den Handrücken gebissen worden. Der zweite Biß wurde als schmerzhaft und scharf beschrieben. An den Bißmarken entwickelten sich kleine Hämorrhagien und eine Quaddel von 4 cm Durchmesser. Das umgebende Hautareal tat weh. Der akute Schmerz verschwand nach 5 min, aber 15 min später begann es im Handrücken schmerzhaft zu klopfen. Dieses Pulsieren war auch noch nach Stunden spürbar. Das Bißgebiet wies dann ein 2 mm tiefes Geschwür auf, das von einem leicht hyperämischen Bezirk umgeben war. Am nächsten Tag hatte die Schwellung einen Durchmesser von etwa 6 cm. Der Schmerz blieb dumpf. Das Ödem breitete sich am folgenden Tag auf dem gesamten Handrücken aus. Beide Bißmarken waren gut zu erkennen. Jetzt trat Juckreiz auf. Vier Tage nach dem Biß waren die Hauttemperatur erhöht und die Finger angeschwollen. Der Juckreiz wurde medikamentös behandelt. Schwellung und Schmerz hielten noch am 9. Tag an und gingen dann zurück. Die unmittelbare Umgebung der Bißmarken blieb etwas geschwollen.

Zwei Wochen nach dem Biß fanden sich noch die blassen Läsionen, die von einem dünnen hyperämischen Rand umgeben waren.

Zusammenfassend ergibt sich, daß in Amerika die folgenden Spezies von großer medizinischer Bedeutung sind: Alle *Latrodectus*-Arten mit Ausnahme von *L. geometricus* und *L. bishopi*, ferner *Loxosceles laeta, L. reclusa, L. gaucho, Cheiracanthium mildei, C. inclusum, C. mordax, Phoneutria fera, P. nigriventer* und *P. keyserlingi.*

6.3 Spinnengifte

Die meisten Spinnengifte enthalten neurotoxische Komponenten. Hier sind vor allem Toxine von *Phoneutria, Atrax, Latrodectus, Cheiracanthium, Lycosa* (s. l.) und *Harpactirella* zu nennen. Hauptvertreter der Spinnen mit nekrotoxischen Giftkomponenten sind die Gattungen *Loxosceles, Scaptocosa* und *Cheiracanthium*, in geringerem Umfang auch *Phidippus.* Wichtigste Gattung mit neuro- und nekrotoxischen Komponenten ist *Cheiracanthium*, mit nekrotoxischen und hämolytischen Giftkomponenten *Loxosceles* (offenbar nur amerikanische Arten). Südafrikanische *Sicarius*-Arten (im Gegensatz zu südamerikanischen) verfügen gleichfalls über nekrotoxische und hämolytische oder hämotoxische Giftkomponenten. Die Begriffe „nekrotoxisch" und „zytotoxisch" werden synonym gebraucht, desgleichen die Bezeichnungen „neurotoxisch" und „neurotrop".

Ähnlich wie bei Skorpionen hängt auch bei Spinnen die Giftmenge weitgehend von der Methode der Giftgewinnung ab. Durch Elektrostimulation gewonnenes Gift enthält nach BETTINI u. MAROLI (1978) bei *Latrodectus*-Arten Verunreinigungen durch Mageninhalt, da durch die elektrische Reizung auch Verdauungssäfte sezerniert werden. GEREN u. ODELL (1984) gewannen durch „Melken" von *Latrodectus hesperus* im Durchschnitt nur 20 µg Gift pro Spinne, während ihre Extraktionsmethode durchschnittlich 830 µg/Spinne lieferte. Das hängt damit zusammen, daß bei der Elektrostimulation die mit Gift gefüllten Sekretionszellen des Drüsenepithels nicht in dem Umfang freigesetzt werden wie z. B. auch bei einem intensiven Biß. Denn die Spinne kann die Giftmenge ja nerval steuern, indem sie die Muskulatur, die die Drüse umgibt, je nach Bedarf und „Stimmung" kontrahiert, so daß von den Sekretionszellen das eine Mal mehr, das andere Mal weniger losgelöst werden. Diese mit Gift gefüllten Zellen aber werden bei der Extraktionsmethode miterfaßt.

Das Auffüllen der Giftdepots geht bei Spinnen offenbar wesentlich schneller als bei Skorpionen vonstatten. Eine Kreuzspinne kann nacheinander Dutzende von Fliegen lähmen, ohne daß man eine Abnahme der Giftwirkung beobachtet. Wahrscheinlich setzt sie ihr Gift auch recht sparsam ein. Nur im hohen Alter versiegt bei den Spinnen die Produktion der Drüsensekrete. Bei *Steatoda nobilis* z.B. setzen zuerst die Spinndrüsen aus. Die Spinne macht zwar noch Einspinnbewegungen, „merkt" aber nicht, daß aus den Spinnwarzen nichts mehr kommt (SCHMIDT 1968). Manchmal funktionieren noch die Drüsen, welche Verdauungssaft liefern, während die Giftdrüsen ihre Produktion schon eingestellt haben. So etwas beobachtet man z. B. bei alten Springspinnen der Gattung *Dendryphantes* (SCHMIDT, unveröff.). Bei den meisten Spinnen aber ist Enzymmangel die eigentliche natürliche Todesursache. Man sieht sie die Beute, die nicht mehr gelähmt und nicht mehr verdaut werden kann, in den Chelizeren umhertragen (SCHMIDT 1980). Trinken findet bis kurz vor dem Tode jedoch noch statt.

6.3.1 Zusammensetzung

Alle bis heute erforschten Spinnengifte enthalten neben biogenen Aminen Proteine. Wie bei den Skorpiongiften unterscheidet man auch hier Säuger-, Insekten- und Krustazeen-Toxine. So ist das *Latrodectus*-Gift ein Gemisch aus 6 toxischen Protein-Komponenten. Die Letaldosen schwanken zwischen 0,005 und 1 mg/kg bei verschiedenen Versuchstieren. Hunde sind relativ widerstandsfähig, während ein Biß ein Pferd töten kann. Bei Meerschweinchen beträgt die LD_{50} 0,075 mg/kg. Das Gift setzt bei Insekten, Hummern, Fröschen und Mäusen unterschiedliche Transmitter frei, bei Wirbeltieren Azetylcholin, bei Wirbellosen Gamma-Aminobuttersäure und Glutamat. Eine der Giftkomponenten, das α-Latrotoxin, ein Protein mit dem Molekulargewicht 130 000, wirkt präsynaptisch auf die neuromuskulären Verbindungen bei Wirbeltieren, während ein anderes, die Fraktion E, Komponenten mit einem Molekulargewicht von 65 000 und noch niedrigeren Molekulargewichten enthält, welche auf Hummer einwirken. α-Latrotoxin ist hier unwirksam. Die Fraktion C des Giftes ist die einzige, die sich bei Fliegen und Schaben als wirksam erwies (FRONTALI et al. 1976), dabei gleichzeitig auch bei Wirbeltieren toxische Aktivität entfaltete. C_3 ist in erster Linie Insektentoxin.

α-Latrotoxin enthält große Mengen Isoleuzin, Leuzin, Serin, Asparginsäure und Glutaminsäure, dagegen wenig Tyrosin. Seine Unterfraktion B_5 ist das eigentliche Säu-

Tabelle 10. Übersicht über verschiedene Komponenten in Spinnengiften. Nach GEREN u. ODELL 1984 (ergänzt)

Art	Substanz	Autor
Atrax robustus	Neurotoxine	WIENER 1957
	Alkalische Phosphatase	GILBO u. COLES 1964
	Aminobutyrat, sonstige freie Aminosäuren	GILBO u. COLES 1964
	Hyaluronidase	SUTHERLAND 1978
	Serotonin	SUTHERLAND 1978
	Phosphodiesterase	RUSSELL 1966
	Polyamine	GILBO u. COLES 1964
	Glycerin, Harnstoff, Glukose, Tyramin, Oktopamin, Serotonin	DUFFIELD et al. 1979
	Protease	KAIRE 1963
	Spermin, Spermidin	SUTHERLAND 1978
	Chrom, Titan	WIENER 1961
Atrax formidabilis, Atrax infensus, Atrax versutus	Neurotoxine	ATKINSON 1981
Latrodectus 13-guttatus	Neurotoxine	GRASSO 1976, FRONTALI et al. 1976
	Alkalische Phosphatase	BETTINI u. MAROLI 1978
	Aminobutyrat, sonstige freie Aminosäuren	BETTINI u. MAROLI 1978
	Histamin, Hyaluronidase	CANTORE u. BETTINI 1958
	Insektentoxine	FRONTALI u. GRASSO 1964
	Peptidase	AKHUNOW et al. 1981
	Protease (Kininase)	AKHUNOW et al. 1981
	Serotonin	PANSA et al. 1972
	Cholinesterase	CHERNETSKAYA et al. 1984
	Kininase	AKHUNOW et al. 1981
Latrodectus mactans, Latrodectus variolus, Latrodectus hesperus, Latrodectus bishopi	Neurotoxine	MCCRONE 1964
Latrodectus geometricus	Neurotoxine	MCCRONE u. NETZLOFF 1965
Latrodectus mactans	Phosphodiesterase	RUSSELL 1966
	Protease (Kininase)	HUIDOBRO-TORO et al. 1982
Loxosceles reclusa	Alkalische Phosphatase	HEITZ u. NORMENT 1974
	Aminobutyrat	HEITZ u. NORMENT 1974
	Esterasen	WRIGHT et al. 1973
	Hyaluronidase	WRIGHT et al. 1973 ESKAFI u. NORMENT 1976
	Insektentoxine	ESKAFI u. NORMENT 1976
	Lipase	ESKAFI u. NORMENT 1976
	Nekrotoxine	ATKINS et al. 1958
	Nukleotide	GEREN et al. 1975
	Phospholipase D	BERNHEIMER et al. 1985
	Protease	JONG et al. 1979

Fortsetzung Tab. 10

Art	Substanz	Autor
	5'-Ribonukleotidphosphohydrolase	GEREN et al. 1976
	Sphingomyelinase D	FORRESTER et al. 1978
	Systemische Toxine (Neurotoxine)	BECKWITH et al. 1980
Loxosceles laeta	Systemische Toxine (Neurotoxine)	SCHENONE u. SUAREZ 1978
Loxosceles laeta	Nekrotoxine	SCHENONE u. SUAREZ 1978
Loxosceles rufescens	Nekrotoxine	SMITH u. MICKS 1968
Loxosceles parrami, Loxosceles speluncarum, Loxosceles spinulosa	Nekrotoxine	NEWLANDS et al. 1982
Nephila clavata	Neurotoxine	KAWAI et al. 1982
Vitalius roseus	Protease	MEBS 1972
Vitalius tetracanthus	Polyamine	FISCHER u. BOHN 1957
Phoneutria nigriventer	Freie Aminosäuren	FISCHER u. BOHN 1957
	Histamin	SCHENBERG u. PEREIRA LIMA 1978
	Hyaluronidase	KAISER 1953
	Insektentoxine	ENTWISTLE et al. 1982
	Neurotoxine	SCHENBERG u. PEREIRA LIMA 1978
	Nukleoside	ENTWISTLE et al. 1982
	Nukleotide	ENTWISTLE et al. 1982
	Protease	SCHENBERG u. PEREIRA LIMA 1978
	Serotonin	SCHENBERG u. PEREIRA LIMA 1978
	Phosphat, Phosphorsäure	FISCHER u. BOHN 1957
	Pentosen	FISCHER u. BOHN 1957
Pterinochilus sp.	Neurotoxine	MARETIC 1967
Aphonopelma sp.	Aminobutyrat, sonstige freie Aminosäuren	SCHANBACHER et al. 1972
	Hyaluronidase	SCHANBACHER et al. 1972
	Insektentoxine	SCHANBACHER et al. 1972
	Nukleotide, ATP, ADP, AMP	CHAN et al. 1975
	Phosphodiesterase	RUSSELL 1966
	Polyamine	CABBINESS et al. 1980
	Systemische Toxine	SCHANBACHER et al. 1972
	ATP	SCHANBACHER et al. 1972
Scaptocosa erythrognatha	Freie Aminosäuren	FISCHER u. BOHN 1957
	Histamin	FISCHER u. BOHN 1957
	Hyaluronidae	KAISER 1953, FISCHER u. BOHN 1957
	Phosphat	FISCHER u. BOHN 1957
	Phosphorsäure, org. Protease	FISCHER u. BOHN 1957
Steatoda paykulliana	Neurotoxine	USMANOV et al. 1982

gertoxin. McCrone u. Hatala (1967) isolierten aus dem Gift von *L. mactans* eine Fraktion B, die bei Mäusen 20fach stärker letal pro Milligramm als der Gesamtextrakt wirkte.

Auch die braune Einsiedlerspinne, *Loxosceles reclusa*, enthält Säugertoxine. Eines davon weist Nekrose induzierende Eigenschaften bei Kaninchen, Abnahme der kalziuminduzierten Plasmagerinnungszeit und Hämolyse in Gegenwart von Kalzium auf. Es ruft den Tod bei diesen und bei Mäusen hervor (Babcock et al. 1981), das andere ist nur bei Kaninchen aktiv, bewirkt aber keine Nekrosen (Geren et al. 1987). Offenbar beruht nicht die hämolytische, sondern die plättchenaggregations-fördernde Wirkung auf dem Gehalt an Sphingomyelinase D (Kurpiewski et al. 1981, Rekow et al. 1983). Die toxische Fraktion des Giftes von *L. laeta* weist ein Molekulargewicht von etwa 20 000 auf und enthält mehr als 1 Protein.

Im Gift der *Loxosceles*-Arten entdeckte man Zyto-, Hämo- und Neurotoxine. Die LD_{50} des *L. reclusa*-Gifts beträgt für Stubenfliegen 0,26 µg/g. Das Gift ist damit für Fliegen 18mal toxischer als für Mäuse. Der Giftvorrat einer dieser Spinnen würde ausreichen, um 6 730 Fliegen zu töten (Foil et al. 1979). Es hat den Anschein, daß jene Giftkomponenten, die Insekten lähmen, nicht identisch sind mit dem Toxin, das Säugetiere schädigt. Das Gesamtgift bewirkt am Ventralnervenstrang der Schabe *Periplaneta americana* eine Zunahme der Amplitude und Frequenz der Spike-Aktivität (Geren et al. 1976).

Das Gift von *Phoneutria nigriventer* enthält eine Anzahl von unterschiedlich wirkenden Komponenten. Unter 13 befanden sich 2 für Warmblüter besonders giftige Polypeptide. Wie Barrio (1955) feststellte, wirken sie auf die neuromuskulären Verbindungen ein, wo sie zuerst die Freisetzung von Acetylcholin stimulieren, dann aber blockieren.

Die *Atrax*-Gifte enthalten 4 verschiedene Proteinfraktionen. Die für Menschen und Affen giftigste Komponente ist das *Atraxin* (Gregson u. Spence 1983). Es erwies sich 200mal toxischer pro Milligramm als das Gesamtgift, wirkt aber qualitativ wie das Vollgift neurotoxisch auf Primaten. Eine weitere neurotoxische Komponente ist das Robustoxin, das aus 42 Aminosäureresten besteht (Sheumack et al. 1985), während das Atraxin 76 Aminosäurereste aufweist.

Bei einer Vielzahl von Spinnen-Toxinen gelang es, die Aminosäuresequenz aufzuklären, bei anderen hat man den Gehalt an einzelnen Aminosäuren quantitativ bestimmt. So befinden sich in 100 g Trockengift von *Phoneutria nigriventer* 28,7 g Glutaminsäure. Das Rohgift enthält 54 % Proteine und 26 % freie Aminosäuren (Fischer u. Bohn 1957). Letztere fand man auch im Rohgift von *Latrodectus*. *Atrax*-Gifte enthalten viel freie Glutamin- und Gamma-Aminobuttersäure. Die Toxine der Wolfspinnen (Lycosidae) sind reich an sauren freien Aminosäuren, weisen aber im Falle von *Scaptocosa erythrognatha* nur 1 basische freie Aminosäure auf (Fischer u. Bohn 1957). Mit 11,8 % des Trockengifts ist der Gehalt an freier Glutaminsäure auffallend hoch. Im Rohtoxin von *Loxosceles reclusa* fand man 2 Polypeptide mit einem Molekulargewicht unter 5 000, viel neutrale und saure, aber wenig basische Proteine. Bei der ostafrikanischen Vogelspinne *Pterinochilus* sp. ermittelte Bachmann (1982), daß ein Polypeptid die giftigste von 16 basischen Komponenten war. Er wies 1,3 % des Totalproteingehalts des Rohgifts auf. Auch die Gifte anderer Vogelspinnen enthalten verschiedene Proteinfraktionen, sehr viel freie Glutamin- und Gamma-Aminobuttersäure und bis zu 40 %

stark basische Bestandteile, so Verbindungen des Spermins und Trimethylendiamins mit p-Hydroxyphenylbrenztraubensäure und anderen Säuren des Tyrosinabbaus. Bei nord- und mittelamerikanischen Vogelspinnen entdeckte man an weiteren Polyaminen Putreszin und Kadaverin, allerdings in kleineren Mengen.

Atrax-Gifte weisen Spermin, Spermidin und andere Amine auf. Spermin ist bei Säugern nephrotoxisch. ENTWISTLE et al. (1982), die sich um die Aufklärung der Aminosäurenzusammensetzung des potentesten Neurotoxins von *Phoneutria nigriventer* verdient gemacht haben, konnten in Fraktionen mit niedrigen Molekulargewichten Proteasen, Nukleoside und Nukleotide nachweisen. Andere Bestandteile von Spinnengift sind Bradykinin, Histamin, Serotonin, Hyaluronidase, Phosphorsäure, Phosphate, Pentosen, alkalische Phosphatase, Esterasen, vor allem Lipasen, wie die toxische Phospholipase im Gift von *Loxosceles reclusa.* Selbst Spurenelemente wie Chrom und Titan wurden gefunden (z.B. im Gift von *Atrax robustus*) (WIENER 1961). 3,6 % des Giftes von *Scaptocosa erythrognatha* entfallen auf Histamin. Der prozentuale Gehalt an diesem biogenen Amin ist damit höher als im Hymenopterengift. Welche der niedermolekularen Substanzen im einzelnen gefunden wurden, ist der Tabelle 10 zu entnehmen.

Generell betrachtet sind die Spinnengifte reicher an Enzymen als die Skorpiongifte. Im Gegensatz zu den Giften der „echten Spinnen“ sind die der Vogelspinnen sehr hygroskopisch und brauchen eine viel längere Zeit im Vakuum, um zu trocknen.

6.3.2 Toxizität

Die Giftmengen, die durch elektrische Reizung abgegeben werden, schwanken bei ein und derselben Spinne beträchtlich. Es hat sich daher eingebürgert, die minimalen, durchschnittlichen und maximalen Giftmengen anzugeben (s. Tabelle 11). Da gleichzeitig die i.v. und s.c.-Toxizität genannt ist, läßt sich unter Berücksichtigung der unterschiedlichen Giftmengen die Gefährlichkeit der einzelnen Spezies abschätzen, wobei allerdings im Falle von *Atrax* zu berücksichtigen ist, daß der Mensch ungleich empfindlicher als die Maus reagiert und daß bei *A. robustus* die Männchen über ein weitaus potenteres Gift als die Weibchen verfügen.

Wie die Untersuchungen von SCHENBERG u. PEREIRA LIMA (1978) gezeigt haben, betragen die mittleren Giftmengen, gemessen als Protein, bei *Phoneutria nigriventer* nach Elektrostimulation im Sommer 1,80 mg/Spinne und im südamerikanischen Winter (der unserem Sommer entspricht) 2,50 mg/Spinne.

Wie bei Skorpionen und anderen giftigen Tieren stellen die Gifte der Spinnen ein Gemisch der verschiedensten Faktoren dar, die sich wechselseitig in ihrer Wirkung fördern. Wie schon gezeigt wurde, sorgt die Hyaluronidase dafür, daß sich die eigentlichen Toxine im Gewebe der Gebissenen ausbreiten können. Proteolytische Enzyme wie gewisse Proteasen bewirken dann bei nekrotoxischen Giften die Ausbildung von Gewebsnekrosen und die Zerstörung kleinerer Gefäße. Gerinnungshemmende Enzyme zerstören Thrombokinase oder bauen Fibrinogen ab und führen dadurch zu schweren inneren Blutungen. Phospholipasen lassen im Organismus der Gebissenen Lysolecithin entstehen, welches auf Zellmembrane zerstörend wirkt und insbesondere auch die roten Blutkörperchen angreift. Ribonukleasen unterstützen die hydrolytische Aktivität von Proteasen, Lipasen und Phosphatasen in den Giften. Diese Reihe könnte

Tabelle 11. Minimale, durchschnittliche und maximale Trockengiftmengen sowie LD_{50} für eine 20 g schwere Maus (in mg). Nach Bücherl 1971, Kaire 1963, Wiener 1957, Geren et al. 1975

Art	Trockengift nach Elektrostimulation			LD_{50}	
	Minimum	Durchschnitt	Maximum	i.v.	s.c.
Acanthoscurria atrox	0,20	2,40	8,90	0,300	0,850
Acanthoscurria musculosa	0,40	2,30	4,20	0,210	0,450
Acanthoscurria sternalis	0,30	1,00	3,10	0,300	0,620
Acanthoscurria violacea	0,20	0,60	1,50	0,280	0,610
Atrax robustus	0,08	0,31	1,60	0,2–0,350	0,4–1,200
Atrax robustus ♂					
Aspiration	–	0,175	–	–	–
Extraktion	–	0,810	–	–	–
Atrax robustus ♀					
Aspiration	–	0,280	–	–	–
Extraktion	–	2,050	–	–	–
Eupalaestrus tenuitarsus	0,40	1,30	1,80	0,950	2,100
Grammostola actaeon	0,90	3,70	5,20	0,490	1,150
Grammostola iheringi	1,00	3,80	5,20	0,450	1,000
Grammostola pulchripes	0,70	2,90	4,50	0,480	1,200
Lasiodora klugii	0,20	2,40	3,60	0,640	1,200
Latrodectus curacaviensis (?)	0,10	0,60	1,30	0,170	0,240
Latrodectus geometricus	0,10	0,30	0,50	0,230	0,450
Latrodectus mactans	0,10	0,60	1,30	0,110	0,200
Loxosceles reclusa	–	0,07	–	0,092	–
Loxosceles rufipes	0,10	0,70	1,50	0,200	0,300
Loxosceles similis	0,10	0,70	1,50	0,130	0,250
Vitalius platyomma	0,50	2,00	3,40	0,800	1,500
Vitalius roseus	0,90	1,60	3,40	0,850	1,700
Vitalius sorocabae	0,50	0,80	2,80	0,700	1,500
Vitalius tetracanthus	0,80	2,20	2,70	0,600	1,400
Phoneutria nigriventer	0,30	1,25	8,00	0,006	0,0134
Scaptocosa erythrognatha	0,30	1,00	2,05	0,080	1,250
Trechona venosa	0,06	1,00	1,70	0,030	0,070

man beliebig fortsetzen. Immer zeigt sich, wie die Wirkungen der eigentlichen Toxine, welche Peptide sind, in geradezu idealer Weise von enzymatischen Prozessen ergänzt werden.

6.3.3 Wirkung auf das Nervensystem unter Freisetzung von Neurotransmittern

Bei den neurotoxischen Spinnengiften kann man wenigsten 5 Typen unterscheiden: den *Phoneutria-*, *Latrodectus-*, *Atrax-*, *Cheiracanthium-* und *Segestria*-Typ.

Wichtigste Vertreter des *Phoneutria*-Typs sind *P. keyserlingi*, *P. nigriventer* und *Ctenopsis stellata*. Die Giftwirkung erstreckt sich auf das zentrale, periphere und autonome

Tabelle 12. Wirkung des *Phoneutria*-Giftes auf das Nervensystem. Nach Martino 1985 (verändert)

Wirkung auf		
Zentrales Nervensystem	Peripheres Nervensystem	Autonomes Nervensystem
Schmerz allgem. Exzitation → Konvulsionen Schüttelfrost Fieber Schläfrigkeit Lähmung des Atemzentrums → Tod	Rezeptorschmerz Krämpfe, u. a. Opisthotonus Sensibilitätsstörungen Störungen der Motilität	Tachykardie Blässe Schwitzen Speichelfluß Tränenfluß unregelmäßiger Puls Beklemmungsgefühl in der Brust Pupillenerweiterung Erbrechen Niesreiz Hypertonie Peniserektionen Ejakulationen

Nervensystem, wie die Übersicht zeigt. Über die pharmakologischen Wirkungen des *Phoneutria*-Giftes am intakten Tier berichteten Vellard (1936), Schmidt (1953) und Barrio (1955). Danach beobachtet man zuerst ausgeprägte Konvulsionen, Fibrillieren von Muskeln, Muskelkrämpfe und schließlich schlaffe Lähmungen. Bei Mäusen sind die Haare von Schweiß verklebt. Beim Ratten-Soleus-Gastrocnemius-Muskelpräparat wurde zunächst eine stimulierende Wirkung auf die Muskelspannung, dann Lähmung gesehen. Eine direkte Wirkung auf den Nervenstamm oder Muskel tritt nicht auf. Dagegen kommt es am innervierten oder frisch denervierten Muskel zur Erregung, dann zum Block. Gibt man das Gift zu einem 10 Tage zuvor denervierten Muskel, so beobachtet man keine Reaktion.

Die stimulierende Wirkung auf die Muskulatur kann durch Curare antagonisiert werden. Das beweist, daß das Gift an der motorischen Endplatte wirkt, wo es die Azetylcholinfreisetzung zunächst stimuliert und dann blockiert. Entwistle et al. (1982), die durch Gelfiltration 11 Fraktionen gewannen, testeten jede einzelne im Hinblick auf ihre neurophysiologische Aktivität am Heuschrecken-Femurpräparat. Ein fast neutrales Polypeptid mit dem Molekulargewicht 5 500–5 900, das 15 Aminosäuren enthielt, erwies sich am wirksamsten. Es führte zu schnellen und unkontrollierten Zukkungen der Skelettmuskeln. Bei höherer Konzentration entlud sich der Schenkelnerv repetitiv, spontan und in Reaktion auf einen elektrischen Einzelreiz. Die Wirkung auf periphere Nerven bei Ratten und Mäusen untersuchten Brock et al. (1985), Cruz-Hofling et al. (1985) sowie Fontana u. Vital-Brasil (1985).

Zum *Latrodectus*-Typ zählen nicht nur die Gifte der „Witwen", sondern auch die anderer Gattungen der Kammfuß- oder Haubennetzspinnen (Theridiidae). Besonders eingehend wurden in dieser Hinsicht die Giftwirkungen von *Steatoda paykulliana* und *Achaearanea tepidariorum* erforscht (Kazakov et al. 1985; Young et al. 1984; Usmanov et al. 1982, 1983; SOKOLOV et al. 1984; MIRONOV et al. 1985). Wie das Gift der Schwarzen Witwe bewirkt das von *S. paykulliana* am Nerv-Muskelpräparat des Frosches eine Steigerung der Frequenz von Mikropotentialen an der motorischen Endplatte. Daraus ist zu schließen, daß es auch eine Freisetzung von Neurotransmittern verursacht. Es ist ziemlich spezifisch für die präsynaptische Membran und hat keinen Einfluß auf die oxidative Phosphorilierung in den Mitochondrien und den Ionentransport.

Wie KAZAKOV et al. (1985) fanden, ist die Bildung von Kanälen für transmembranäre Ionenströme eine allgemeine Eigenschaft von Theridiidengiften. Über den Mechanismus des Ionentransports bei *S. paykulliana* berichten MIRONOV et al. (1985).

Unter verschiedenen Spinnengiften erwies sich das der kosmopolitisch verbreiteten *Achaearanea tepidariorum* bei Insekten als am potentesten (YOUNG 1984). Bei Untersuchungen am Nervensystem der Schabe zeigte sich eine präsynaptische Unterbrechung an der Synapse von Riesenaxonen.

Auch von der Trichternetzspinne *Hololena curta* (Familie Agelenidae) gewannen BOWERS et al. (1987) ein irreversibel präsynaptisch wirkendes Neurotoxin.

Die besterforschten Spinnengifte sind die der verschiedenen *Latrodectus*-Arten. Sie sind in ihrer Wirkung qualitativ einander sehr ähnlich. Alle wirken präsynaptisch, depolarisieren die Plasmamembran, induzieren massiven Kalzium-Ioneneinstrom und stimulieren die Freisetzung von Neurotransmittern. Das in 6.3.1. erwähnte α-Latrotoxin stimuliert überdies die Transmitterfreisetzung in Hirn-Synaptosomen von Meerschweinchen (NICHOLLS et al. 1982), während die Freisetzung von Insekten-Synaptosomen durch verschiedene Komponenten des Giftes bewirkt wird (KNIPPER et al. 1986). Wie WANKE et al. (1986) fanden, öffnet α-Latrotoxin auch einen kleinen nichtschließenden Kationenkanal. β-Bungarotoxin, eine Komponente aus dem Gift des Kraits (Familie Elapidae), antagonisiert die Wirkung von α-Latrotoxin an der neuromuskulären Synapse (TZENG u. TIAN 1984). Nach JANICKI u. HABERMANN (1983) stimuliert das Gift der Schwarzen Witwe die Freisetzung von methionin-enkephalinartigem Material in vitro. Es führt auch zu Interaktionen mit Liposomen (TRIKASH u. LISHKO 1985). Desgleichen kommt es zu einer Verarmung der synaptischen Bläschen an der neuromuskulären Synapse und zu einer Freisetzung von endogenem Glutamat aus dem Rückenmark des Frosches (KAWAGOE et al. 1985). BABA u. COOPER (1980) berichteten, daß das Gift der Schwarzen Witwe dieselbe Wirkung auf die Acetylin-Freisetzung und die Cholinaufnahme hat wie das der Malmignatte. Allerdings war seine Aktivität nur ¼ so stark wie das der Mittelmeerart. Möglicherweise war der Unterschied durch zu geringes Tiermaterial bedingt. Denn in anderen Versuchen fanden sich kaum Unterschiede in der Wirkungsstärke der beiden Arten.

Nach VICARI et al. (1965) hat das Malmignattengift bei Zellkulturen von Säugetieren einen direkten zytotoxischen Effekt. Es bewirkt außerdem eine Hydrolyse von Substanz P, einem Überträgerstoff der nervalen Schmerztransmission in Rückenmark und Gehirn sowie des Gewebshormons Bradykinin (HUIDOBRO-TORO et al. 1982). Bei Studien mit *L. antheratus*-Gift zeigte sich eine Kalziumabhängigkeit der Katecholaminfreisetzung am Okzipitalkortex, Hypothalamus und Nucleus caudatus von Rattenhirnen (FERNANDEZ-PARDAL et al. 1983). FRONTALI et al. (1976) fanden keine proteolytischen oder glykolytischen Eigenschaften des *L. 13-guttatus*-Giftes. Die von AKUNOV et al. (1981) aus dem Gift isolierte Kininase katalysiert die Hydrolyse von Bradykinin. α-Latrotoxin stimuliert nach GRASSO et al. (1980) die Freisetzung von Noradrenalin und

Dopamin aus neurosekretorischen Zellkulturen von Ratten-Phäochromozytomen. TZENG u. SIEKEVITZ (1979) stellten fest, daß es sich an Membranen der Großhirnrinde bindet.

Während es eine präsynaptische Blockade der Nervenüberleitung verursacht, wird die Leitung im Neuriten selbst nicht beeinträchtigt. Nach FINKELSTEIN et al. (1976) könnten für den molekularen Wirkungsmechanismus zwei Prinzipien von Bedeutung sein: einmal Permeabilitätsveränderungen für die Freisetzung von Neurotransmittern, andererseits Interaktionen mit biologischen Systemen, die die Restitution der synaptischen Bläschen hemmen. Für die Giftwirkung auf molekularer Ebene wurden von TZENG u. SIEKEVITZ (1979), GRASSO et al. (1980) und NICHOLLS et al. (1982) unterschiedliche Vorschläge gemacht. So soll der Rezeptor für α-Latrotoxin die präsynaptische Membran umspannen und sich in das Zytoplasma bis zur Oberfläche der synaptischen Bläschen erstrecken. Wenn das Toxin sich an ihn bindet, bewegen sich die Vesikel gegen die Membran. Dabei ist nach TZENG u. SIEKEVITZ (1979) Kalzium nicht notwendig, um alle Typen der Transmitterfreisetzung zu induzieren. Interessant ist die Feststellung von NICHOLLS et al. (1982), wonach α-Latrotoxin eine Zunahme der Natrium- und Kalziumleitfähigkeit der präsynaptischen Plasmamembran durch einen Mechanismus induziert, der von den klassischen spannungssensitiven Natrium- und Kalziumkanälen unabhängig ist. Das Toxin könnte dabei einige präexistierende Kanäle in der Membran aktivieren. Auch wenn das Toxin selbst der „Kanal“ ist, muß es ein Rezeptor an der Membran vor seiner Insertion binden.

Wenn man das Gift direkt in den Muskel eines Nerv-Muskel-Präparats des Frosches injiziert, kommt es zu keiner Kontraktion. Es wurde daraus geschlossen, daß es keinen direkten Effekt am Nerv oder Muskel hat. Es bewirkt dagegen initial eine vorübergehende Freisetzung von Azetylcholin, dann eine Blockierung der Transmission an der neuromuskulären Synapse von Amphibien und Säugern. Dabei werden die Mitochondrien geschädigt. Allerdings ist es nicht spezifisch für cholinerge Endstrecken und wirkt an Nervenendigungen ohne Rücksicht auf die chemische Natur der Neurotransmitter. Die Schwellung der Mitochondrien und die Agglutination der synaptischen Vesikel könnten durch den starken Ca^{2+}-Einstrom bedingt sein, während die Veränderungen der Ultrastruktur der Nervenendfaser infolge Schwellung durch den Na^{+}-Einstrom verursacht werden. Das Gift hemmt auch die Aktivität der Creatininphosphokinase (CK). Dies geht parallel zur Abnahme der synaptischen Überleitung. Da CK aktive Sulfhydyl-Gruppen aufweist, könnte es auch auf diese Gruppen einwirken. CK soll eine Rolle bei der Synthese und Freisetzung von Transmittern und bei anderen Stoffwechselprozessen spielen. Injiziert man das Gift in Mäusebeinmuskeln in hoher Konzentration, so verursacht es eine gewisse Muskelfasernekrose (DUCHEN et al. 1981).

Die Witwengifte bewirken auch eine Zunahme der Frequenz von Miniatur-Endplattenpotentialen an der neuromuskulären Synapse. GOMEZ u. QUEIROZ (1982) konnten mit dem Gift der Schwarzen Witwe die durch Botulinustoxin, ein hochpotentes Bakteriengift, verursachte Lähmung rückgängig machen.

Über einen Fall mit ungewöhnlich starker Herz-Kreislauf-Beteiligung nach *Latrodectus 13-guttatus*-Biß berichteten WEITZMAN et al. (1977). Es handelte sich um einen 25jährigen Mann, der mit Blutdruckschwankungen zwischen 120–240/80–140 bei schwachem, aber regelmäßigem, wenn auch beschleunigtem Puls von 110/min rea-

Tabelle 13. Wirkung des *Latrodectus*-Giftes auf das Nervensystem durch allgemeine Erregung cholinerger Fasern. Nach MARTINO 1985 (verändert)

Zentrales Nervensystem, u. a. durch Katecholamin-freisetzung	Neuromuskuläre Synapsen	Autonomes (sympathisches und parasympathisches) Nervensystem
Unruhe Angst Todesfurcht Zittern Kopfschmerz Schlaflosigkeit Weinkrämpfe Delirium	Kontrakturen der Skelettmuskulatur, Grimassieren (facies latrodectismica)	Tachykardie, Übelkeit, Erbrechen, Beklemmungsgefühl in der Brust, Schwitzen, Speichelfluß, Mundtrockenheit, Tränenfluß, unregelmäßiger Puls, Pupillenerweiterung, Niesreiz, Nasenausfluß, Hypertonie, generalisierte Hyperästhesie, Peniserektionen, Ejakulationen

gierte. 3 Tage nach der Krankenhauseinweisung klagte er plötzlich über Herzklopfen, präkordialen Schmerz und profuses Schwitzen. Der Blutdruck schwankte beträchtlich, der Puls wurde unregelmäßig und schwach. Im EKG, das zuvor eine Sinustachykardie gezeigt hatte, war jetzt Vorhofflimmern (180–220/min) erkennbar. Gleichzeitig fanden sich hohe Spiegel von Vanillinmandelsäure im Harn als Zeichen einer gesteigerten Katecholaminsekretion, wie sie für Streßsituationen bezeichnend ist.

Ähnlich wie das Gift von *Phoneutria* stimuliert auch das der Witwen das autonome Nervensystem (vgl. Tabelle 13).

Bei Mäusen erwies sich das Gift von *Pterinochilus* gleichfalls als neurotoxisch. Die Tiere zeigten in höchstem Maße Erregung, Speichel- und Tränenfluß, tetanische Konvulsionen, Dyspnoe und Zeichen von Lähmung (MARETIC 1967). Bei Meerschweinchen wies das EGK abgeflachte oder negative T-Wellen auf. Das Gift durchdringt die Blut-Hirn-Schranke (PERRET 1974). Der Tod erfolgt durch Atemlähmung (BACHMANN 1982). Auch das Gift der Vogelspinne *Vitalius roseus* enthält eine neurotoxische Komponente.

Über den Wirkungsmechanismus der Neurotoxine von *Harpactirella* und *Cheiracanthium* ist nichts bekannt. Aus dem Gift von *Allohogna singoriensis* (Familie Lycosidae) isolierten GRISHIN et al. (1979) ein Toxin, das die Leitfähigkeit glattmuskulärer Kalziumkanäle steigert.

Die *Atrax*-Gifte wirken direkt auf die Nervenfasern, wo sie multiple Aktionspotentiale hervorrufen, erregen das sympathische und parasympathische Nervensystem, verursachen aber im Gegensatz zu *Latrodectus*-Gift keinen dauerhaften Schaden am Nervengewebe. Es tritt auch keine deutliche Entleerung der synaptischen Bläschen auf. Durch Beeinflussung motorischer Nerven kommt es zu generalisierten faszikulären Zuckungen. Da das spontane Zucken durch d-Tubocurarin, Tetrodotoxin oder erhöhten Magnesiumgehalt antagonisiert werden kann, schlossen GAGE u. SPENCE (1977), daß die Muskelfaszikulation durch Azetylcholinfreisetzung von den präsynaptischen Nervenendigungen erfolgt. Das Atraxotoxin bewirkt nämlich eine allgemeine Freisetzung von Azetylcholin an den motorischen Endplatten und ihren Synapsen. Diesen Autoren zufolge greift es an der Oberflächenmembran der Nervenfasern an. Bei den

Tieren, die gegen das Gift mehr oder weniger resistent sind, findet sich im Plasma oder Serum ein sogenannter *Atrax*-Gift-Hemmer (AVI). Die Wirkungen an den motorischen Endplatten können durch Gallamin, Suxamethonium, Lignokain und das Beruhigungsmittel Diazepam blockiert werden.

Wenn man den Muskel direkt reizt, bewirkt ein einzelner Stimulus eine faszikuläre Zuckung. Diese kann durch Dephenylhydantoin, ein Antiepileptikum, vermindert werden. Durch das Gift konnten auch spontane Entladungen bei nichtgereizten Nerven nachgewiesen werden, was dafür spricht, daß die faszikulären Zuckungen eher durch Angriff an den Nervenfasern selbst als durch direkte Beeinflussung des Azetylcholinfreisetzungsprozesses ausgelöst werden. Es hat den Anschein, daß das *Atrax*-Gift das elektrische Feld in der Nervenmembran so verändert, daß die Natriumkanäle aktiviert werden, obgleich das transmembranäre Potential normal bleibt.

Bekanntlich zählen zu den Symptomen einer *Atrax*-Vergiftung u. a. Hypertonie und Tachykardie, denen Hypotonie und Herzstillstand folgen. Dies beruht teilweise auf einer direkten Stimulation α-adrenerger Rezeptoren an adrenergen Nervenendigungen. Es kommt zu einer arteriellen Vasokonstriktion. Der Perfusionsdruck wird, wie MORGANS u. CARROLL (1977) an menschlichen Temporalarterien nachwiesen, dosisabhängig gesteigert. Diese Reaktion kann durch den α-Rezeptorenblocker Phentolamin blockiert werden. Der vasokonstriktorische Effekt ist aber nicht so ausgeprägt, daß er die bei einem *Atrax*-Biß zu beobachtende Hypertoniereaktion erklären könnte. In einer ein Jahr später veröffentlichten Studie kamen die Autoren zu der Feststellung, daß an isolierten Herzvorhofstreifen initial die Kontraktionsrate und die Kontraktionsstärke abnimmt, während beide später zunehmen. Die Zunahme kann durch den β-Rezeptorenblocker Propranolol verhindert werden, die Abnahme durch Atropin. Dies spricht für eine direkte Wirkung auf das Myokard, bei der die Freisetzung von Noradrenalin aus myokardialen Speichern erfolgt, so daß es zur Reizung von β_1-Rezeptoren kommt. Die Initialphase der Wirkung wird mit einer Freisetzung von Azetylcholin erklärt. Aber auch diese direkte Herzwirkung ist nicht ausreichend, um die hypertensiven Wirkungen des Gifts am Ganztier zu erklären. Man vermutet daher eine Kombination von Wirkungen auf das autonome Nervensystem, bei der u. U. die Freisetzung von Adrenalin und Noradrenalin aus dem Nebennierenmark eine Rolle spielt.

Zu den Spinnengiften mit neurotroper Wirkung gehört auch das der großen südeuropäischen Kellerspinne *Segestria florentina.* Hier fanden USMANOV et al. (1985), daß das Gift die Natriumkanäle inaktiviert, so daß der Herzmuskel vom Beginn des Aktionspotentials bis kurz vor dessen Ende refraktär bleibt.

Nephila clavata, die in Japan „Joro“ genannte Seidenspinne, die über Indien, Burma, China und Taiwan gleichfalls verbreitet ist, verfügt über ein Gift, das nach KAWAI et al. (1982) die neuromuskulären Synapsen des Hummers beeinflußt. Es blockiert glutaminerge Synapsen. Eine ähnliche Wirkung auf glutaminerge und cholinerge Synapsen fanden USMANOV et al. (1983) beim Gift der großen Radnetzspinne *Argiope lobata.* KAWAI et al. (1983) ermittelten einen spezifischen Antagonismus des Giftes der Radnetzspinne *Araneus ventricosus* auf Glutamatrezeptoren, VYKLICKY et al. (1986) fanden, daß das Gift der Gemeinen Kreuzspinne *Araneus diadematus* Glutamatkanäle bei Rückenmarksneuronen von Küken öffnet und desensibilisiert. Auch das Gift der neuseeländischen Finsterspinne *Ixeuticus martius* beeinflußt die neuromuskuläre Übertragung bei Insekten (FRANKLIN u. FIELD 1985).

6.3.4 Nekrotische Wirkungen

Ein für Schaben und Mäuse giftiges Nekrotoxin, das frei von Alanin, Arginin, Histidin, Methionin und Tyrosin ist, isolierten LEE et al. (1974) aus dem Gift von *Aphonopelma hentzi.* Es handelt sich um ein basisches Polypeptid mit 16 Lysinen und 1 Tryptophan pro Molekül. Interessanterweise ging die Toxizität verloren, wenn das Tryptophan durch N-Bromsuccinimid modifiziert wurde. Dieses Nekrotoxin greift bei Mäusen am Herz an, was sich an erhöhten CK-Serumwerten demonstrieren ließ. Histopathologisch fanden sich akute Herde von Myokardnekrose. Über Muskelnekrosen bei weißen Mäusen nach dem Gift der Vogelspinne *Aphonopelma seemanni* berichten HERRERO u. GUITIERREZ (1984). Über den Wirkmechanismus der nekrotischen Giftkomponenten von *Cheiracanthium, Scaptocosa* und *Phidippus* liegen noch keine Ergebnisse vor. Während die über Argentinien, Chile und Peru verbreitete sechsäugige Krabbenspinne *Sicarius terrosus* lediglich lokale Giftwirkungen mit Nekrosen hervorruft, bewirkt das Gift der süd- und südwestafrikanischen Arten außerdem Schädigungen von Herzmuskel, Leber, Lunge und anderen inneren Organen. Durch Störung der Gerinnungsfaktoren kommt es bei Versuchstieren zu ausgedehnten inneren Blutungen, besonders aufgrund einer Inaktivierung des Faktors VIII (Antihämophiles Globulin) (NEWLANDS 1984). Kaninchen sterben innerhalb von 5–16 Stunden nach einem Biß, können jedoch durch Serumtherapie am Leben erhalten werden. Trotzdem entwickeln sich innerhalb von 4 Tagen massive Gewebszerstörungen.

Die besterforschten Nekrotoxine von Spinnen sind die der *Loxosceles*-Arten. Am stärksten reagieren darauf Hunde, Kaninchen und Meerschweinchen. Mäßig ist die Wirkung bei Hamstern, Tauben, Küken und Kröten, gering bei Fröschen, während sie bei Ratten und Fischen gänzlich fehlt. Bereits 1970 konnten SMITH u. MICKS durch das bei leukämischen Erkrankungen anwendbare Präparat Stickstoff-Lost bei Kaninchen die Zahl der zirkulierenden polymorphkernigen Leukozyten weitgehend reduzieren. Die so behandelten Tiere entwickelten im Gegensatz zu unbehandelten keine nekrotischen Hautläsionen. Dieselben Autoren konnten entsprechende Ergebnisse auch bei Tieren erzielen, die mit dem Hefe-Polysaccharid Zymosan und/oder Humangammaglobulin vorbehandelt worden waren, um das Komplementsystem zu erschöpfen. Bei Meerschweinchen erzielten GEBEL et al. (1979) mit Zymosan die gleichen Ergebnisse. Sie fanden darüber hinaus, daß Meerschweinchen mit Mangel an dem Komplementfaktor C 4 genauso empfindlich auf das Gift reagieren wie normale Tiere.

Daß das Gift von *L. reclusa* das Komplementsystem inaktiviert, und zwar nach rapider Aktivierung dieses Systems, hatten zuerst KNIKER et al. (1969) festgestellt. Als Grund für die nekrotischen Läsionen vermuteten BUTZ et al. (1971) lokale intravaskuläre Blut-Koagulation an der Bißstelle. BASCUR et al. (1982) fanden bei Kaninchen, daß das Gift von *L. laeta* Fibrinogengehalt und Thrombozytenzahl vermindert und daß die Abbauprodukte des Fibrinogens und Fibrins 12 Stunden nach Giftexposition vermehrt auftreten. Das alles sind typische Folgen einer disseminierten intravaskulären Koagulation durch ein Prokoagulans mit kurzer in-vivo-Lebensdauer. Die Hemmung des Komplementsystems erfolgt durch Sphingomyelinase D, wie FORRESTER et al. (1983) in bezug auf das Gift von *L. reclusa* nachweisen konnten. REES et al. (1984) vermuten, daß Interaktionen des Gifts mit Substanzen an Zellmembranen der diese Reaktion anregende Mechanismus sind.

6.3.5 Systemische Wirkungen der Loxosceles-Gifte

Mäuse reagieren auf *L. reclusa*-Gift nicht mit nekrotischen, sondern mit systemischen Läsionen (Schäden an Leber, Niere, Herz und Zentralnervensystem), was auch durch Anstieg der Serumenzyme nachweisbar ist. U. a. finden sich Isozyme der Laktatdehydrogenase, die für die genannten Organe spezifisch sind. Auch das Gift von *L. laeta* verursacht bei Mäusen keine Hämolyse, sondern nur systemische Reaktionen (Moran et al. 1981). Die systemischen Wirkungen treten sehr schnell ein, weshalb die Serumtherapie bei Mäusen keinen Wert hat, wenn sie mehr als 30 min nach Giftexposition angewandt wird (Beckwith et al. 1980). Im Hinblick auf einige Parameter fanden sich Unterschiede zwischen den Giftwirkungen von *L. reclusa* und *L. laeta*. Während nach Gabe von *L. reclusa*-Gift Serumnatrium, -kalium und -kalzium sowie Hämatokrit praktisch nicht verändert sind, ist der Hämatokrit nach *L. laeta*-Gift erhöht, was eine Abnahme des Plasmavolumens anzeigt. Das gleiche Toxin aus dem *L. reclusa*-Gift verursacht nekrotische Läsionen und systemische Effekte bei Kaninchen, aber lediglich systemische Wirkungen bei Mäusen. Dabei spielen das Komplementsystem und das C-reaktive Protein eine Rolle, obgleich vieles hier noch ungeklärt ist. Auf jeden Fall scheint festzustehen, daß die intravaskuläre Hämolyse kein Symptom einer systemischen Reaktion ist.

6.3.6 Hämolytische Wirkungen der Loxosceles-Gifte

Wie in 6.2.5. berichtet, reagieren 13 % der von *Loxosceles laeta* Gebissenen mit hämolytischer Anämie und Hämoglobinurie (Schenone u. Suarez 1978). Bereits 1964 fanden Denny et al. bei Hunden, die mit Giftdrüsenextrakt von *L. reclusa* behandelt worden waren, Anzeichen von intravaskulärer Hämolyse. Bei in-vitro-Versuchen mit roten Blutkörperchen des Menschen, zu denen durch Elektrostimulation gewonnenes Gift gegeben wurde, trat gleichfalls Hämolyse auf. Forrester et al. (1978) berichteten über einen kalziumabhängigen hämolytischen Faktor im Gift, der auch Sphingomyelinase-

Tabelle 14. Nekrotoxische, hämolytische und systemische Wirkung des *Loxosceles*-Giftes. Nach Martino 1985 (verändert)

Direkte toxische Zellschädigung durch die Toxine 1 und 2 → Zelltod
Interferenz mit zellulärem ATP → Zelluläre Hypoxie → Zelltod
Gerinnungsfördernde Wirkung durch Toxin 1 und 2 → Vaskuläre Thrombose → Zelltod
Endotheliale Gefäßentzündung durch Sphingomyelinase D → Vaskuläre Thrombose → Zelltod
Aktivierung des Komplementsystems → Vaskuläre Thrombose → Zelltod
Neutrophilen-Chemotaxis → Entzündung → Vaskuläre Thrombose → Zelltod
Hämolyse → Tubulopathie → Nierenschädigung → Niereninsuffizienz
Systemische Vaskulitis → Hypovolämie → Schock → Nierenrindennekrose → Niereninsuffizienz
Verbrauchskoagulopathie → Hämorrhagien → Hypovolämie → Schock → Nierenrindennekrose → Nierenschädigung → Hämoglobinurie → Niereninsuffizienz → Tod

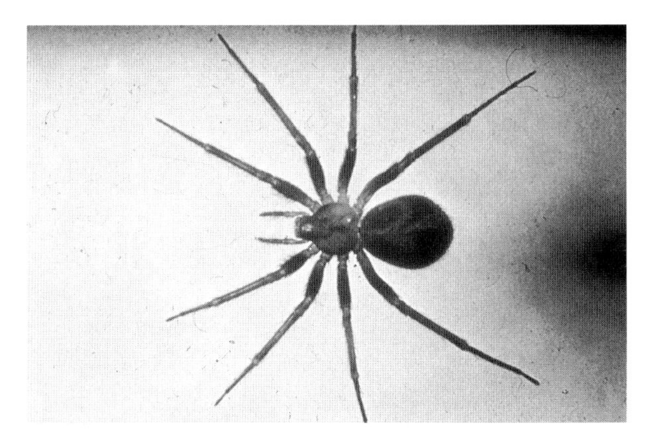

Abb. 45. *Loxosceles laeta*, gefährlichste südamerikanische Einsiedlerspinne. Aufn. H. LIESKE

Aktivität aufwies. REKOW et al. (1983) fanden 96% der Gesamthämolyse-Aktivität im Abdomen und 4% im Cephalothorax, jedoch keine Aktivität im Giftdrüsenextrakt. Das steht im Widerspruch zu den klinischen Ergebnissen. MORGAN et al. (1978) stellten fest, daß die Hämolyse bei 37 °C, nicht aber bei 4 °C eintritt. Anwesenheit von EDTA, eines Chelatbildners, verhindert sie. Auch Komplementhemmer beenden sie augenblicklich. Nach HUFFORD u. MORGAN (1981) spielt bei diesen Prozessen die Anwesenheit des C-reaktiven Proteins, das bei Entzündungsreaktionen und Nekrosen vermehrt ist, eine Rolle. Wie BERGER (1973) bereits ausgeführt hatte, reagieren Menschen sehr unterschiedlich auf den Biß von *L. reclusa*, einige vielleicht überhaupt nicht. Es scheint demnach möglich zu sein, daß insbesondere diejenigen stärker reagieren, deren Blut für eine solche Hämolyse empfindlich ist. Hinzu kommt, daß in einigen Fällen, in denen über hämolytische Reaktionen berichtet worden war, die Spinne selbst gar nicht exakt determiniert wurde. Das Problem der Hämolyse bei *L. reclusa* ist also noch in vieler Hinsicht offen. Gleiches gilt übrigens auch für *L. rufescens*, in deren Gift SMITH u. MICKS (1968) keine hämolytische Aktivität fanden.

MAJESKI et al. (1977) berichteten, daß das Gift von *L. reclusa* eine Hemmwirkung auf die Chemotaxis menschlicher neutrophiler Leukozyten aufweist. GEBEL et al. (1979) stellten fest, daß Giftinkubation mit gereinigtem Komplement C 3 oder C 5 kein Chemotaxin bildet, wohl aber mit Serum, dem C 4 oder Properdin (eine Serumkomponente, die zusammen mit Komplement der körpereigenen Infektabwehr dient) fehlt.

Von allen bis jetzt untersuchten Spinnengiften hat nur das von *L. reclusa* eine direkte Wirkung auf das Komplementsystem. Inkubation des Giftes mit Komplement kann ein Chemotaxin für neutrophile Leukozyten bilden. Nach KURNIEWSKI et al. (1981) könnte der Inaktivierung des Komplements eine rasche Aktivierung der Komplement-Kaskade folgen.

6.4 Prophylaxe und Therapie von Spinnenbißvergiftungen

Wie deutlich wurde, sind nur die wenigsten Spinnen in der Lage, den Menschen durch Bisse ernsthaft zu schädigen. Selbst ausgeprochene Giftspinnen sind in den meisten Fällen überhaupt nicht aggressiv. Unfälle durch Spinnen kommen entsprechend selten

Tabelle 15. Leitfaden bei Verletzung durch Gifttiere. Nach WERNER (verändert)

Maßnahme	Wichtige Gesichtspunkte	Bemerkungen
Anamnese	Verletzung durch Gifttier oder anderen spitzen Gegenstand? Zeitpunkt? Identifizierung des Tieres?	Ruhige Befragung bringt mehr als hektische Aktivität
Befund	Nur Lokalbefund? Bißmarken? Ödem? Erythem? Blasenbildung? Lymphangitis? Schmerz? Blutdruck? Puls? Temperatur? Übelkeit? Erbrechen? Parästhesien? Gerinnungsstörungen? Krämpfe? Hämaturie? Schockerscheinungen?	Erstbefund entscheidet über weiteres Vorgehen
Wundreinigung	Spülen mit Wasser oder einem Desinfizienz	Keine Inzisionen, kein Aussaugen!
Kühlung	Nur kaltes Wasser, kein Eis, keine Kältepackungen	Eisanwendung kann Nekrosebildung verstärken
Immobilisierung	Ruhigstellung der betroffenen Extremität, liegender Transport	Bewegung fördert die Ausbreitung des Giftes
Analgetika	Paracetamol, Acetylsalizylsäure, keine dämpfenden oder atemdepressiv wirkenden Analgetika	Morphinderivate und Barbiturate sind kontraindiziert
Vorbeugung und Behandlung von Schock	Viel trinken lassen! Kein Alkohol! Wenn möglich, parenterale Flüssigkeitszufuhr	
Überwachung	Wenn möglich, 24 Stunden stationär beobachten	

vor und verlaufen in den allermeisten Fällen harmlos. Die wenigen gefährlichen Arten von medizinischer Bedeutung kommen nur ganz selten dort vor, wo auch Menschen leben (Ausnahme: *Atrax, Latrodectus, Loxosceles, Phoneutria, Scaptocosa).* Hier aber gilt es, sich vor Bissen zu schützen. Das bedeutet, daß man giftige und unbekannte Arten nicht anfaßt und daß man in Gegenden, in denen *Loxosceles*-Arten oder *Scaptocosa* sp. in menschliche Behausungen eindringen können, zunächst einmal dafür sorgen sollte, daß dies verhindert wird. Türen und Fenster sollten nicht unkontrolliert offenstehen. Fenster sind durch Fliegengaze gegen das Eindringen von Spinnen zu sichern. In Kellerräumen sind die natürlichen Beutetiere der Spinnen zu vernichten (Silberfische, Schaben, Asseln usw.). Sind Giftspinnen bereits angesiedelt, z. B. auch in Schuppen und Scheunen, so sollte eine chemische Bekämpfung mit Malathion oder anderen Insektiziden versucht werden. Außerdem sind die natürlichen Feinde der betreffenden Spinnen wie Wegwespen (Pompiliden) und Grabwespen (Spheciden) zu schonen. In Japan beispielsweise wird *Cheiracanthium japonicum* durch *Homonotus iwatai* reguliert (ORI 1976). Zur biologischen Bekämpfung von *Latrodectus* eignen sich die Scelionidenwespe *Baeus latrodecti* und die kleine Fliege *Gaurax aranease.*

Bei den meisten Spinnenbissen ist eine medizinische Versorgung unnötig. Die Symptome verschwinden ohnehin – falls sie sich überhaupt manifestieren – spätestens innerhalb einiger Tage, oft schon innerhalb von Stunden. Wenn überhaupt etwas unternommen werden muß, dann wirkt Kühlung mit kaltem Wasser (Tabelle 15) lindernd. Eventuell kann man zur Verhinderung örtlicher Entzündungen eine Kortikoidsalbe anwenden. Nur bei Spinnenbissen, die die Epidermis penetriert haben, ist etwa vom 2. Tag nach dem Biß ggf. eine Therapie einzuleiten, die auf die Verhinderung von Sekundärinfektionen abzielt.

Da die meisten Menschen, die von Spinnen gebissen werden, übersteigerte Angstreaktionen erkennen lassen, ist als wichtigste Primärmaßnahme die Beruhigung der Patienten erforderlich. Dies gilt sowohl bei Zwischenfällen durch harmlose als auch besonders bei solchen durch gefährliche Arten. Falls dies mit Worten allein nicht gelingt, sollte man nicht zögern, möglichst frühzeitig Tranquilizer einzusetzen (vgl. auch 7.).

6.5 Bedeutung von Spinnengiften in der Medizin

In der Vergangenheit hat es nicht an Versuchen gefehlt, Spinnengift therapeutisch einzusetzen. Die Indianer Südamerikas lassen sich von Vogelspinnen beißen, um die antirheumatische Wirkung ihrer Gifte zu nutzen. Gute Resultate bei Periarthritis humeroscapularis, Ischialgie, Neuralgie, chronischer Polyarthritis, Spondylarthritis und degenerativer Arthropathie erzielten JELASIĆ et al. (1955), die ihren Patienten Homogenate von *Latrodectus*-Giftdrüsen in ansteigenden Dosen applizierten. Schmerz und Schwellungen nahmen ab oder verschwanden ganz, und die Beweglichkeit wurde verbessert. Mit dem Gift von *Araneus ixobolus* (*Nuctenea umbratica*?) hatte POOCH (1953) hervorragende Ergebnisse bei Asthma bronchiale, chronischem Rheumatismus, Arthrosen, Neuralgie und Ulcus duodenale.

In der Homöopathie wird die Vogelspinne *Avicularia avicularia* in der Urtinktur verwandt. Leider gelang es nicht, die hypnotischen Wirkungen der Gifte gerade der größten südamerikanischen Theraphosiden in den Arzneimittelschatz einzufügen, z. B. als milde Schlaf- und Beruhigungsmittel. Das liegt daran, daß sie durch die Magen-Darm-passage ihre Wirkung verlieren, also ständig injiziert werden müßten. Die spektakulärsten Entdeckungen im Hinblick auf die Verwendung von *Latrodectus*-Gift gelangen STERN u. VALJEVAC (1972). Sie fanden, daß es *Botulinus*-Toxin antagonisiert. Während *Latrodectus*-Toxin Acetylcholin an den Nervenendigungen freisetzt, inhibiert *Botulinus*-Toxin seine Freisetzung. Bei Mäusen erzielten die Autoren durch das Spinnengift eine wesentliche Lebensverlängerung der mit *Botulinus*-Gift vorbehandelten Tiere und konnten in späteren Versuchen solche Tiere sogar völlig heilen, wenn die durch *Latrodectus*-Gift verursachten Bronchialspasmen durch Salbutamol verhindert wurden. Drei Jahre später konnten STERN et al. (1975) mit Latrodectus-Gift bei der progressiven Muskeldystrophie Typ Duchen der Ratte und der genetischen Dystrophie der Maus Veränderungen in der Muskulatur verhüten und eine funktionelle Besserung erzielen. Entsprechende humanmedizinische Ergebnisse stehen noch aus.

7. Was tun bei Unfällen?

Wenn jemand trotz aller Vorsicht von einem unbekannten oder gefährlichen Skorpion gestochen oder einer möglicherweise giftigen Spinne gebissen wurde (bzw. wenn der Betroffene sich nicht sicher ist, daß eine harmlose Art den Zwischenfall verursachte!), dann sollte rasch ein kundiger Arzt aufgesucht werden. Im Idealfall sollte das betreffende Tier möglichst lebend zur Behandlung mitgebracht werden, um abzuklären, ob es sich um eine gefährliche oder vielleicht nur um eine große, aber harmlose Art handelt (vgl. 6.1.). Bei zertretenen Spinnen oder Skorpionen ist es meist nicht mehr möglich, eine einigermaßen sichere Bestimmung durchzuführen bzw. durchführen zu lassen. Nur nach Identifizierung des „Übeltäters" kann der Arzt entscheiden, ob eine spezifische Therapie oder nur eine symptomatische Behandlung angezeigt ist. Bei Unfällen mit eingeschleppten Skorpionen oder Spinnen sind Ärzte mit tropenmedizinischer Ausbildung oder tropenmedizinische Institute besonders qualifiziert. Eine fachgerechte Versorgung ist schon deshalb wichtig, weil sowohl unbehandelte als auch nicht richtig behandelte Stich- bzw. Bißstellen selbst harmloser Arten zu erheblichen Sekundärinfektionen mit Rötung, Schwellung, Eiterung und Geschwürbildung führen können. Es entstehen dann ausgedehnte und z.T. behindernde Narben.

Ist ein Arzt nicht zu erreichen, was bei Expeditionen in abgelegene Gebiete durchaus möglich ist, so muß dem Verletzten eine den Umständen angemessene Versorgung zuteil werden. Die in solchen Fällen früher gegebene Empfehlung, abzubinden, leichte Einschnitte um die Stich- bzw. Bißstelle herum zu setzen und zu versuchen, das Gift ab- oder auszusaugen, ist neuerdings umstritten. Dennoch erscheint mir der Einsatz von den inzwischen recht brauchbaren, mit Absaugvorrichtung versehenen Inzisionsapparaten vertretbar, wenn eine anschließende Versorgung der Wunde gewährleistet ist.

Zur Verdünnung des bereits im Kreislauf befindlichen Gifts werden 200–500 ml 0,9%ige (physiologische) Kochsalzlösung infundiert. Eine Schmerzbekämpfung mit Analgetika und Ruhigstellung des Patienten mit Tranquilizern, evtl. auch mit Chlorpromazin, ist bei ausgeprägter Angstsymptomatik oft erforderlich. Häufig ist die Tranquilizer-Applikation überhaupt die wichtigste Maßnahme, da jede motorische Unruhe die Ausbreitung des Gifts im Körper beschleunigt. Auf jeden Fall sollte versucht werden, nach einer solchen Notversorgung so schnell wie möglich ärztliche Hilfe in Anspruch zu nehmen.

Stellt sich heraus, daß eine der lebensbedrohenden Arten für den Zwischenfall verantwortlich war, so steht die spezifische Serumtherapie an erster Stelle. Frühestmögliche Applikation ist von größter Bedeutung. Seren gegen die medizinisch wichtigsten Arten sind in vielen Ländern vorrätig. Nicht ganz so günstig ist eine Behandlung mit einem polyvalenten (= gegen mehrere Arten wirksamen) Serum, das gegen die in einem bestimmten Gebiet hauptsächlich vorkommenden Arten deutlich wirkt.

Oft wird die Frage gestellt, ob man sich vor einer Expedition in Gebiete, in denen gefährliche Arten leben, die entsprechenden Seren besorgen soll. Grundsätzlich ist so etwas zu bejahen, aber nur dann, wenn sichergestellt ist, daß die Seren auch kühl gelagert werden können. Andernfalls werden sie wirkungslos. Ist dann der Ernstfall eingetreten, so injiziert man möglichst innerhalb der ersten zwei Stunden zur Hälfte i.v. und zur anderen Hälfte i.m. Bei intramuskulärer Gabe wird – soweit vorhanden – zusätzlich Hyaluronidase injiziert, was die Diffusion des Serums beschleunigt. Die Serumdosis ist so zu bemessen, daß sie die Giftmenge, die bei einem Stich oder Biß in den Körper gelangen kann, neutralisiert. Eine ungezielte Serumgabe ist abzulehnen, da z.B. das *Buthus occitanus*-Serum nicht oder nicht ausreichend gegen *Androctonus*-Gift schützt. Bei Bewußtlosigkeit sind Erste-Hilfe-Maßnahmen wie Seitenlage bei Erbrechen und Vermeidung oraler Flüssigkeitszufuhr wegen Aspirationsgefahr zu beachten. Weiterhin ist eine antibiotische Behandlung zur Vermeidung bakterieller Sekundärinfektionen notwendig. In schweren Fällen von Atemlähmung muß künstlich beatmet werden. Bei Schock und hyperergischen Reaktionen einschließlich Mukosaschwellungen der Atemwege sollten Glukokortikoide (Nebennierenrindenhormone) injiziert werden. Die Initialdosis beträgt unter Umständen bis zu zweimal 250 mg Prednisolonäquivalent am ersten Tag. Die Fortsetzung dieser Therapie erfolgt mit absteigenden Dosen über 3–5 Tage. Wegen ihrer depressiven Wirkung auf das Atemzentrum sind Barbiturate sowie Morphin und seine Derivate strikt kontraindiziert. Man achte also darauf, daß sich in den Schmerzmitteln keine Barbiturate befinden.

Eine Besonderheit stellt die Herz-Kreislauf-Behandlung dar. Ist sie erforderlich, so gilt es vor allen Dingen, ein Lungenödem zu verhindern. Dabei ist es wichtig, die β- und α-adrenergen Wirkungen der Gifte zu antagonisieren. β-Blocker allein sind nicht ausreichend, wie POON-KING (1963) und SKLAROVSKY (1969) nachgewiesen haben. GUERON et al. (1980) und GRUPP et al. (1980) berichteten, daß eine Kombination von β- und α-Blockern sich als besonders wirkungsvoll erwies. Allerdings war von den α-Blockern nur Phentolamin geeignet. Eine solche Kombination ist immer dann in Erwägung zu ziehen, wenn eine Übererregung des sympathischen Nervensystems im Vordergrund der Symptomatik steht. Falls im klinischen Bild cholinerge Wirkungen dominieren, sollte nach GAJALAKSHMI (1978), CANTOR et al. (1977) und GUERON et al. (1980) Atropin eingesetzt werden, aber nur dann, denn andernfalls verschlimmert es die sympathikomimetischen Gifteffekte. Ganglienblocker sind wirkungslos. Afterloadsenkung mit anderen Substanzen als Phentolamin bzw. Kalziumantagonisten ist nicht bekannt, wie denn auch positiv inotrope Pharmaka wie Digitalis offensichtlich nichts nützen, sondern eher schaden. Wichtig ist, daß die Herz-Kreislauf-Behandlung unabhängig von der Serumtherapie durchgeführt werden muß. Denn nach ZLOTKIN et al. (1978) erreicht die Serumtherapie nichts bei der kardialen Manifestation einer Skorpionvergiftung. Unabdingbar ist die adjuvante Therapie zur Korrektur der Symptome eines gestörten Gasaustauschs (GUERON et al. 1980) und einer durch Lungenödem verursachten Azidose. Das bisweilen praktizierte Umspritzen der Stichstelle mit Adrenalin kann nicht generell empfohlen werden, da Adrenalin als Sympathikomimetikum die adrenergen Wirkungen des Gifts verstärken könnte.

Bei Bissen von *Latrodectus*-Arten mit Ausnahme von *L. geometricus, L. pallidus* und *L. bishopi* ist eine Antivenin-Therapie insbesondere dann angezeigt, wenn es sich um Kinder, ältere Personen und Herzpatienten handelt. Es stehen die verschiedensten Seren zur Verfügung, z. B. Lyovac von MSD. Dabei ist wichtig zu wissen, daß die Gifte von *L. 13-guttatus, L. lugubris, L. mactans, L. cinctus* und *L. hasselti* in ihren Antigeneigenschaften identisch oder sehr nahe verwandt sind (MARETIC u. LEBEZ 1979). Das deutet auf die nahe taxonomische Verwandtschaft der genannten Arten, was durch ihre Biologie, insbesondere das Werbeverhalten, bestätigt wird (SCHMIDT 1989). Das Immunserum wirkt noch nach 80 Stunden nach einem Biß. In leichteren Fällen und additiv wird symptomatisch behandelt. Krämpfe erfordern Muskelrelaxantien; bei allergischen und entzündlichen Prozessen, Juckreiz sowie tetanischen Krämpfen hilft Ca-Gluconat in 10- bis 20%iger Lösung sowie Magnesiumsulfat i.v. In jedem Fall sind starke Analgetika erforderlich (WERNER im Druck).

Bei Zwischenfällen mit *Phoneutria fera, P. keyserlingi* und *P. nigriventer* steht therapeutisch die Gabe von Immunserum an erster Stelle. Dies vor allem dann, wenn reife Weibchen gebissen hatten. Mit der Serumgabe sollte nicht allzulange gewartet werden, auch wenn sich gezeigt hat, daß selbst 12 Stunden nach einem Biß injiziertes Serum noch hilft. Zusätzlich erfolgt eine symptomatische Therapie durch Analgetika, Muskelrelaxantien, Tranquilizer und, sofern erforderlich, Kardiaka und vasoaktive Substanzen. In schweren Fällen von Atemlähmung ist künstliche Beatmung angezeigt.

Auch die Behandlung von *Atrax robustus*-Vergiftungen besteht in der Gabe von Immunserum, das auch das Gift der extrem gefährlichen Weibchen von *A. formidabilis* neutralisiert und gegen das Toxin der nicht ganz so gefährlichen Toowooba-Spinne *A. infensus* wirksam ist. Symptomatisch erfolgt die Behandlung mit Atropin, Benzodiazepinen, Plasmaexpandern, Diuretika, Antibiotika, Muskelrelaxantia und β-Rezeptorenstimulatoren.

Zur Behandlung von Bißverletzungen durch große Wolfspinnen stand bis vor kurzem in Brasilien ein spezifisches Antiserum zur Verfügung. Da eine Serumbehandlung jedoch unnötig ist, wurde die Produktion inzwischen eingestellt. Superinfektionen durch Bakterien werden mit Lokalantibiotika verhindert. Gegebenenfalls ist auch hier Calciumgluconat angezeigt. Nur in 7,6 % aller Fälle war zur Schmerzbekämpfung Lokalanaesthesie nötig (Ribeiro et al., zit. nach Lucas 1988).

Gegen *Loxosceles*-Vergiftungen gibt es in Amerika Immunserum, in Südafrika nicht. Hier hat sich ein in der Veterinärmedizin übliches Präparat, das 10 % Chloramphenicol und Gentianaviolett enthält, überraschend gut bewährt. Dies wahrscheinlich deshalb, weil es in der Lage ist, Sekundärinfektionen durch Bakterien und Pilze zu verhindern (Newlands u. Atkinson 1988). Hat man sich entschlossen, bei Loxoscelismus eine Serumtherapie anzuwenden, so ist darauf zu achten, daß die Serumgabe innerhalb von 36 Stunden nach dem Biß erfolgt.

Bei der viszerokutanen Form kommen gegebenenfalls Austauschtransfusionen, Peritonealdialyse und Hämodialyse mit künstlicher Niere in Betracht. Im übrigen gilt auch hier, Hautnekrosen durch Kortikoide, Antikoagulantia und Antithrombotika sowie bakterielle Superinfektionen durch Lokalantibiotika zu bekämpfen. Zum therapeutischen Arsenal zählen weiterhin analgetische Behandlung, Ruhigstellung, Kühlung, Kalziumglukonat i.v. und Magnesiumsulfatinjektionen, ferner 10–15 g Natriumbikarbonat zur Verhinderung des Nierenversagens.

Nach Werner (im Druck) wird manchmal nach Abklingen der akuten Erscheinungen eine plastisch-chirurgische Versorgung der Bißstelle notwendig.

8. Schlußbetrachtungen

Damit sind wir am Ende unseres Streifzuges durch die Welt der giftigen Spinnentiere. Viele ältere Berichte hielten neueren Überprüfungen nicht stand. Dennoch hält sich selbst in unserer so aufgeklärten Zeit immer noch der Aberglaube von „den“ unzähligen todbringenden Skorpionen, obgleich nur wenige Arten einer einzigen Familie wirklich gefährlich sind. Auch die Furcht vor den angeblich lebensbedrohenden und ekelerregenden Spinnen, ob es nun Kreuzspinnen, Vogelspinnen oder Taranteln sind, scheint unausrottbar. Auf der anderen Seite nimmt die Zahl derer, die sich intensiv mit Skorpionen, Spinnen und anderen Spinnentieren als Hobby befassen, ständig zu, und wer sich länger mit diesen oft wunderschön gefärbten und gezeichneten und in ihrer Lebensweise so beeindruckenden Tieren beschäftigt, wird den Umgang mit ihnen nicht mehr missen wollen.

Sie alle spielen ihre wichtige Rolle im Naturganzen und bedürfen des besonderen Schutzes des Menschen, der, abgesehen von einigen Milben, in der Regel nicht durch sie geschädigt wird. Schon viel zu viele Arten sind bedroht, stark gefährdet und in manchen Ländern sogar ausgestorben oder, richtiger gesagt, ausgerottet. Wir alle müssen daher dafür sorgen, daß ihre Biotope wirkungsvoll geschützt werden.

Viel können wir auch von außereuropäischen Eingeborenen lernen, die noch nicht durch die moderne Zivilisation verdorben sind. Diese haben ein ganz natürliches Verhältnis zu den Spinnentieren und fürchten die harmlosen Arten, selbst wenn diese noch so groß sind, keineswegs. Ekel vor Spinnen ist ihnen ebenso unbekannt wie unbeeinflußten Kleinkindern unseres Kulturkreises. Möge der Leser dieses Buches, falls er es noch nicht ist, trotz der Informationen, die er über die humanpathogenen Spinnentiere empfing, ein ebenso großer Bewunderer dieser hochinteressanten und faszinierenden Geschöpfe werden, wie es der Autor schon seit seiner Kindheit ist.

9. Danksagung

Es ist mir ein Bedürfnis, allen zu danken, die mir bei diesem Band mit Rat und Tat zur Seite standen: Frau Dr. Lucas, Sao Paulo, die Herren Dr. Becker, Zirndorf, Fiedler, Chemnitz, Flatt, Solothurn, Hirschfeld, Oberkirch, Prof. Dr. Kaldewey, Homburg, Prof. Dr. Kinzelbach, Darmstadt, Klaas, Köln, Kobell, Harburg-Hoppingen, Kretschmer, Ober-Ramstadt, Dr. Lieske, Hamburg, Maas, Rüsselsheim, Dr. Mahsberg, Würzburg, Dr. Pulz, Groß-Grönau, Renner, Illertissen, Roloff, Wettingen, Prof. Dr. Rufli, Zürich, Dr. Southcott, Mitcham, Stockwell, Berkeley, Tesmoingt, Lille, Weickmann, Weißenburg, Dr. Werner, München und meine Frau. Herr Kollege Dr. Sacher, Blankenburg, stellte mir unveröffentlichte eigene Befunde zur Verfügung und betreute das Manuskript.

10. Literaturverzeichnis

ABALOS, J. (1978): Las arañas del género *Latrodectus* en la Argentina. - Obra Cent. Mus. de la Plata (Zoología) 6: 29–51; ABIA, A. et al. (1986): *Leiurus quinquestriatus* venom inhibits different kinds of Calcium-dependent Potassium Channels. - Biochim. Biophys. Acta 856: 403–407; ABDEL WAHAB, M. et al. (1974): Labelling, fractionation and toxicity of scorpion *Leiurus quinquestriatus.* H and E venom using Iodine-131 and the gel filtration technique. - Isotopenpraxis 10: 56–62; ADAM, K. et al. (1966): The effect of scorpion venom on single myelinated nerve fibres of the frog. - Brit. J. Pharmacol. 26: 666–667; dgl., u. C. WEISS (1958): 5-Hydroxytryptamin in scorpion venom. - J. exp. Biol. Edinburgh 35: 39–42; AKHUNOV, A. et al. (1981): Isolation of Kininase from venom of the spider *Latrodectus tredecimguttatus.* - Doklady Ak. Nauk SSSR, Ser. Biokhim. 257: 119–122; ALDROVANDI, U. (1623): Philosophi ac medici de animalibus insectis libri septem. Frankfurt; AMITAI, J. et al. (1981): Convulsions following a black scorpion *(Buthus judaicus)* sting. - Israel J. med. Sci. 17: 1083–1084; AMR, Z. et al. (1988): Scorpions et piqures de Scorpions en Jordanie. - Bull. Soc. Pathol. exot. 81: 369–379; ARJUNWADKAR, A., u. S. REDDY (1983): Spermidine in the venom of the scorpion, *Palamneus phipsoni.* - Toxicon 21: 321–325; ARUSTAMYAN, A. (1955): The treatment of Patients bitten by Karakurt with Procaine intravenously. - Medischinsk. Parasit. Moskwa 24: 355; ASHMOLE, P. (1979): The spider fauna of Shetland and its zoogeographic context. - Proc. R. Soc. Edinburgh (B) 74: 63–122; ASHMORE, M., u. G. WEBER (1968): Hormonal control of carbohydrate metabolism in liver. In: F. DICKENS, P. RANDLE u. W. WHELAN (Hrsg.), Carbohydrate metabolism and its disorders. Bd. 1. New York; ATKINS, J. et al. (1957): Probable cause of necrotis spider bite in the Midwest. - Science 126: 73; dgl., u. J. FLYNN (1958): Necrotic aranidism. - Amer. J. trop. Med. Hyg. 7: 165–184; ATKINSON, R. (1981): Comparisons of the neurotoxic activity of the venom of several species of funnel-web spiders *(Atrax).* - Austral. J. exp. Biol. Med. Sci. 59: 307–316; dgl. (1981): Naturally occurring inhibitors of the venom of funnel-web spiders (*Atrax* sp.). - ebd.: 317–325; dgl. (1982): The chemical nature of the funnel-web spider venom inhibitor found in rat plasma. - ebd. 60: 191–202; dgl. (1986): Some studies of the edematogenis action of the venom of Funnel-Web spiders *Atrax* species. - ebd. 64: 453–464; AYEB, M., u. H. ROCHAT (1985): Polymorphism and quantitative variations of toxins in the venom of the scorpion *Androctonus australis.* - Toxicon 23: 755–760

BABA, A., u. J. COOPER (1980): The action of black widow spider venom on cholinergic mechanisms in synaptosomes. - J. Neurochem. Oxford 34: 1369–1379; BABCOCK (1981): Systemic effect in mice of venom apparatus extract and toxin from the brown recluse spider *(Loxosceles reclusa).* - Toxicon 19: 463–471; dgl. et al. (1981): Purification and characterization of a toxin from brown recluse spider *(Loxosceles reclusa)* venom gland extracts. - ebd.19: 677–689; dgl. (1986): Immunotoxicology of brown recluse spider *Loxosceles-reclusa* venom. - ebd. 24: 783–790; BABIN, D. et al. (1974): Amino acid sequenzes of neurotoxic protein variants from the venom of *Centruroides sculpturatus* EWING. - Arch. Biochem. Biophys. 164: 694–706; dgl. (1975): Aminoacid sequence of neurotoxin I from *Centruroides sculpturatus* EWING. - ebd. 166: 125–134; BABU, S. et al. (1971): Effects of scorpion venom on some physiological processes in cockroach. - Toxicon 9: 119–124; BACHMANN, M. (1982): Isolation and partial characterization of a toxin from the venom of the East African orthognath spider *Pterinochilus* sp. - ebd. 20: 547–552; BAERG, W. (1959): The black widow and five other venomous spiders in the United States. - Agric. exp. Stat. Univ. Arkansas, Bull. 608; BARIDE, R. et al. (1981): Immunological and biochemical studies on the formalised toxoid of red scorpion venom. - Ind. J. med. Res. 73: 122–125; BARRIO, A. (1955): Spastic action of the venom of the spider *Phoneutria fera.* - Acta Physiol. Lat. Amer. 5: 132–143; BARTHOLOMEW, C. (1970): Acute scorpion pancreatitis in Trinidad. - Brit. Med. J. 1: 666–668; dgl. et al. (1975): Action of *Tityus trinitatis* venom on the canine pancreas. - Toxicon 13: 87; dgl. et al. (1976): Experimental studies on the aetiology of acute scorpion pancreatitis. - Brit. J. Surg. 63: 807–810; dgl. et al. (1977): Exocrine pancreatic response to the venom of the scorpion, *Tityus trinitatis.* - Gut 18: 623–625; BASCUR, L. et al. (1982): Effects of *Loxosceles-laeta* spider venom on blood coagulation. - Toxicon 20: 795–796; BATEMAN, A. et al. (1985): Postsynaptic block of a glutamatergic synapse by low molecular weight fractions of spider venom - Brain Res. 339: 237–244; BAZOLET, L. (1955): Venins de scorpions et serum antiscorpionique. - Arch. Inst. Pasteur Algérie 33: 90; dgl. (1971): Scorpionism in the old world. In: W. BÜCHERL u. E. BUCKLEY (Hrsg.), Venomous Animals and their venoms. Bd. 3. New York, S. 349–371; BECHIS, G. et al. (1984): Amino-acid sequence of toxin VII, a β-toxin from the scorpion *Tityus serrulatus.* - Biochem. Biophys. Res. Comm. 122: 1146–1153; BECKWITH, M. et al. (1980): Effects of antiserum on the systemic response in mice caused by a component isolated from an extract of the brown recluse spider *(Loxosceles reclusa)* venom apparatus. - Toxicon 18: 663–666; BENOIT, P. (1969): Presence et survie d'araignées du genre *Latrodectus* WALCK. en Europe occidentale. - Bull. Ann. Soc. Ent. Belge 105: 229; dgl., u. J. MAMBRINI (1967): Action du venin de scorpion sur la jonction neuromusculaire de la grenouille. - J. Physiol. Paris 59: 348; BERGER, R. et al. (1973): An in vitro test for *Loxosceles reclusa* spider bite. - Toxicon 11: 465; BERLAND, L. (1932): Les arachnides. Encyclopédie Entomologique. Bd. 1. Paris, S. 485; BERNARD, P., u. F. COURAUD (1979): Electrophysiological studies on embryonic heart cells in culture: Scorpion toxin as a tool to reveal latent fast sodium channels. - Biochim. Biophys. Acta 553: 154–168; BERNHEIMER, A. et al. (1985): Comparative toxinology of *Loxosceles reclusa* and *Corynebacterium pseudotuberculosis.* - Science 228: 590–591; BERTKE, E., u. J. ATKINS (1964): Effect of *Centruroides sculpturatus* venom upon rat tissue: A histopathologic study. - Toxicon 2: 205–209; BETTINI, S. (1966): Epidemiology of latrodectism. - ebd. 2: 93–102; dgl., u. M. MAROLI (1978): Venoms of Theridiidae, genus *Latrodectus.* In: Handbook of experimental Pharmacology. Vol. 48, Arthropod venoms. New York, S. 149–212; BHARANI, A., u. G. Sepaha (1984): Myelopathy after scorpion sting. - Arch. Neurol. 41: 1129; BHASKAR, L. et al. (1983): Effect of scorpion venom on lactate dehydrogenase rhythm in the mouse *Mus booduga.* - Geobios Jodhpur 10: 44–46; BILLIALD, P., G. MOTTA u. M. GOYFFON (1990): Progrès récents dans la chimiotaxonomie des Scorpions. C. R. XI Coll. Arachnol., Paris 1990. - Bull. Soc. europ. Arachnol., S. 24–30; BODEN, P. et al. (1984): Activation induced postsynaptic block of insect nerve muscle transmission by a low molecular weight fraction of spider venom. – Proc. Brit. Pharmacol. Soc. Univ. Birmingham. - Brit. J. Pharmacol. 82 (Suppl): 1–221; BOGEN, E. (1926): Arachnidism. - Arch. int. Med. 38: 623; BONNET, P. (1966): Sur un cas du piqure venimeuse par un Agélène (Aranéide). - Atti Acc. Sci. Nat. Catania, ser sesta 18: 162; BOWERS, C. et al. (1986): Isolation and partial characterization of a new irreversible presynaptic neurotoxin from spider venom. - Soc. Neurosci. Abstr. 12: 27; dgl. (1987): Identification and purification of an irreversible presynaptic neurotoxin from the venom of the spider *Hololena curta.* - Proc. nation. Ac. Sci. Washington 84: 3506–3510; BRAZIL, V., u. J. VELLARD (1926): Contribuçao ao estudo do veneno das aranhas *Lycosa raptoria, Ctenus nigriventer,* género *Latrodectus,* género *Grammostola, Lasiodora curtior, Acanthoscurria sternalis.* - Mem. Inst. Butantan 3: 243, 301–326; BRIGNOLI, P. (1983): A catalogue of the Araneae described between 1940 and 1981. Manchester; BROOK, G. et al. (1985): Effects of the venom of the spider *Phoneutria nigriventer* on peripheral nerve and neuromuscular transmission in the mouse. - J. Physiol. London 360: 41 P; BÜCHERL, W. (1953): Escorpioes e escorpionismo no Brasil I. - Mem. Inst. Butantan 25: 53–82; dgl. (1953): Novo processo de obtençao de veneno seco, puro de *Phoneutria nigriventer* (KEYSERLING, 1891) e titulaçao da LD_{50} en camundongos. - ebd. 153–174; dgl. (1956): Südamerikanische Spinnen und ihre Gifte. - Arzneim.-Forsch. 6: 293–297; dgl. (1962): *Loxosceles* y loxoscelismo en la America del Sur. - Bol. Chil. Parasitol. 17: 66–69; dgl. (1962): Südamerikanische Vogelspinnen. - N. Brehm-Büch. 302; dgl. (1969): Biology and venoms of the most important South American spiders of the genera *Phoneutria, Loxosceles, Lycosa,* and *Latrodectus.* - Amer. Zoolog. 9: 157–159; dgl. (1971): Spiders. In: W. BÜCHERL u. E. BUCKLEY, Venomous animals and their venoms. Bd. 3. New York u. London, S. 197–277; BUTZ, W. (1971): Envenomation by the brown recluse spider and related species. A public health problem in the United States. - Clin. Toxicol.: 515–524; BURNE, G. et al. (1971): Arachnidism in rabbits: Necrotic lesions due to the brown recluse spider. - Arch. Pathol. Chicago 91: 97–100; dgl., u. P. PEMBERTON (1983): Red-back spider *(Latrodectus mactans hasselti)* envenomation in a neonate. - Med. J. Austral. 2: 665–666

CABBINESS, S. et al. (1980): Polyamines in some tarantula venoms. - Toxicon 18: 681–683; CAMPOS, J. et al. (1980): Signs, symptoms and treatment of severe scorpion poisoning in children. In: D. EAKER u. T. WADSTROM, Natural toxins. Oxford, S. 61; CANTOR, A. et al. (1977): Parasympathomimetic action of scorpion venom on the cardiovascular system. - Israel J. Med. 13: 908–911; CANTORE, G., u. S. BETTINI (1958): Contributo allo studio dell'azione farmocologica del veleno di *L. tredecimguttatus* ROSSI. II Azione sulla musculatura bronchiale. - Riv. Parasit. 19: 297; dgl. (1958): III Azione sul ritmo cardiaco e sul circolo arterioso. - ebd.: 301; CAPOCASALE, R. (1990): Arañas y Araneismos en Uruguay. Otro punto da vista. - Simbiosis 2: 31–35; CARBONE, E. et al. (1982): Selective blockage of voltage dependent potassium channels by a novel scorpion *Centruroides-noxius* toxin. - Nature London 296: 90–91; dgl. (1987): Blocking of the squid axon potassium by noxiustoxin, a toxin from the venom of the scorpion *Centruroides noxius.* - Pflügers Arch. 408: 423–431; CARMIGNOTO, G. et al. (1983): Muscle reinnervation I. Restoration of transmitter release mechanisms. - Neuroscience 8: 393–401; CARRADO BRAVO, T. (1981): Las aranas venosas de Mexico. - Rev. Med. Inst. Mex. Seguro Soc. 19: 473–476; CARROLL, P., u. D. MORGANS (1978): Responses of the rabbit atria to the venom of the Sydney funnel-web spider *(Atrax robustus).* - Toxicon 16: 489–494; CASTLE, N., u. P. STRONG (1986): Identification of two toxins from scorpion *Leiurus-quinquestriatus* venom which block distinct classes of calcium-activated potassium channel. - Fed. Eur. Biochem. Soc. lett. 209: 117–121; CATTERALL, W. (1980): Neurotoxins that act on voltage-sensitive sodium channels in excitable membranes. - Annu. Rev. Pharmacol. Toxicol. 20: 15–43; dgl., u. J. COPPERSMITH (1981): Pharmacological properties of sodium channels in cultured rat heart cells. - Mol. Pharmacol. 20: 533–542; CAU, P. et al. (1982): Ultrastructural localization of alpha scorpion *Androctonus-australis* toxin receptor sites on cultured neuro blastoma cells, preliminary results. - ebd. 20: 61; CHAN, T. et al. (1975): Adenosin triphosphate in tarantula spider venoms and its synergistic effect with the venom toxin. - ebd. 13: 61–66; CHHATWAL, J., u. E. HABERMANN (1981): Neurotoxins, protease inhibitors and histamine releasers in the venom of the Indian red scorpion *(Buthus tamulus)* isolation and partial characterization. - ebd. 19: 783–796; dgl. (1982): Biochemical and pharmacological studies on the neurotoxins, protease inhibitors and histamine releaser purified from the venom of Indian red scorpion *(Buthus tamulus).* - ebd. 20: 63; CHERNETSKAIA, I. et al. (1983): Isolation of cholinesterase from the venom of the spider *Lactrodectus tredecimguttatus* and the study of its properties. - Doklady Ak. Nauk SSSR 269: 1510–1513; dgl. (1984): Investigation of cholinesterase isolated from venom of the spider *Lactrodectus tredecimguttatus* by the method of substrate-inhibitor analysis. - ebd. 274: 16–19, 225–229; CICARELLI, R. et al. (1986): Evaluation of the toxic activity of *Phoneutria-nigriventer* venom in terms of LD_{50} and titration of the antivenom in Mice. - Mem. Inst. Butantan 47/48: 27–32; dgl. (1986): Evalutation of the toxic activity of *Loxosceles-gaucho* venom in terms of LD_{50} and titration of the specific antivenom in mice. - ebd.: 45–54; dgl. (1986): Evaluation of the toxic activity of *Lycosa-erythrognatha* venom in terms of LD_{50} and titration of the antivenom in mice. - ebd.: 55–60; CONSTANT, Y., u. P. GOUERE (1948): Sur les phenomes d'araneisme provoqués par *Latrodectus menavodi.* - Bull. Soc. Pathol. exot. 41: 234; CORABOEUF, E. et al. (1975): Effect of toxin II isolated from scorpion venom on action potential and contraction of mammalian heart. - J. Mol. Cell. Cardiol. 7: 643–653; COSTA, L. et al. (1985): Immunologic study of fractions A, B, C of venom of *Tityus serrulatus.* - Vacinas Soros. 1: 30–38; COURAUD, F. et al. (1976): Stimulation of sodium and calcium uptake by scorpion toxin in chick embryo heart cells. - Biochim. Biophys. Acta 433: 900–910; dgl. (1980): Binding of scorpion neurotoxins to chick embryonic heart cells in culture and relationship to calcium uptake and membrane potential. - Biochemistry 19: 457; dgl. (1982): 2 types of scorpion toxin receptor sites, 1 related to the activation, the other to the inactivation of the action potential sodium channel. - Toxicon 20: 9–16; dgl., u. E. JOVER (1984): Mechanism of action of scorpion toxins. In: A. Tu, Handbook of natural toxins. New York; Coutinho-Netto, J. et al. (1980): The effects of scorpion venom toxin on the release of amino-acid neurotransmitters from cerebral cortex in vivo and in vitro. - J. Neurochem. Oxford 35: 558–565; Crome, W. (1956): Taranteln, Skorpione und Schwarze Witwen. - N. Brehm-Büch. 167; Crompton, J. (1953): Die Spinne. Berlin; Cruz-Hoflings, M. et al. (1985): Effects of *Phoneutria-nigriventer* spider venom on mouse peripheral nerve. - J. exp. Physiol. 70: 623–640; dgl. (1985): Alterations in the morphology of myelinated nerve fibers caused by *Phoneutria, Leiurus* or *Centruroides* venom are preserved by tetrodotoxin. - J. Physiol. London 365: 27 P; Cunha-Melo, J. et al. (1983): Effects of purified scorpion toxin *(Tityus toxin)* on gastric secretion in the rat. - Toxicon 21: 843–848; Curry, S. et al. (1984): Envenomation by *Centruroides sculpturatus.* - J. Toxicol. Clin. Toxicol. 21: 417–450

Daniel, E., u. V. Posey-Daniel (1984): Effects of scorpion *Leiurus-quinquestriatus* venom on structure and function of esophageal lower sphincter and body circular muscle from Opossum *Didelphis marsupialis.* - Canad. J. Physiol. Pharmacol. 62: 360–373; Darbon, H. et al. (1982): Covalent structure of the insect toxin of *Androctonus australis.* - Toxicon 20: 64; de Lima, M., u. C. Diniz (1985): Crotoxin inhibits the release of acetylcholin induced by *Tityus-serrulatus* scorpion venom. - ebd. 23: 588; Delori, P. et al. (1981): Scorpion venoms and neurotoxins: an immunological study. - ebd. 19: 393–407; Denny, W. et al. (1964): Hemotoxic effect of *Loxosceles reclusa* venom: in vivo and in vitro studies. - J. Lab. Clin. Med. 64: 291; Dent, M. et al. (1980): Purification and characterization of two mammalian toxins from the venom of the Mexican scorpion *Centruroides noxius* Hoffmann. - Toxicon 18: 343–350; Derbes, V. (1979): Arthropod bites and stings. Dermatology in general medicine. New York, S. 1658–1668; Devi, C. et al. (1970): Defribrination syndrome due to scorpion venom poisoning. - Brit. Med. J. 1: 345–347; Diaz de Leon Ponce, M. et al. (1984): Arachnidism Report of 2 clinical cases. - Rev. Med. Inst. Mex. Seguro Soc. 22: 403–406; Diniz, C., u. J. Torres (1968): Release of an acetylcholine like substance from guinea pig ileum by scorpion venom. - Toxicon 5: 277–281; Duche, D. et al. (1983): Preliminary study of the in-vitro action of the venom of the scorpion *Androctonus australis* in the rat lymphocyte membrane potential in liquid flow cytometry. - Trav. Sci. Chercheurs Serv. Sante Armees. 4: 288–289; Duchen, L. et al. (1980): Degeneration and regeneration at the neuromuscular junction in the mouse after black-widow spider *Lactrodectus-mactans-tredecimguttatus* venom administration. - J. Physiol. London 300: 20 P; dgl. (1981): The neuromuscular junction of the mouse after black widow spider venom. - ebd. 316: 279 P–291 P; dgl., u. L. Queiroz (1981): Degeneration and regeneration of sensory nerve terminals in muscle spindles effects of *Latrodectus* spider venoms. - ebd. 319: 35 P–36 P; dgl., u. S. Gomez (1981): Effects of black widow spider venom on muscle paralysed by *Botulinum* toxin. - ebd. 320: 50 P; Ducic, V., u. P. Plamenac (1984): Experimentally induced pulmonary emphysema in guinea pigs by venom of spider *Latrodectus tredecimguttatus.* - Acta Med. Jugosl. 38: 99–109; Duffield, P. et al. (1979): Analysis of the venom of the Sydney funnel-web spider, *Atrax robustus,* using gas chromatography mass spectrometry. - Biomed. Mass Spectrom. 6: 105–108; Dufton, M., u. H. Rochat (1984): Classification of scorpion toxins according to aminoacid composition and sequenze. - J. Mol. Evol. 20: 120–127; Dugès, A. (1836): Observations sur les araneides. - Ann. Scie. nat. (Zool.) 2: 159; Dumitresco, D. (1984): Arach-
al. (1980): Effects of Sydney funnel-web spider envenomation in monkeys, and their clinical im-
nides venimeux I–IV. - Nouvelliste et feuille d'Avis du Valais 17: 75, 87, 103, 147; Duncan, A. et
plications. - Med. J. Austral. 2: 429–435; Dursun, K., u. M. Prskalo (1984): Black-widow spider venom *(Latrodectus tredecimguttatus).* - Period. biol. 86: 195–200

Early, S., u. E. Michaelis (1987): Presence of proteins and glutamate as major constituents of the venom of the spider *Araneus gemma.* - Toxicon 25: 433–442; Eickstedt, V. von, S. Lucas u. W. Bücherl (1969): Aranhas da familia Ctenidae, subfamilia Phoneutriinae. VII. Contribuizao ao estudo de *Phoneutria fera* Perty, 1833. Revalidacao e sinonimias de *Phoneutria rufibarbis* Perty,

1838. - Mem. Inst. Butantan 34: 67–74; dgl. (1978/79): Estudo sistematico de *Phoneutria nigriventer* (KEYSERLING, 1891) e *Phoneutria keyserlingi* (PICKARD-CAMBRIDGE, 1897) (Araneae; Labidognatha; Ctenidae). - ebd. 42/43: 95–126; dgl. (1983): Consideraçoes sobre a sistematica das especies amazonicas de *Phoneutria* (Araneae, Ctenidae). - Revista bras. Zool. Sao Paulo 1: 183–191; EINHORN, V., u. R. HAMILTON (1977): Action of venom from the scorpion *Leiurus quinquestriatus* on release of noradrenaline from sympathetic nerve endings of the mouse vas deferens. - ebd. 15: 403–412; EL-ASMAR, M. et al. (1972): Fractionation of scorpion *(Leiurus quinquestriatus* H and E) venom. - ebd. 10: 73–77; dgl. (1973): Fractionation and lethality of venom from the scorpion *Buthus minax* (L. KOCH). - ebd. 11: 3–7; dgl. (1974): Glycemic effect of venom from the scorpion *Buthus minax* (L. KOCH). - ebd. 12: 249–251; dgl. (1975): Effect of scorpion (*Buthus minax*, L. KOCH) venom on calcium, phosphorus, alkaline phosphatase and serum proteins of rat. - Ain Shams Med. J. 26: 683–686; dgl. (1977): Scorpion (*Buthus minax*, L. KOCH) venom fractions with anticholinesterase activity. - Toxicon 15: 63–69; dgl. (1979): Effect of scorpion *(Leiurus quinquestriatus)* H. and E. venom on lipid metabolism. - ebd. 17: 279–283; dgl. (1979): Effect of scorpion (*Androctonus amoreuxi* AUD. and SAV.) venom on blood and liver of rat. - ebd. 17: 41; dgl. (1980): Factor(s) in the venom of scorpions toxic to *Schistosoma mansoni* (intestinal bilharzia) cercariae. - ebd. 18: 711–715; EL-ASMAR, M., u. A. HAFIEZ (1984): zit. bei M. EL-ASMAR, Metabolic effect of scorpion venom. In: A. TU, Handbook of natural toxins. Bd. 2. New York; EL AYEB, M., u. P. DELORI (1984): Immunology and immunochemistry of scorpion neurotoxins. - ebd.; ENTWISTLE, I. et al. (1982): Isolation of a pure toxic polypeptide from the venom of the spider *Phoneutria nigriventer* and its neurophysiological activity on an insect femur preparation. - Toxicon 20: 1059–1068; ERGASHEV, N. (1980): Ecology of venomous spider species of the genus *Latrodectus.* - Uzbek. Biol. J. 5: 58–60; ESKAFI, F., u. B. NORMENT (1976): Physiological action of Loxosceles reclusa (G & M) venom on insect larvae. - Toxicon 14: 7

FALK, E. (1980): Serum immunoglobulin values in patients with scabies. - Brit. J. Dermatol. 102: 283–288; FAYET, G. et al. (1974): Electro-optical system for monitoring activity of heart cells in culture; application to the study of several drugs and scorpion toxins. - Europ. J. Pharmacol. 29: 165–174; FELIG, P. (1975): Amino acid metabolism in man. - Annu. Rev. Biochem. 44: 933–955; FERNANDEZ PARDAL, J. et al. (1980): Inhibitors of prostaglandins synthesis and the release of noradrenaline evoked by black widow spider venom gland extract in peripheral catecholamine neurons. - Life Sci. 26/21: 1761–1764; dgl. (1983): Calcium dependence of tritium labeled catecholamine release evoked by black widow spider *Latrodectus-antheratus* venom extract in rat hypothalamus, occipital cortex and caudate nucleus. - Acta Physiol. Lat. Amer. 33: 293–298; FESCE, R. et al. (1985): Measurement of the rate of quantal secretion induced by black widow spider venom at the endplate. - Biophysiol. J. 47: 477 A; FINK, L. (1984): Venom spitting by the green lynx spider *Peucetia viridans* (Araneae, Oxyopidae). - J. Arachnol. 12: 372–373; FINKELSTEIN, A. et al. (1976): Black widow spider venom: Effect of purified toxin on lipid bilayer membranes. - Science 193: 1009–1011; FINLAYSON, M., u. R. SMITHERS (1939): *Harpactirella lightfooti* as a cause of spider bite in the Union, with note on biology of *H. lightfooti.* - S. Afr. med. J. 13: 808–809; FISCHER, F., u. H. BOHN (1957): Die Giftsekrete der brasilianischen Tarantel *Lycosa erythrognatha* und der Wanderspinne *Phoneutria fera.* - Hoppe-Seyl. Z. physiol. Chem. 306: 265–268; dgl. (1957): Die Giftsekrete der Vogelspinnen. - Liebigs Ann. 603: 232–250; FISHER, M. et al. (1981): Funnel-web spider *Atrax-robustus* antivenom 2. Early clinical experience. - Med. J. Austral. 68–2: 525–526; FLATT, T. (1992): Giftentnahme bei Skorpionen: Methoden und ihre Anwendbarkeit. - Poster, Treffen d. deutschspr. Arachnol. Basel; FLUGELMANN, M. et al. (1982): Myocardial damage after *Androctonus crassicauda crassicauda* sting. - Israel J. med. Sci. 18: 503–504; FOIL, L. et al. (1979): Partial characterization of lethal and neuroactive components of the brown recluse spider *(Loxosceles reclusa)* venom. - Toxicon 17: 347–354; dgl. (1980): *Loxosceles reclusa* venom component toxicity and interaction in *Musca domestica.* - ebd. 18: 112–117; FONTANA, M., u. O. VITAL-BRASIL (1985): Mode of action of *Phoneutria nigriventer* spider venom at the isolated phrenic nerve-diaphragm of the rat. - Brazil J. med. Res. 18: 557–566; FONTECILLA-CAMPS, J. et al. (1980): Three-dimensional structure of a protein from scorpion venom: A new structural class of neurotoxins. - Proc. nat. Ac. Sci. USA 77: 6496–6500; dgl. (1981): The 3 dimensional structure of scorpion *Centruroides sculpturatus* neurotoxins. - Toxicon 20: 1–8; FORRESTER, L. et al. (1978): Red blood cell lysis induced by the venom of the brown recluse spider: the role of sphingomyelinase D. - Arch. Biochem. Biophys. 187: 355; dgl. (1983): Complement inhibition by sphingomyelinase D from brown recluse spider *Loxosceles-reclusa* venom. - Feder. Proc. 42, Abstr. 5537; FRANCKE, O. (1985): Conspectus genericus scorpionorum 1758–1982. - Occ. Pap. Mus. Texas Tech. Univ. 98: 1–32; dgl., u. S. STOCKWELL (1987): Scorpions (Arachnida) from Costa Rica. - Spec. Publ. Mus. Texas Tech. Univ. 25: 1–64; FRANKLIN, C., u. L. FIELD (1985): Effect of venom from *Latrodectus-katipo* and *Ixeuticus-martius* (Arachnida, Araneae) on insect neuromuscular transmission. - New Zealand J. Zool. 12: 175–180; FRELIN, C. et al. (1981): The appearance of voltage-sensitive sodium channels during the in-vitro differentiation of embryonic chick skeletal muscle cells. - J. biol. Chem. 256: 12355–12361; FREIBERG, M., u. J. WALLS (1984): The world of venomous animals. - Neptune, N.J., S. 70–93; FREYVOGEL, T. et al. (1968): Zur Biologie und Giftigkeit der ostafrikanischen Vogelspinne *Pterinochilus* spec. - Acta Tropica Basel 25: 217–255; FRITZ, L. et al. (1980): Different components of black widow spider venom mediate transmitter release at vertebrate and lobster neuromuscular junctions. - Nature 283: 486–487; dgl. (1980): Lobster neuromuscular junctions treated with black widow spider venom: Correlation between ultrastructure and physiology. - J. Neurocytol. 9 (5): 699–721; dgl., u. A. MAURO (1982): The ionic dependence of black-widow spider *Latrodectus-mactans-tredecimguttatus* venom action at the stretch receptor neuron and neuromuscular junction of crustaceans. - J. Neurobiol. 13: 385–402; FRONTALI, N., u. A. GRASSO (1964): Separation of three toxicologically different protein components from the venom of the spider *Latrodectus tredecimguttatus.* - Arch. Biochem. Biophys. 106: 213; dgl., et al. (1976): Purification from black widow spider venom of a protein factor causing the depletion of synaptic vesicles at neuromuscular junctions. - J. Cell Biol. 68: 462–479; FUJIMOTO, Y. et al. (1979): Some properties of the crude venom extract of scorpion telson from *Heterometrus gravimanus* and presence of acetylcholine and histamine-like substances. - J. Pharmacobiol. Dyn. 2: 27–32; dgl., u. T. KAKU (1982): Isolation and some properties of the hemolysins from the crude venom extract of scorpion *Heterometrus-gravimanus* telson. - ebd. 5: 63–72; FULLER, G. (1984): Spider *(Latrodectus hesperus)* poisoning through the conjunctive. A case report. - Amer. J. trop. Med. Hyg. 33: 1033–1036

GAGE, P., u. I. SPENCE (1977): The origin of muscle fasciculation caused by funnel-web spider venom. - Austral. J. exp. Biol. 55: 453–461; GAJALAKSHMI, B. (1978): Role of lytic cocktail and atropin in neutralizing scorpion venom effects. - Ind. J. med. Res. 67: 1038–1044; dgl. (1982): Coagulation studies following scorpion *Buthus-tamulus* venom injection in animals. - ebd. 76: 337–341; GARCIA, G. (1976): Étude des neurotoxines du venin du scorpion Mexicain *Centruroides suffusus suffusus.* Ph. D. thesis, Univ. de Nice; GEBEL, H. et al. (1979): Chemotactic activity of venom from the brown recluse spider *(Loxosceles reclusa).* - Toxicon 17: 55–60; GEREN, C. et al. (1975): Partial characterization of the low molecular weight fraction of the extract of the venom apparatus of the brown recluse spider and its hemolymph. - ebd. 11: 471–479; dgl. (1976): Isolation and characterization of toxins from brown recluse spider venom *(Loxosceles reclusa).* - Arch. Biochem. Biophys. 174: 90–99; dgl., u. G. ODELL (1984): Biochemistry of spiders venoms. - In: A. TU: Handbook of natural toxins. New York; dgl. et al. (1985): The mechanisms of action of the mammalian toxin isolated from *Loxosceles-reclusa* venom. - Toxicon 23: 567; dgl. et al. (1987): Mechanism of action of the mammalian toxin from brown recluse spider venom. - Feder. Proc. 46: 2291; GERHARDT, U. (1921): Vergleichende Studien über die Morphologie des männlichen Tasters und die Biologie der Kopulation der Spinnen. - Arch. Naturg. 87: 78–247; GHAZAL, A. et al. (1975): Pharmacological studies of scorpion (*Androctonus amoreuxi* AUD. & SAV.) venom. - Toxicon 13: 253–259; GHONEIM, K. et al. (1982): Effect of scorpion (*Leiurus quinquestriatus* H. &

E.) venom on gastric secretion. - Egypt. J. Biochem. 2: 73–87; GILBO, C., u. N. COLES (1964): An investigation of certain components of the venom of the female Sydney funnel web spider, *Atrax robustus* CAMBR. - Austral. J. biol. Sci. 17: 758; GOLUBENKO, Z. et al. (1984): Kininase of karakurt venom: its physico-chemical properties and the kinetics of bradykinin breakdown. - Doklady Ak. Nauk SSSR 276: 1265–1269; GOMEZ, S., u. L. QUEIROZ (1982): The effects of black-widow spider *Latrodectus-mactans-tredecimguttatus* venom on the innervation of muscles paralyzed by *Botulinum* toxin. - Quart. J. exp. Physiol. 67: 495–506; GONGAZA, H. et al. (1979): Gastric secretion induced by scorpion venom. - Toxicon 17: 316–318; GONZALES, A. (1984): Las arañas del género *Latrodectus* en la Argentina. - Quid 19: 575–576; dgl. (1985): Taxonomia de arañas. Arañas ponzoñosas de Argentina. Géneros *Latrodectus, Loxosceles* y *Phoneutria.* - Bol. Ac. Med. Buenos Aires, suppl.: 5–19; GONZÁLES, D. (1979): Scorpionism en Espagne. 5th Colloque Arachnol. d'expression Francaise, Barcelona, S. 83; dgl. (1980): Envenomation by arthropods in Spain. 8th Int. Arachnol. Kongr. Wien, S. 191; GOPALAKRISHNAKONE, P. (1985): Structure of the venom apparatus of the scorpion *Heterometrus longimanus.* - Toxicon 23: 570; GORDON, D. et al. (1984): The binding of the insect selective neurotoxin AAIT from scorpion *Androctonus-australis* venom to locust *Locusta-migratoria* synaptosomal membranes. - Biochim. Biophys. Acta 778: 349–358; GORHAM, J. (1968): The brown recluse spider. - J. Environm. Health. 3: 138; dgl., u. T. RHENEY (1968): Envenomation by the spiders *Chiracanthium inclusum* and *Argiope aurantia.* - J. Amer. Med. Ass. 206: 1958; GOTHE, R. et al. (1979): The mechanisms of pathogenicity in the tick paralyses. - J. med. Ent. 16: 357–369; GOYFFON, M. et al. (1982): Epidemiological and clinical characteristics of the scorpion envenomation in Tunisia. - Toxicon 20: 337–344; dgl. (1983): The future of vaccination in the prophylaxis of animal poisoning accidents. - Trav. sci. Chercheurs Serv. Sante Armees, H. 4: 141–142; dgl. (1984): Scorpion poisoning and anti-scorpion sera. - Rev. Arachnol. 5: 311–320; GRASSO, A. (1976): Preparation and properties of a neurotoxin purified from the venom of black widow spider *(Latrodectus mactans tredecimguttatus).* - Biochem. Biophys. Acta 439: 436; dgl., u. M. SENNI (1979): A toxin purified from the venom of black widow spider effects the uptake and release of radioactive gamma-amino butyrate and N-epinephrine from rat brain synaptosomes. - Europ. J. Biochem. 102: 337–344; dgl. et al. (1980): Black widow spider toxin: Effect on catecholamines release and cation permeability in a neurosecretory cell line (PC 12). In: D. EAKES u. T. WADSTRÖM (Hrsg.), Natural Toxins. New York, S. 579–586; dgl. et al. (1982): Characterization of alpha-latrotoxin interaction with rat brain synaptosomes and PC 12 cells. - Toxicon 20: 149–156; GREGSON, R., u. I. SPENCE (1983): Isolation and characteristization of a protein neurotoxin from the venom glands of the funnel-web spider *Atrax robustus.* - Comp. Biochem. Physiol. 74: 125–132; GRIENE, L. et al. (1982): Purification and characterization of neurotoxins of *Buthacus arenicola* and *Mesobuthus gibbosus.* - Toxicon 20: 68–69; GRISHIN, E. et al. (1979): Isolation and characterization of the toxic component of the venom of the south Russian tarantula *Lycosa singoriensis.* - Sov. J. Bioorg. Chem. 5: 1074–1079; dgl. et al. (1982): The toxic component of the venom of the Caucasian subspecies of the scorpion *Buthus eupeus.* - ebd. 8: 74–82; dgl. et al. (1982): Toxic components from the venom of Caucasus USSR subspecies of scorpion *Buthus eupeus.* - ebd. 8: 155–164; dgl. et al. (1986): Structural and functional characterization of argiopine the ion channel blocker from the venom of the spider *Argiope lobata.* - ebd. 12: 1121–1124; GRUPP, G. et al. (1980): Direct myocardial effects of the yellow scorpion *(Leiurus quinquestriatus)* venom on contractile force of isolated guinea pig atria and papillary muscles. - IRCS Med. Sci. 8: 666–667; GUALTIERI, V. (1989): zit. bei BLUME, K. - Ärzte Ztg. Nr. 98 v. 1.6.89; GUERON, M. et al. (1967): Severe myocardial damage and heart failure in scorpion sting. - Amer. J. Cardiol. 19: 719; dgl., u. S. WEIZMAN (1969): Catecholamine excretion in scorpion sting. - Israel. J. med. Sci. 5: 855–857; dgl. (1970): zit. bei GUERON u. OVSYSHCHER 1984; dgl., u. R. YAROM (1970): Cardiovascular manifestations of severe scorpion sting. Clinicopathologic correlations. - Chest 57: 156–162; dgl. (1980): Hemodynamic and myocardial consequences of scorpion venom. - Amer. J. Cardiol. 45: 979–986; dgl., u. I. OVSYSHCHER (1948): Cardiovascular effects of scorpion venoms. In: A. TU: Handbook of natural toxins. New York; GUSOVSKY, F., u. J. DALY (1986): Scorpion venom *(Leiurus quinquestriatus)* elicits accumulations of inositol phosphates and cyclic AMP in guinea-pig cortical synaptoneurosomes. - FEBS Lett. 199: 107–112

HABERMEHL, G. (1976): Gift-Tiere und ihre Waffen. 2.Aufl. 1983. Berlin u. Heidelberg, S.12–22; dgl., u. D. MEBS (1979): Spinnenbisse in Deutschland. - Dtsch. med. Wschr. 104: 681–682; HABERSETZER-ROCHAT, C., u. F. SAMPIERI (1976): Structure-function relationships of scorpion neurotoxins. - Biochemistry 15: 2254–2261; HAFIEZ, A. et al. (1982): Andrological evaluation of Scorpion *Leiurus-quinquestriatus* venom fraction inducing akinesia of human spermatozoa. - Contracept. Delivery Syst. 3: 172; HAGAG, M. (1982): Studies with ricketogenic component(s) from the scorpion *(Buthus minax)* venom. Ph. D. thesis, Faculty of Medicine, Ain Shams Univ. Kairo; dgl. et al. (1983): Isolation of minax toxins from the venom of the scorpion *Buthus minax* and their metabolic effects. - Arch. Biochem. Biophys. 220: 459–466; HALIN, N. (1981): Studies on the effects of scorpion venom on mammalian enzymes. M. Sc. thesis, Faculty of Medicine, Khartoum Univ.; HAMILTON, P. et al. (1974): Coagulant activity of the scorpion venoms *Palamnaeus gravimanus* and *Leiurus quinquestriatus.* - Toxicon 12: 291–296; HARGREAVES, A. et al. (1985): Interaction of an sodium-channel toxin purified from scorpion *Leiurus-quinquestriatus* venom with microtubule proteins in-vitro. - Biochem. Soc. Trans. 13: 1210–1211; HARDMAN, J. et al. (1983): Incompatibility associated with the bite of a brown recluse spider *(Loxosceles reclusa).* - Transfusion 23: 233–236; HARRIS, J. et al. (1981): Actions of the crude venom of the Sydney funnel-web spider, *Atrax robustus,* on autonomic neuro-muscular transmission. - Brit J. Pharmacol. 72: 335–340; dgl., u. S. BOLLARD (1985): Reversal of paralysis in nerve-muscle preparations isolated from animals with hereditary motor end-plate diseases. - ebd. 84: 6–8; HARTMAN, L., u. S. SUTHERLAND (1984): Funnel-web spider *(Atrax robustus)* antivenom in the treatment of human envenomation. - Med. J. Austral. 141: 796–799; HASSAN, M. (1984): Production of scorpion antivenin. - In: A. TU: Handbook of natural toxins. New York; HAUPT, J. et al. (1988): Chinese whip scorpion using 2-ketones in defense secretion (Arachnida, Uropygi). - J. comp. Physiol. B 157: 883–885; HAUPT, J. (1992): Neue Inhaltsstoffe im Spray von Geißelskorpionen (Uropygi). - Vortrag, Treffen d. deutschspr. Arachnologen Basel; HEIMER, S. u. W. NENTWIG (1991): Spinnen Mitteleuropas, Berlin u. Hamburg; HEITZ, J., u. B. NORMENT (1974): Characteristics of an alkaline phosphatase activity in brown recluse venom. - Toxicon 12: 181; HERRERO, M., u. J. GUITIERREZ (1984): Myonecrotic effect of the venom of *Aphonopelma seemanni* (Araneae, Theraphosidae) in the white mouse. - Rev. Biol. trop. 32: 173–176; HERSCH, C. (1967): Acute glomerulonephritis due to skin disease, with special reference to scabies. - A. Afric. Med. J. 41: 29–34; HERZER, P. (1983): zit. bei AUMILLER, J., Verseuchte Spinnen bringen Arthritis. - HP-Heilkunde Nr. 5: 94; HICKMAN, V. (1967): Some common Tasmanian spiders. Hobart; HODHOD, S. et al. (1977): Effect of scorpion (*Androctonus amoreuxi* AUD. & SAV.) venom on blood and liver of rat. In: A ABDEL FATTAH (Hrsg.), Proc. 1st Ain Shams Med. Congr. Bd. 1. Kairo, S. 106–118; dgl. u. M. EL-ASMAR (1983): Effect of scorpion *(Androctonus amoreuxi)* venom on serum amylases, calcium and triglycerides. - Egypt. J. Biochem. 1: 45–54; dgl., u. dgl. (1983): Effect of *Androctonus amoreuxi* venom on isocitric dehydrogenase, glucose-6-phosphatase, alanine and aspartate transaminases. - Bull. Egypt. Soc. Physiol. Sci. 3: 1–8; dgl., u. dgl. (1984): Effect of scorpion (*Androctonus amoreuxi* Aud. & Sav.) venom on liver nucleic acids of rat. - Egypt. J. Biochem. 2: 179–185; HOREN, W. (1963): Arachnidism in the United States. - J. Amer. med. Ass. 185: 839; HORST, H. (1987): Zekken-Borelliose und Frühsommer-Meningoenzephalitis. - Niedersächs. Ärztebl. 15: 22–24; HOUSSAY, B. (1916): Contribution à l'étude de l'hemolysine des araignées. - C. R. Soc. Biol. Paris 79: 658; dgl. (1919): Action physiologique du venin de scorpion. - J. Physiol. Pathol. Gen. 18: 305–317; HUBEL, K. (1983): Effects of scorpion *Leiurus-quinquestriatus* venom on electrolyte transport by rabbit ileum. - Amer. J. Physiol. 244: G 501–G 506; HUFFORD, D., u. P. MORGAN (1981): C-reactive protein as a mediator in the lysis of human erythrocytes sensitized by brown recluse spider venom. - Proc. Soc. exp. Biol. Med. 167: 493–497; HUGHES, S. (1981): Necrotic arachnidism induced by the bite of *Chiracanthium mildei* Koch. - Diss., Abstr. int. Biol. Sci. 42:

1350; HUIDOBRO-TORO, J. et al. (1982): Hydrolysis of substance P and Bradykinin by black widow spider *Latrodectus-mactans* venom gland extract. - Biochem. Pharmacol. 31: 3323–3328; dgl. et al. (1982): Fading and tachyphylaxis to the contractile effects of substance P in the guinea-pig ileum. - Europ. J. Pharmacol. 81: 21–34; HUNT, G. (1981): Bites and stings of uncommon arthropods. 1. spiders. - Postgrad. Med. 70: 91–102

IBRAHIM, M. (1982): Activation of human prothrombin by venoms. Ph. D. thesis, Faculty of Medicine, Ain Shams Univ. Kairo; INGRAM, W., u. A. MUSGRAVE (1933): Spider bite: a survey of its occurrence in Australia. - Med. J. Austral. 2: 10–15; ISMAIL, M. et al. (1973): Pharmacological studies of the venom from the scorpion *Buthus minax* (L. KOCH). - Toxicon 11: 15–20; dgl. u. O. OSMAN (1973): Effect of the venom from the scorpion *Leiurus quinquestriatus* (H. & E.) on histamin formation and inactivation in the rat. - ebd. 11: 225–229; dgl. et al. (1974): Some pharmacological studies with scorpion *(Pandinus exitalis)* venom. - ebd. 12: 75–82; dgl. et al. (1974): Distribution of 125 I labelled scorpion (*Leiurus quinquestriatus* H. & E.) venom in rat tissues. - ebd. 12: 209–211; dgl. et al. (1975): Pharmacological studies with scorpion *(Palamneus gravimanus)* venom: Evidence for the presence of histamine. - ebd. 13: 49–56; dgl. et al. (1978): Effect of *Buthus minax* (L. KOCH) scorpion venom on plasma and urinary electrolyte levels. - ebd. 16: 385–392; dgl. et al. (1983): Pharmacokinetics of iodine-125 labeled antivenin to the venom from the scorpion *Androctonus amoreuxi*. - ebd. 21: 47–56; dgl. et al. (1983): Teratogenicity in the rat of the venom from the scorpion *Androctonus amoreuxi*. - ebd. 21: 177–190; IUNUSOVA, M., u. P. MIROV (1982): Poisonings by karakurt venom. - Klin. Med. Moskau 60: 99–100

JAIMOVICH, E. et al. (1982): Centruroides toxin a selective blocker of surface sodium channels in skeletal muscle clamp analysis and biochemical characterization of the receptor. - Proc. nation. Ac. Sci. Washington 79: 3896–3900; JANICKI, P., u. E. HABERMANN (1983): Tetanus and botulinum toxins inhibit and black-widow spider *Latrodectus-mactans* venom stimulates the release of methionine enkephalin-like material in-vitro. - J. Neurochem. Oxford 41: 395–402; JELASIĆ, F. et al. (1955): Über die therapeutische Anwendung des Toxins der Giftspinne *Latrodectus tredecimguttatus* bei chronischen rheumatischen und einigen anderen Krankheiten. - Med. Klinik 50: 1336; JOHNSON, D. et al. (1976): Inhibition of insulin release by scorpion toxin in rat pancreatic islets. - Diabetes 25: 198–201; JONG, Y. et al. (1979): Separation and characterization of venom components in *Loxosceles reclusa*-II. Protease enzyme activity. - Toxicon 17: 529–537; JUNQUA, C., u. M. VACHON (1968): Les arachnides venimeux et leur venins. État actual des recherches. - Mém. Ac. R. Sci. Outre Mer, Cl. Sci. nat. mèd. (N. S.) 17: 1–136

KAESTNER, A. (1940): Scorpiones. In: W. KÜKENTHAL, Handbuch der Zoologie. Bd. 3 (II, 1). Berlin; KAHANA, M. et al. (1984): Early treatment of loxoscelism with corticosteroids. - Harefuah 106: 560–561; KAIRE, G. (1963): Observation on some funnel-web spiders (*Atrax* species) and their venom, with particular reference to *Atrax robustus*. - Med. J. Austral. 24: 307–311; KAISER, E., u. H. MICHL (1958): Die Biochemie der tierischen Gifte. Wien; KANWAR, U., u. N. BRAR (1982): Cyto architecture of the venom glands of the scorpion *Palamnaeus bengalis*. - Res. Bull. Panjab Univ. Sci. 33: 129–134; dgl., u. S. LAHIRI (1982): Partial biochemical characterization of a smooth muscle contractile material in *Heterometrus-bengalensis* venom. - Ind. J. Pharmacol. 14: 109; dgl. et al. (1983): Paper chromatographic analysis of free aminoacids in the venom gland of the scorpion *Palamnaeus bengalis*. - Res. Bull. Panjab Univ. Sci. 34: 235–238; dgl. et al. (1986): Occurrence of phospholipase in the venom of the scorpion *Heterometrus bengalensis*. - Ind. J. med. Res. 83: 332–337; KARI, R., u. H. ZOLFAGHRIAN (1986): Increased osmotic fragility of red cells in dogs with acute myocarditis produced by scorpion *Buthus-tamulus* venom. - Ind. J. Physiol. Pharmacol. 30: 215–222; KASTON, B. (1970): Comparative Biology of American black widow spiders. - San Diego Soc. Nat. Hist. Trans. 16: 33–82; dgl. (1978): How to know the Spiders? 3. Aufl. Dubuque; KAWAGOE, R. et al. (1985): Effects of black widow spider *Latrodectus-mactans* venom substance P and bradykinin on the release of endogenous glutamate from the frog spinal cord. - Biomed. Res. 6: 247–252; KAWAI, N. et al. (1982): Effect of a spider toxin on glutaminergic synapses in the mammalian brain. - ebd. 3: 353–355; dgl. et al. (1982): Spider *Nephila-clavata* venom contains specific receptor blocker of glutaminergic synapses. - Brain Res. 247: 169–171; dgl. et al. (1983): Specific antagonism of the glutamate receptor by an extract from the venom of the spider *Araneus ventricosus*. - Toxicon 21: 438–440; dgl. et al. (1983): Blockade of synaptic transmission in the squid giant synapse by a spider toxin. - Brain Res. 278: 346–349; dgl. et al. (1984): Spider toxin (JSTx) on the glutamate synapse. - J. Physiol. Paris 79: 228–231; KAZAKOV, I. et al. (1985): Channel-forming action, a general property of the venom of spiders of the family Theridiidae (Aranei). - Biol. Nauki Moskva 2: 30–33; KEEGAN, H. (1980): Scorpions of medical importance. Jackson; KENT, C. et al. (1984): Isotachophoretic and immunological analysis of venoms from sea snakes *Laticauda semifasciata* and brown recluse spiders *Loxosceles reclusa* of different morphology, locality, sex and developmental stages. - Comp. Biochem. Physiol. B (Comp. Biochem.) 77: 303–312; KING, L., u. R. REES (1983): Dapsone treatment of a brown recluse *Loxosceles-reclusa* bite. - J. Amer. Med. Ass. 250: 648; KNIKER, W. et al. (1969): An inhibitor of complement in the venom of the recluse spider, *Loxosceles reclusa*. - Proc. Soc. exp. Biol. Med. 131: 1432; KNIPPER, M. et al. (1986): Black widow spider venom induced release of neurotransmitters, mammalian synaptosomes are stimulated by a unique venom component alpha-latrotoxin, insect synaptosomes by multiple components. - Neuroscience 19: 55–62; KOBERNICK, M. (1984): Black widow spider bite. - Amer. Fam. Physician 29: 241–245; KOBERT, R. (1901): Beiträge zur Kenntnis der Giftspinnen. Stuttgart; KOPEYAN, C. et al. (1978): Amino acid sequence of neurotoxin V from the scorpion *Leiurus quinquestriatus quinquestriatus*. - FEBS Lett. 89: 54–58; dgl. et al. (1982): Primary structure of toxin IV of *Leiurus quinquestriatus quinquestriatus* and characterization of a new group of scorpion neurotoxins. - Toxicon 20: 71; KOPPENHÖFER, E., u. H. SCHMIDT (1968): Die Wirkung von Skorpiongift auf die Ionenströme des Ranvierchen Schnürrings I. Die Permeabilitäten PNa und PK. - Pflügers Arch. 303: 133–149; KOVAŘIK, F. (1992): *Buthus occitanus* (AMOREUXI, 1789) and *Orthochirus innesi* SIMON, 1910 (Scorpionidea, Buthidae) from Iraq. - Bull. Nat. Mus., nat. Hist. ser. Zool. 159: 90; KRAPF, D. (1986): Verhaltenspsychologische Untersuchungen zum Beutefang von Skorpionen mit besonderer Berücksichtigung der Trichobothrien. Diss. Univ. Würzburg; dgl. (1988): Skorpione I. Morphologische Grundlagen, Sexualdimorphismen und Giftigkeit. II. Fortpflanzung, Wachstum und Haltung. - Herpetofauna 10 (54): 13–24 u. 10 (56): 24–33; KRASIL'NIKOV, O. et al. (1983): Cation anionic selectivity and conductivity of the channels formed by black-widow spider venom in lipid bilayer. - Biofizika 28: 440–444; dgl. et al. (1985): Resistance of various protein channels to proteolytic degradation. - ebd. 30: 79–81; KUNKEL, D., u. G. WASSERMANN (1983/84): Envenomations by miscellaneous animals. - J. Toxicol. Clin. Toxicol. 21: 557–560; dgl. (1984): Arthropod envenomations. - Emerg. Med. Clin. N. Amer. 2: 579–586; KURPIENSKI, G. et al. (1981): Platelet aggregation and sphingomyelinase D activity of a purified toxin from the venom of *Loxosceles reclusa*. - Biochim. Biophys. Acta 678: 467–476; dgl. et al. (1981): Alternate complement pathway activation by recluse spider venom. - Int. J. Tissue React. 3: 39–45; dgl., et al. (1981): Platelet aggregation by brown recluse spider *Loxosceles-reclusa* venom. - Fed. Proc. 30: 810

LAGRANGE, R. (1977): Elevation of blood pressure and plama renin levels by venom from scorpion, *Centruroides sculpturatus* and *Leiurus quinquestriatus*. - *Toxicon* 15: 429–434; LAHIRI, S., u. A. CHAUDHURI (1982): Action of the scorpion *Heterometrus bengalensis* venom on smooth muscle. - Ind. J. exp. Biol. 20: 545–548; dgl., u. dgl. (1983): Release of Kinin by the scorpion *Heterometrus-bengalensis* venom. - ebd. 21: 198–202; LATIFI, M., u. M. TABATABAI (1979): Immunological studies on Iranian scorpion venoms and antiserum. - ebd. 17: 617–620; LAZAROVICI, P. et al. (1979): Phospholipases and direct lytic factors (DLFs) derived from the venom of the scorpion *Scorpio maurus palmatus* (Scorpionidae). - ebd. 17: 97; dgl., u. E. ZLOTKIN (1981): Panoramic view of the composition and action of the venom of the scorpion *Scorpio maurus palmatus* (Scorpionidae). -

Israel J. Zool. 30: 98; dgl., u. dgl. (1981): Toxins specifically active in arthropods and mammals from the venom of the scorpion *Scorpio maurus palmatus* (Scorpionidae). - ebd. 30: 111–112; dgl., u. dgl. (1982): A mammal toxin derived from the venom of a chactoid scorpion. - Comp. Biochem. Physiol. C (Comp. Pharmacol. Toxicol.) 71: 177–182; dgl. et al. (1982): Insect toxin components from the venom of a chactoid scorpion *Scorpio maurus palmatus* (Scorpionidae). - J. Biol. Chem. 257: 8397–8404; dgl. et al. (1984): Toxicity to crustacea due to polypeptide phospholipase EC-3.1.1.4. interaction in the venom of a chactoid scorpion *Scorpio maurus palmatus.* - Arch. Biochem. Biophys. 229: 270–286; LEE, C. et al. (1974): Characterization of a necrotoxin from tarantula, *Dugesiella hentzi* (GIRARD), venom. - ebd. 164: 341–350; LEE, D. (1961): Cause and effect relating to arthropod bites and stings. School of Pub. Health & Trop. Med., Univ. Sydney; dgl., u. R. SOUTHCOTT (1979): Spiders and other arachnids of South Australia. - S. Austral. Year Book 1979; LEFFKOWITZ, M., U. KADISH u. J. STERN (1962): Spider bite. - Special Issue, Dapim Refuiim 21: 4; LENEVEU, E., u. M. SIMENNEAU (1986): Scorpion venom inhibits selectively calcium-activated patassium channels in-situ. - FEBS Lett. 209: 165–168; LESTER, D. et al. (1982): Purification, characterization and action of two insect toxins from the venom of the scorpion *Buthotus judaicus.* - Biochem. Biophys. Acta 701: 370–381; LEVI, H. (1959): The spider genus *Latrodectus* (Araneae, Theridiidae). - Trans. Amer. microscop. Soc. 78: 7–43; LEVI, G., u. P. AMITAI (1983): Revision of the widow-spider genus *Latrodectus* (Araneae: Theridiidae) in Israel. - Zool. J. Linn. Soc. 71: 39–63; LONGENECKER, G., u. C. HUGGINS (1977): Biochemistry of the pulmonary angiotensin converting enzyme. In: Y. BAKHLE (Hrsg.), Metabolic functions of the lung. New York, S. 55; dgl. et al. (1980): Inhibition of the angiotensin converting enzyme by venom of the scorpion *Centruroides sculpturatus.* - Toxicon 18: 667–670; dgl., u. H. LONGENECKER (1981): Centruroides sculpturatus venom and platelet reactivity: Possible role in scorpion venom-induced defibrination syndrome. - ebd. 19: 153–157; LOUIS, J. (1980): Contribution à l'ètude des Scorpionidae du grand Maghreb Arabe. III. Etude des constituants du venin d'*Androctonus mauretanicus* (POCOCK, 1902) du Maroc. - Arch. Inst. Pasteur Tunis Afr. N. 57: 231–241; dgl. (1980): IV. Fractionnement du venin d'*Androctonus mauretanicus* (POCOCK, 1902) du Maroc. - ebd. 57: 243–248; LOURENCO, W. (1983): Les scorpions et leur venin. - Rev. med. 24: 153–155; LOVE, S. u. M. CRUZ-HOFLING (1986): Acute swelling of nodes of Ranvier caused by venoms which slow inactivation of sodium channels. - Acta Neuropathol. 70: 1–9; dgl. et al. (1986): Morphological abnormalities in myelinated nerve fibres caused by *Leiurus, Centruroides* and *Phoneutria* venoms and their prevention by tetrodotoxin. - Quart. J. exp. Physiol. Cogn. Med. Sci. 71: 115–122; LUCAS, S. (1988): Spiders in Brazil. - Toxicon 26, 759–772; LUCERO, M., u, P. PAPPONE (1987): *Pandinus- imperator* scorpion venom blocks potassium channels in GH3 cells. - Biophys. J. 51 (2): 2

MACCHIAVELLO, A. (1937): La *Loxoscelles laeta,* causa del aracnoidismo cutaneo o mancha gangrenosa de Chile. - Rev. Chilena Hist. Nat. 41: 11–19; MACEDO, T., u. M. GOMEZ (1982): Effects of tityus toxin from scorpion *Tityus-serrulatus* venom on the release and synthesis of acetylcholine in brain slices. - Toxicon 20: 601–606; dgl., u. dgl. (1983): The effect of the scorpion *Tityus-serrulatus* venom tityus toxin on high affinity choline uptake in rat brain cortical slices. - Neuropharmacology 22: 233–238; MACKAY, I. (1972): An new species of widow spider (genus *Latrodectus*) from Southern Africa (Araneae: Theridiidae). - Psyche 79: 236–242; MADEDDU, L. et al. (1984): Alpha latrotoxin and glycerotoxin differ in target specificity and in the mechanism of their neurotransmitter releasing action. - Neuroscience 12: 939–950; MAGAZANIK, L. et al. (1983): Influence of divalent cations and pH changes on the presynaptic activity of alpha latrotoxin from venom of the spider *Latrodectus mactans tredecimguttatus.* - Doklady Biol. Sci. 265: 429–431; MAIN, B. (1967): Spider of Australia, Brisbane; dgl. (1976): Spiders. The Australian Naturalist Library. Sydney; MAJESKI, J. et al. (1977): Action of venom from the brown recluse spider *(Loxosceles reclusa)* on human neutrophils. - Toxicon 15; 423–427; MANIRAJ BHASKAR, L. et al. (1984): Effect of scorpion *Heterometrus-fulvipes* venom on some enzyme systems in the tissues of mouse *Mus booduga.* - Geobios Jodhpur 11: 42–44; MANZULLO, A. (1985): Composicion de los venenos. - Bol. Ac. Med.

Buenos Aires, suppl.: 31–40; MARCHIAVI, P. et al. (1982): Acute necrotic myelopathia after spider bite. - Mem. Inst. Butantan 44/45: 213–218; MARETIĆ, Z. (1967): Venom of an East African orthognath spider. In: F. RUSSEL u. P. SAUNDERS, Animal Toxins, New York; dgl., u. D. LEBEZ (1979): Araneism with special reference to Europe. Pula u. Ljubljana; dgl., u. F. RUSSEL (1979): A case of necrotic arachnidism in Istria. - Toxicon 17 (zit. MARETIĆ u. LEBEZ 1979); dgl. (1983): Latrodectism. - ebd. 21: 457–466; MARIE, Z., u. S. IBRAHIM (1976): Lipid content of scorpion (*Leiurus quinquestriatus* H. & E.) venom. - ebd. 14: 93–96; MARTIN, M., u. H. ROCHAT (1984): Purification and amino-acid sequence of toxin I from the venom of the North African scorpion *Androctonus australis*. - ebd. 22: 695–704; dgl. u. dgl. (1986): Large scale purification of toxins from the venom of the scorpion *Androctonus australis* HECTOR. - ebd. 24: 1131–1140; dgl. et al. (1987): Use of high performance liquid chromatography to demonstrate quantitative variation in components of venom from the scorpion *Androctonus australis* HECTOR. - ebd. 25: 569–573; MARTINDALE, C., u. G. NEWLANDS (1982): The widow spiders: a complex of species. - S.-Afr. J. Sci. 78: 78–79; MARTINI, E. (1952): Lehrbuch der medizinischen Entomologie. 4. Aufl. Jena; MARTINO, O. (1985): Fisiopatologia. In: Simposio „Accidentes por ponzoñas animales Araneismo y Ofidismo". - Bol. Ac. Med. Buenos Aires, suppl.: 47–57; MASCORD, R. (1970): Australian spiders in colour. Sydney; MASTER, R. et al. (1963): Electrophoretic separation of biologically active constituents of scorpion venom.-Biochim. Biophys. Acta 71: 422–428; MCCRONE, J. (1964): Comparative lethality of several *Latrodectus* venoms. - Toxicon 2: 201–203; dgl., u. H. LEVI (1964): North American widow spiders of the *Latrodectus curacaviensis* group (Araneae: Theridiidae). - Psyche 71: 12–27; dgl., u. L. NETZLOFF (1965): An immunological and electrophoretical comparison of the venoms of the North American *Latrodectus* species. - Toxicon 3: 107–110; dgl., u. R. HATALA (1967): Isolation and characterization of a lethal component from the venom of *Latrodectus mactans mactans*. In: RUSSELL, F. u. P. SAUNDERS, Animal toxins, New York, S. 29–34; dgl. (1969): Spider venoms: Biochemical aspects. - Amer. Zoolog. 9: 153–156; MCINTOSH, M., u. D. WATT (1967): Biochemical-immunochemical aspects of the venom from the scorpion *Centruroides sculpturatus*. In: RUSSEL, F. u. P. SAUNDERS, Animal toxins. New York, S. 47; MEBS, D. (1972): Proteolytic activity of a spider venom. In: A. DE VRIES u. E. KOCHVA: Toxins of animal and plant origin. New York, S. 493–497; MELDOLESI, J. (1982): Alpha latrotoxin receptors in rat brain synaptosomes. Correlation between toxin binding and stimulation of transmitter release. - J. Neurochem. Oxford 38: 1559–1569; dgl. et al. (1983): The effect of alpha-Latrotoxin in the neurosecretory PC-12 cell line: studies on toxin binding and stimulation of transmitter release. - Neuroscience 10: 997–1010; dgl. et al. (1984): Free cytoplasmatic Ca^{2+} and neurotransmitter release: studies on PC-12 cells and synaptosomes exposed to alpha-latrotoxin. - Proc. nation. Ac. Sci. Washington 81: 620–624; dgl. et al. (1986): Mechanism of action of alpha-latrotoxin: the presynaptic stimulatory toxin of the black-widow spider *Latrodectus* venom. - Trends Pharmacol. Sci. 7: 151–155; MELITO, I., u. A. CORRADO (1983): Nonspecific effects of crude scorpion venom *Tityus-serrulatus* on isolated guinea pig vas deferens. - Cienc. Cult. Sao Paulo 35: 1915–1919; dgl. et al. (1984): Supersensibility of the isolated guinea pig vas deferens induced by a toxic fraction of scorpion venom *(Tityus serrulatus)*. - Comp. Biochem. Physiol. C (Comp. Pharmacol. Toxicol.) 78: 171–74;) MEVES, H., N. RUBLY, u. D. WATT (1982): Effect of toxins isolated from the venom of the scorpion *Centruroides sculpturatus* on the sodium currents of the node of Ranvier. - Pflügers Arch. 393: 56–62; dgl. et al. (1984): Biochemical and eletrophysiological characteristics of toxins isolated from the venom of the scorpion *Centruroides sculpturatus*. - J. Physiol. Paris 79: 185–191; MICHAELIS, E., N. GALTON u. S. EARLY (1984): Spider venoms inhibit l-glutamate binding to brain synaptic membrane receptors. - Proc. nation. Ac. Sci. Washington 81: 5571–5574; MINTON, S. (1972): Poisonous spiders of Indiana and a report of a bite by *Chiracanthium mildei*. - J. Indiana State med. Ass. 1972: 425–426; MIRONOV, S., Y. SOKOLOV u. V. LISHKO (1985): Mechanisms of ion transport in channels produced by the venom of the spider *Steatoda paykulliana* in bilayer phospholipid membranes. - Biol. Membr. 2: 256–265; dgl. et al. (1986): Channels produced by spider venoms in bilayer lipid membrane mechanism of ion transport and toxic action. - Biochim. Biophys. Acta 862: 185–198;

MISLER, S., u. L. FALKE (1984): Micromolar concentrations of various multivalent cations support enhanced quantal release of transmitter by black widow spider venom at the frog neuromuscular junction. - J. Cell Biol. 9 (2): 23A; MOHAMED, A. (1950): Pharmacological action of the toxin of the Egyptian scorpion. - Nature 166: 734–735; dgl. et al. (1954): The action of scorpion toxin on blood sodium and potassium. - J. trop. Med. Hyg. 57: 85–87; dgl. et al. (1968): Studies of phospholipase A and B activities of Egyptian snake venoms and scorpion toxin. - Toxicon 6: 293–298; dgl. et al. (1972): Glycemic responses to scorpion venom. - ebd. 10: 139–149; dgl. et al. (1973): Hyaluronidase activity of Egyptian snake and scorpion venoms. - Ain Shams Med. J. 24: 445–448; dgl. et al. (1975): Immunological studies on scorpion *B. quinquestriatus* antivenin. - Toxicon 13: 67–69; dgl. et al. (1978): Histopathological effects of Naja haje snake venom and venom gland extract of the scorpion *(B. quinquestriatus)* telsons. - ebd. 16: 253–262; MORAN, O., A. ZAVALETA u. R. DE LA MATA (1981): Hematological effects of *Loxosceles laeta* venom in albino mice. - Bol. Chil. Parasitol. 36: 20–23; MORGAN, B., P. MORGAN u. R. BOWLING (1978): Lysis of human erythrocytes by venom from the brown recluse spider, *Loxosceles reclusa.* - Toxicon 16: 85–88; MORGANS. D., u. P. CARROLL (1977): The responses of the isolated human temporal artery to the venom of the Sydney funnel-web spider *(Atrax robustus).* - ebd. 15: 277–282; MOSS, H., u. L. BINDER (1985): Retrospective review of black-widow spider envenomation. - Ann. Emerg. Med. 14: 508–509; MOSS, J. et al. (1974): On the mechanism of scorpion toxin-induced release of norepinephrine from peripheral adrenergic neurons. - J. Pharmacol. exp. Ther. 190: 39–48; MOUSTAFA, F., Y. AHMED u. M. EL-ASMAR (1974): Effect of scorpion (*Buthus minax* L. KOCH) venom on succinic dehydrogenase and cholinesterase activity of mouse tissue. - Toxicon 12: 237–240; MOZHAYEVA, G. et al. (1980): Potential-dependent interaction of toxin from venom of the scorpion *Buthus eupeus* with sodium channels in myelinated fibre. - Biochim. Biophys. Acta 597: 587–602; MUMCUOGLU, Y., u. T. RUFLI (1978): Humanpathogene Milben. Ein Überblick über die einzelnen, in unseren Gegenden vorkommenden Milbenarten – ihre Diagnose und Therapie. - DIA 3: 104–122; MURALI MOHAN, P., V. ANITA u. K. SASIRA BABU (1983): Neurophysiological effects of venom of the scorpion *Heterometrus fulvipes* on the cockroach *Periplaneta americana.* - Ind. J. exp. Biol. 21: 656–658; MURNAGHAN, M., u. F. O'ROURKE (1978): Tick paralysis. In: S. BETTINI, Handbook of experimental Pharmacology. Bd. 48. Berlin, Heidelberg u. New York, S. 419–464; MURTHY, K. (1982): Investigation of cardiac sarcolemmal ATPase activity in rabbits with acute myocarditis produced by scorpion venom *(Buthus tamulus)* - Jap. Heart J. 23: 835–842; dgl., u. Z. HOSSEIN (1986): Increased osmotic fragility of red cells after incubation at 37 Celsius for 24 hour in dogs with acute myocarditis produced by scorpion *Buthus-tamulus* venom. - Ind. J. exp. Biol. 24: 464–467; MUSGRAVE, A. (1926): Some poisonous Australian spiders. - Rec. Austral. Mus. 16: 33–46; dgl. (1949): Spiders harmful to man. - Austral. Mus. Mag. 9: 385 u. 411–419; dgl. (1950): Spiders harmful to man. - Austral. Mus. Leaflet, Ser. 16; MYLECHARANE, E., I. SPENCE u. R. GREGSON (1984): In-vivo actions of atraxin, a protein neurotoxin from the venom glands of the funnel-web spider *Atrax robustus.* - Comp. Biochem. Physiol. C (Comp. Pharmacol. Toxicol.) 79: 395–400

NAIR, R. et al. (1933): Indole compounds of the venom of the South Indian scorpion *Heterometrus scaber.* - Ind. J. Biochem. Biophys. 10: 231; dgl., u. P. KURUP (1973): Enzyme make up of the venom of South Indian scorpion *Heterometrus scaber.* - ebd. 10: 230; dgl., u. dgl. (1975): Investigations on the venom of the South Indian scorpion *Heterometrus scaber.* - Biochim. Biophys. Acta 381: 165–174; dgl. (1980): Chemical nature of toxic protein of venom of the South Indian scorpion *Heterometrus scaber.* - Ind. J. exp. Biol. 18: 1142–1144; dgl. (1981): Effect of sublethal dose of toxic protein isolated from venom of the scorpion *Heterometrus scaber* - ebd. 19: 103–104; NARAYAMA REDDY B., L. MANIRAJ BHASKAR u. K. SASIRA BABU (1984): Impact of scorpion *Heterometrus-fulvipes* venom on Cholinesterase Rhythmicity in the tropical mouse *Mus booduga.* - Ind. J. Physiol. Pharmacol. 28: 47–52; NEWLANDS, G. (1974): The venom-squiting ability of *Parabuthus* scorpions (Arachnida: Buthidae). - S.-Afr. Med. J. 34: 175–158; dgl. (1975): Review of the medically important spiders in Southern Africa. - ebd. 49: 823–826; dgl. (1975): A revision of the spider genus *Loxosceles* HEINECKEN & LOWE, 1835 (Araneae: Scytodidae) in southern Africa with notes on the natural history and morphology. - J. ent. Soc. S.-Afr. 38: 141–154; dgl. et al. (1980): Cutaneous necrosis caused by the bite of *Chiracanthium* spiders. - S.-Afr. Med. J. 57: 171–173; dgl. (1981): A new violin spider from Johannesburg with notes on its medical importance. - Z. angew. Zool. 68: 357–365; dgl., u. C. MARTINDALE (1981): Wandering spider bite – much ado about nothing. - S.-Afr. Med. J. 60: 142; dgl., C. ISAACSON u. C. MARTINDALE (1982): Loxoscelism in the Transvaal, South Africa. - Trans. R. Soc. trop. Med. Hyg. 76: 610–615; dgl. (1984): The pathology of cytotoxic spider bite and the efficacy of antivenom therapy. - Interscience 84. Science faculties in action, S. 99–102; dgl. (1987): Spiders & Scorpions of South Africa. Cape Town; dgl., u. P. ATKINSON (1988): Review of southern African spiders of medical importance, with notes on the signs and symptoms of envenomation. - S.-Afr. Med. J. 73: 235–239; NICHOLLS, D. et al. (1982): Alpha latrotoxin of black widow spider *Latrodectus-mactans-tredecimguttatus* venom depolarizes the plasma membrane, induces massive calcium influx and stimulates transmitter release in guinea pig brain synaptosomes. - Proc. national. Ac. Soc. Washington 79: 7924–7928; NORMENT, B., Y. SONG u. J. HEITZ (1979): Separation and characterization of venom components in *Loxosceles reclusa*- III. Hydrolytic enzyme activity. - Toxicon 17: 539–548; NOVAES, G. et al. (1982): Effect of purified scorpion toxin tityustoxin on the pancreatic secretion of the rat. - ebd. 20: 847–854; NOZAIS, J., G. BRÜCKER u. H. FELIX (1981): Piqures et morsures d'animaux venimeux en France. - Rev. méd. 22: 1159–1164

ODELL, G. et al. (1985): Venom components of *Brachypelma emilia,* the Mexican red-legged tarantula. - Toxicon 23: 600; ORI, M. (1973): On *Latrodectus hasselti.* - Atypus 61: 27–31; dgl. (1975): Envenomation by the spider *Chiracanthium japonicum.* - Acta Arachnol. 26: 20–25; dgl. (1976): Studies on the poisonous spider *Chiracanthium japonicum* as a pest of medical importance. - Jap. J. sanit. Zool. 27: 181–186; dgl. (1977): Araneae. In: M. SASA et al. (Hrsg.), Animals of medical importance in Nansei Islands in Japan. Tokyo, S. 410; dgl. (1984): Spider biology and poisonings. In: A. TU, Handbook of natural toxins. Bd. 2. New York, S. 397–440; ORLOV, B. et al. (1981): Effects of *Buthus eupeus* scorpion venom toxins on cyclic AMP and cyclic GMP levels in brain and heart tissues. - Bull. exp. Biol. Med. 92: 290–292; dgl., u. E. ROMANOVA (1982): Modification of humoral immunity in mice by *Buthus caucasicus* venom. - ebd. 93: 318–320; dgl. et al. (1983): Disorders of neurohumoral regulation in rats affected by venom of the scorpion *Buthus eupeus.* - Biol. Nauki Moskva 4: 16–19; OSMAN, O., M. ISMAIL u. M. EL-ASMAR (1972): Effect on the rat uterus of the venom from the scorpion *Leiurus quinquestriatus.* - Toxicon 10: 363–366; dgl., M. ISMAIL u. T. WENGER (1973): Hyperthermic response to intraventricular injection of scorpion venom: Role of brain monoamines. - ebd. 11: 361–368; OVCHINIKOV, Y., u. E. GRISHIN (1982): Scorpion neurotoxins as tools for studying fast sodium channels. - Trends Biochem. Sci. 7: 26–28; OVSYSHCHER, I., u. M. GUERON (1978): Congenital QT intervall prolongation. - Israel J. Med. Sci. 8: 833–840; OWNBY, C., u. G. ODELL (1983): Pathogenesis of skeletal muscle necrosis induced by tarantula venom. - Exp. Mol. Pathol. 38: 283–296

PACE, C., u. M. BLAUSTEIN (1979): Effects of neurotoxins on pancreatis islets. - Biochim. Biophys. Acta 585: 100–106; PANSA, M. et al. (1972): 5-Hydroxytryptamin content of *Latrodectus mactans tredecimguttatus* venom from gland extracts. - Toxicon 10: 85; PANTOJA, J. et al. (1983): Production of acute hemorrhagic pancreatitis in the dog using venom of the scorpion *Buthus quinquestriatus* - Dig. Dis. Sci. 28: 429–439; PARDAL, J. et al. (1981): Similar regulatory mechanism underlaying 3H-noradrenaline release from isolated hypothalamus and perfused tail artery of the rat by *Latrodectus antheratus* (black widow spider) venom gland extract and by potassium. - Toxicon 19: 249–254; PARTHASARATHY, P., B. VENKAIAH u. S. KRISHNASWAMY (1985): Immunological studies on the scorpion *Heterometrus fulvipes* venom. - Current Sci. 54: 70–73; PASE, H., u. D. JENNINGS (1977): Bite by the spider *Trachelas volutus* GERTSCH (Araneae: Clubionidae). - Toxicon 16:

96–98; Pawlowsky, E. (1927): Gifttiere und ihre Giftigkeit. Jena; Peck, W., u. W. Whitcomb (1970): Studies on the biology of a spider, *Chiracanthium inclusum* - Bull. agric. exp. Stat. Univ. Arkansas 753: 71–76; Pelhate, M., u. E. Zlotkin (1982): Actions of insect toxin and other toxins derived from the venom of the scorpion *Androctonus australis* on isolated giant axons of the cockroach *Periplaneta americana.* - J. exp. Biol. 97: 67–78; Perret, B. (1974): The venom of the East African spider. - Toxicon 12: 303–310; dgl. (1977): Proteolytic activity of tarantula venoms due to contamination with saliva. - ebd. 15: 505–510; Picotti, G., G. Bondiolotti u. J. Meldolesi (1982): Peripheral catecholamine release by alpha-latrotoxin in the rat. - Naunyn-Schmiedeb. Arch. Pharmacol. 320: 224–229; Polis, G. (1990): The Biology of Scorpions. Stanford, Cal.; Pomeranz, A. et al. (1984): Scorpion sting successful treatment with nonhomologous antivenin. - Israel. J. Med. Sci. 20: 451–452; Pooch, G. (1953): Die Kreuzspinne *Aranea ixobola* und ihre Verwertung in der Pharmazie. - Pharm. Ztg.-Nachr. Nr. 17; Poon-King, T. (1963): Myocarditis from scorpion stings. - Brit. Med. J. 1: 374–377; Popov, E., V. Shyrkov u. V. Spasov (1982): A-priori calculation of three dimensional structure of insectotoxin I-1 from the venom of the scorpion *Buthus eupeus.* - Sov. J. Bioorg. Chem. 8: 11–20; Possani, L. et al. (1977): Purification and properties of mammalian toxins from the venom of the Brazilian scorpion *Tityus serrulatus* Lutz and Mello. - Arch. Biochem. Biophys. 180: 394–403; dgl. et al. (1980): Purification and characterization of a mammalian toxin from venom of the Mexican scorpion, *Centruroides limpidus tocomanus* Hoffmann. - Toxicon 18: 175–183; dgl. et al. (1982): Amino terminal sequence of toxin IV-5 from the venom of the scorpion *Tityus serrulatus.* - ebd. 20: 75–76; dgl., I. Svendsen u. B. Martin (1982): The primary structure of noxius toxin, a potassium channel blocking peptide purified from the venom of the scorpion *Centruroides noxius.* - Carlsberg Res. Commun. 47: 285–290; dgl. (1984): Structure of scorpion toxins. In: A. Tu, Handbook of natural toxins. Bd. 2. New York, S. 513–550; Prameelamma, Y., A. Reddy u. K. Swami (1975): Effects of venom from the scorpion *Heterometrus fulvipes* on some enzyme systems of sheep brain. - Toxicon 13: 482–484; Primor, N. (1980): Inhibition of 5-hydroxytryptamine contraction of guinea pig smooth muscle treated with black widow spider venom. - Europ. J. Pharmacol. 68: 497–500; Pschyrembel Klinisches Wörterbuch (1986). 254. Aufl. Berlin u. New York

Queiroz, L., u. L. Duchen (1982): Effects of *Latrodectus* spider venoms on sensory and motor nerve terminals of muscle spindles. - Proc. R. Soc. London B (Biol. Sci). 216: 103–110

Rabie, F., M. El-Asmar u. S. Ibrahim (1972): Inhibition of catalase in human erythrocytes by scorpion venom. - Toxicon 10: 87–88; dgl. et al. (1979): Inhibition of glucose 6-phosphate dehydrogenase activity by scorpion *Leiurus quinquestriatus* (H. & E.) venom. - J. trop. Med. Hyg. 82: 102–104; Rachesky, I. et al. (1984): Treatments for Centruroides-exilicauda envenomation. - Amer. J. Dis. Child 138: 1136–1139; Rack, M, D. Richter u. N. Rubly (1987): Purification and characterization of a beta-toxin from the venom of the African scorpion *Leiurus quinquestriatus.* - FEBS Lett. 214: 163–166; Ramachandran, L. et al. (1982): Some studies with 2 pharmacologically potent fractions of scorpion *Buthus-tamulus* venom. - Ind. J. Pharmacol. 14: 110–111; dgl. et al. (1986): Fractionation and biological activities of venoms of the Indian scorpions *Buthus tamulus* and *Heterometrus bengalensis.* - Ind. J. Biochem. Biophys. 23: 355–358; Rathmeyer, W., C. Walther u. E. Zlotkin (1977): The effect of different neurotoxins from scorpion venom on neuromuscular transmission and nerve action potentials in the crayfish. - Comp. Biochem. Physiol. 56 C: 35–38; dgl. et al. (1978): The effect of toxins derived from the venom of the scorpion *Androctonus australis* Hector on neuromuscular transmission. In: P. Rosenberg (Hrsg.), Toxins: Animal, Plant and Microbial. Oxford, S. 629–637; Rauber, A. (1983/84): Black widow spider bites. - J. Toxicol. Clin. Toxicol. 21: 473–485; Raven, R. (1985): The spider infraorder Mygalomorphae (Araneae): Cladistics and Systematics. - Bull. Amer. Mus. Nat. Hist. 182: 1–180; Reddy, C. et al. (1972): Pathology of scorpion venom poisoning. - J. trop. Med. Hyg. 75: 98–100; Rees, R. et al. (1981): Management of the brown recluse spider bite. - Plast Reconstr. Surg. 68:

768–773; dgl. et al. (1982): Mechanism of platelet injury associated with dermonecrosis resulting from brown recluse spider venom. - Clin. Res. 30: 265 A; dgl., J. O'LEARY u. L. KING (1983): The pathogenesis of systemic loxoscelism following brown recluse spider bites. - J. Surg. Res. 35: 1–10; dgl. et al. (1984): Interaction of brown recluse spider *Loxosceles-reclusa* venom on cell membranes the inciting mechanism?. - J. Invest. Dermatol. 83: 270–275; dgl., u. L. KING (1985): Therapy for brown recluse spider bites is dependent on venom persistence. - Clin. Res. 33: 302A; REKOW, M., D. CIVELLO u. C. GEREN (1983): Enzymatic and hemolytic properties of brown recluse spider *Loxosceles-reclusa* toxin and extracts of venom apparatus, cephalothorax and abdomen. - Toxicon 21: 441–444; RENNER, F. (1988): Gift- und Abwehrstoffe bei Spinnentieren. In: F. RENNER u. W. SCHAWALLER, Spinnentiere. - Stuttgarter Beitr. Naturk. (Ser. C), Nr. 26: 25–28; RENNER, I. et al. (1983): Effects of scorpion and rattlesnake venoms on the canine pancreas following pancreaticoduodenal arterial injections. - Toxicon 21: 405–420; RHOADS, D. et al. (1982): Inhibitory effects of scorpion *Tityus-serrulatus* venom on the uptake of amino-acids by synaptosomes and synaptosomal membrane vesicles. - Biochem. Pharmacol. 31: 1875–1880; RICCIOPPO NET, F. (1983): Effects of the venom of the Brazilian scorpion *Tityus serrulatus* on the compound action potential of the rabbit vagus nerve fibres. - Brit. J. Pharmacol. 78: 529–532; ROCHAT, H. et al. (1967): Purification and some properties of the neurotoxins of *Androctonus australis* HECTOR. - Biochemistry 6: 578–585; ROSIN, R. (1969): Sting of the scorpion *Nebo hierichonticus* in man.-Toxicon 7: 75; ROSSO, J., u. H. ROCHAT (1982): Characterization from the venom of *Androctonus mauretanicus mauretanicus,* of ten proteins including six neurotoxins. - ebd. 20: 76–77; RUHLAND, M., E. ZLOTKIN u. W. RATHMAYER (1977): The effect of toxins from the venom of the scorpion *Androctonus australis* on a spider nerve-muscle preparation. - ebd. 15: 157–160; RUSSELL, F. (1966): Phosphodiesterase in some snake and arthropod venoms. - ebd. 4: 153–154; dgl. (1967): Comparative Pharmacology of some animal toxins. - Fed. Proc. 26: 1206; dgl., u. W. WALDRON (1967): Spider bites, tick bites. - Calif. Med. 106: 248–249; dgl. et al. (1968): Venom of the scorpion *Vejovis spinigerus.* - Science 159: 90–91; dgl. (1968): Pharmacology of animal venoms. - Clin. Pharmacol. Ther. 8: 849–873; dgl., u. F. BUESS (1970): Gel electrophoresis, a tool in systematics. Studies with *Latrodectus mactans* venom. - Toxicon 8: 81–84; dgl. (1970): Bites by the spider *Phidippus formosus.* Case history. - ebd. 8: 193–194; dgl., u. W. GERTSCH (1982): Last word on araneism. - Amer. Arachnol. 25: 7–10; RUSSELL, J. (1979): Tarantism.-Med. Hist. 23: 404–425

SACHER, P. (1990): Neue Nachweise der Dornfingerspinne *Cheiracanthium punctorium* (Arachnida: Clubionidae). - Hercynia N. F. 27: 326–334; SADYKOV, A., et al. (1982): Immunological study of venom of spiders of the *Latrodectus* genus. - Doklady Biol. Sci. 264: 309–311; dgl. et al. (1983): Channel forming properties of presynaptic neurotoxin of venom of the spider *Latrodectus tredecimguttatus.* - Doklady Biophys. 271–273: 215–216; SAFAROVA, V. et al. (1986): Effect of the venom of the spider *Latrodectus pallidus* and antiserum to it on the phenomenon of rosette formation in mice. - Doklady Akad. Nauk SSSR 290: 1509–1510; SAITO, I, N. DOZIO u. J. MELDOLESI (1985): The effect of alpha-latrotoxin on the neurosecretory PC12 cells differentiated by treatment with nerve growth factor. - Neuroscience 14: 1163–1174; SALIKOV, S. et al. (1982): Structure and mechanism of action of neurotoxins from the venom of *Latrodectus* spiders. In: VOELTER et al. (Hrsg.), Chemistry of peptides and proteins. Bd. 2. Hawthorne, N. Y., S. 319–326; dgl. et al. (1982): Isolation and quaternary structure of the neurotoxin from venom of the spider *Latrodectus tredecimguttatus.* - Doklady Biochem. 262: 23–26; SAMPAIO, S. et al. (1983): Isolation and characterization of toxic proteins from the venom of *Tityus serrulatus.* - Toxicon 21: 265–277; SANGUINETTI (1963): zit. bei PAWLOWSKY 1927; SANKARAN, H. et al. (1983): Action of the venom of the scorpion *Tityus trinitatis* on pancreatic insulin secretion. - Biochem. Pharmacol. 32: 1101–1104; SAUNDERS, J., u. B. JOHNSON (1970): *Hadrurus arizonensis* venom: A new source of acetylocholinesterase. - Amer. J. trop. Med. Hyg. 19: 345–348; SCHANBACHER, F. et al. (1973): Composition and properties of tarantula *Dugesiella hentzi* (GIRARD) venom. - Toxicon 11: 21–31; dgl. et al. (1973): Purification and characterization of taratula, *Dugesiella hentzi,* venom. - Comp. Biochem. Physiol.

443: 389–396; SCHAWALLER, W. (1988): Zecken und Gehirnhautentzündung. In: F. RENNER u. W. SCHAWALLER, Spinnentiere. Stuttgarter Beitr. Naturk. (Ser. C), Nr. 26: 54–59; SCHEER, H. et al. (1984): Alpha latrotoxin of black widow spider venom, an interesting neurotoxin and a tool for investigation the process of neurotransmitter release. - J. Physiol. Paris 79: 216–221; dgl., u. J. MELDOLESI (1985): Purification of the putative alpha latrotoxin receptor from bovine synaptosomal membranes in an active binding from. - Europ. Mol. Biol. Organ J. 4: 323–328; SCHENBERG, S., u. F. PEREIRA LIMA (1978): Venoms of Ctenidae. In: S. BETTINI (Hrsg.), Handbook of experimental Pharmacology. Bd. 48, Arthropod Venoms. Berlin, Heidelberg u. New York, S. 149–212; SCHENONE, H., u. G. SUAREZ (1978): Venoms of Scytodidae, genus *Loxosceles.* - ebd.: 247–275; SCHMAUS, L. (1929): Case of arachnidism (spider bite). - J. Amer. Med. Ass. 92: 1265–1266; SCHMIDT, G. (1952): Sind mit Bananen eingeführte Spinnen gefährlich? - Obst Gemüse 12: 1330–1331; dgl. (1953): Über die Bedeutung der mit Schiffsladungen eingeschleppten Spinnentiere. - Anz. Schädlingsk. 26: 97–105; dgl. (1954): Über die Notwendigkeit der Beachtung hygienischer Maßnahmen beim Umgang mit mittel- und südamerikanischen Bananen. - Städtehygiene 5: 32–34; dgl. (1959): Bananenspinnen und ihre Bedeutung für die Hygiene. - ebd. 10: 199–200; dgl. (1968): Zur Spinnenfauna von Teneriffa. - Zool. Beitr. 14: 387–425; dgl. (1970): Die Spinnenfauna der importierten Bananen. - Dtsch. Ärztebl. 67: 3106–3112; dgl. (1971): Mit Bananen eingeschleppte Spinnen.-Zool. Beitr. 17: 387–433; dgl. (1973): Giftspinnen – auch ein Problem des Ferntourismus. - Münchn. med. Wschr. 115: 2237–2242; dgl. (1974): Therapie bei Bissen von Giftspinnen. - Ärztl. Praxis 26: 1869 u. 3170; dgl. (1977): Zur Spinnenfauna von Hierro.-Zool. Beitr. 23: 51–71; dgl. (1980) Spinnen – Alles Wissenswerte über Lebensweise, Sammeln, Haltung und Zucht. Lehrmeister-Bücherei Nr. 108. Minden, S. 79–92; dgl. (1982): Gliederfüßer als Fischparasiten. - Aquarium 16: 133–136; dgl. (1982): Der Einsatz tierischer Gifte in der Medizin und in der Pharmazie. - Apotheker J., H. 1: 42–49, H. 7: 49–53, H. 9: 58–61; dgl. (1984): Giftspinnen und ihre Gifte. - Med. Welt 35: 675–682; dgl. (1986): Skorpione – eine Gefahr für den Tourismus? - ebd. 37: 875–879; dgl. (1986): *Tityus trinitatis.* - Intense Care News 2: 8; dgl. (1987): Wie gefährlich sind Spinnenbißvergiftungen wirklich? - Natur Museum 117: 197–207; dgl. (1988): Wie gefährlich sind Vogelspinnenbisse? - Dtsch. Ärztebl. 85: 2088–2089; dgl. (1988): Zur Spinnenfauna der Makaronesischen Inseln. C. R. XI Coll. Arachnol., Berlin 1988. - TUB Dokument., H. 38: 256–260; dgl. (1989): Efficacy of bites from Asiatic and African Tarantulas. - Trop. Med. Parasitol. 40: 114; dgl. (1989): *Latrodectus hasselti* - a subspecies of *L. mactans* (Araneida: Theridiidae)?. Vortrag 11th Intern. Congr. Arachnology, Turku; dgl. (1990): Zur Spinnenfauna der Kanaren, Madeiras und der Azoren. - Stuttgarter Beitr. Naturk. Ser. A, Nr. 451; dgl. (1990): Courtship behaviour, copulation and crossing experiments in *Latrodectus* species (Araneida: Theridiidae). – Acta zool. Fenn. 190: 351–355; dgl. (1990): Zur Spinnenfauna der Wüsteninsel Sal (Republica de Capo Verde). – Bull. Soc. Arachn. (hors sér. 1): 310–313); dgl. (1991): Further results of crossing experiments in *Latrodectus* species (Araneida: Theridiidae). - Bull. Soc. Eur. Arach. 5: 16; dgl. (1992): Crossing experiments in *Latrodectus* species. - Latrodecta 3: 10–13; dgl., u. P. KLAAS (1991): Eine neue *Latrodectus*-Spezies aus Sri Lanka (Araneida: Theridiidae). – Arachn. Anz. 14 (2. 5. 1991): 6–9; SCHMIDT, H., N. SWELAM u. M. EL-ASMAR (1983): Effects of a cercarial toxin derived from venom of the scorpion *Leiurus quinquestriatus* on frog *Rana temporaria* skeletal muscle. - Toxicon 21: 833–842; SCHWARTZ, P., M. PERITI u. A. MALLIANI (1975): The long QT intervall - Amer. Heart J. 89: 378–390; SELVARAJAN, V., K. REDDY u. K. SWAMI (1975): Scorpion venom effects on succinate dehydrogenase activity of sheep tissues. - Toxicon 13: 143–144; SHABAN, E. (1981): Studies on the effect of *Buthus occitanus* venom on lipid metabolism. Ph. D. thesis, Facult. Med., Ain Shams Univ. Kairo; dgl. et al. (1984): Effect of the scorpion *(Buthus occitanus)* venom on lipid metabolism. - Egypt. J. Biochem. 2: 57–71; SHEUMACK, D. et al. (1984): A comparative study of properties and toxic constituents of funnel-web spider *Atrax* venoms. - Comp. Biochem. Physiol. C (Comp. Pharmacol. Toxicol.) 78: 55–68; dgl. et al. (1985): Complete amino acid sequence of a new type of lethal neurotoxin from the venom of the funnel-web spider *Atrax robustes.* - FEBS Lett. 181: 154; SHIELLS, R., u. G. FALK

(1987): Joro spider venom glutamate agonist and antagonist on the rod retina of the dogfish. - Neurosci. Lett. 77: 221–225; SHIH, Y., Z.XU u. K.XU (1982): Action of scorpion *Buthus martensi* venom on rat nerve and skeletal muscle. - Acta Physiol. Sin. 34: 428–433; SHULOV, A. u. A.WEISSMANN (1959): Notes on the life habits and potency of the venom of the three *Latrodectus* spider species of Israel. - Ecology 40: 515; dgl. et al. (1959): The antiscorpion serum prepared by use of fresh venom and the assessment of its efficacy against scorpion stings. Proc. 5th Int. Meeting Biol. Standardization, Jerusalem; SIMO, M. (1983): Problematica de los accidentos producialos por la arana de banano *Phoneutria keyserlingi* on Uruguay. - Res. Com. J. C (Nat.) 3: 21–23; SITGES, M., L.POSSANI u. A. BAYON (1984): Neurotoxins of the venom of the scorpion *Centruroides noxius* increase in the release of tritiated gamma aminobutyric-acid through selective changes in presynaptic permeability of sodium and potassium ions. - Bol. Estud. Med. Biol. Univ. Nac. Auton. Mexico 33: 100; dgl. dgl. u. dgl. (1987): Mechanism of action to evoke transmitter release of 3 peptidic neurotoxins from the venom of the Mexican scorpion *Centruroides noxius.* - J. Neurochem. 48, suppl.: 75; dgl., dgl. u. dgl. (1987): Characterization of the actions of toxins II-9.2.2 and II-10 from the venom of the scorpion *Centruroides noxius* on transmitter release from mouse brain synaptosomes. - ebd. 48: 1745–1752; SKLAROVSKY, S., u. H. LEVIN (1969): Alpha and beta receptor blocking agents in case of yellow scorpion sting with severe cardiovascular effects. - Harefuah 77: 521–522; SMITH, A. (1986): The *Tarantula* classification and identification guide. London; SMITH, C., u. S.MICKS (1968): A comparative study of the venom and other components of three species of *Loxosceles.* - Amer. J. trop. Med. Hyg. 17: 651–656; dgl., u. dgl. (1970): The role of polymorphonuclear leukocytes in the lesion caused by the venom of the brown spider, *Loxosceles reclusa.* - Lab. Invest. 22: 90–93; SOKOLOV, Y., A.CHANTURIYA u. V.LISHKO (1984): Study of the channel-forming properties of the venom of the spider *Steatoda paykulliana.* - Biofizika 29: 620–623; SONG, W., u. F.YANG (1986): Comparison of the effect of scorpion venom *Buthus martensi* on the rat brain and heart mitochondria. - Cell Biol. Int. Rep. 10: 897–904; SOUTHCOTT, R. (1976): Arachnidism and allied syndromes in the Australian region. - Rec. Adelaide Childr. Hosp. 1: 97–186; dgl. (1978): Australian harmful arachnids and their allies. Southcott, Micham; SPASSKY, A. (1957): On the bite of the spider *Chiracanthium punctorium.* - Med. Parazitol. Biol. 26: 703–704; SPIELMAN, A., u. H. LEVI (1970): Probable envenomation by *Chiracanthium mildei,* a spider found in houses. - Amer. J. trop. Med. Hyg. 19: 729–732; STAHEL, E., u. T. FREYVOGEL (1982): Animaux venimeux et vénéneux. - Ann. Soc. belg. Méd. trop. 62: 2–23; STANIĆ, M. (1953): Beitrag zur Immunologie des Latrodectismus. Über die Herstellung eines entsprechenden Heilserums. - Acta Trop. 10: 225–232; STERN, P. u. K.VALJEVAC (1972): Beiträge zur Therapie der Botulinusintoxikation. - Arch. Toxikol. 28: 302; dgl., K.VALJEVAC u. E.GMAZ-NIKULIN (1975): Influence of spider *Latrodectus tredecimguttatus* poison on progressive muscular dystrophy in rat. - Arzneim.-Forsch. 25: 769–771; STONE, B. et al. (1979): Toxins of the Australian paralysis tick *Ixodes holocyclus.* - Rec. Adv. Acarol. 1: 347–356; SUAREZ, G., H. SCHENONE, C. RAVENTOS et al. (1979): Interaction of *Loxosceles laeta* venom components with red cell membranes. - Toxicon 17, suppl. 1: 180; dgl., U. BIGGEMANN u. H. SCHENONE (1983): Effect of venom gland extracts of the South American brown spider *Loxosceles laeta* on in-vitro protein synthesis. - Toxicon 21: 553–557; SUBHASHINI, K. et al. (1983): Effects of scorpion *Heterometrus-fulvipes* venom on monoamine oxidase activity in the cockroach *Periplaneta-americana* tissues. - Ind. J. Physiol. Pharmacol. 27: 261–263; SUTHERLAND, S. (1972): The Sydney funnel-web spider *(Atrax robustus)* 1. A review of published studies on the crude venom. - Med. J. Austral. 2: 528–530; dgl. (1973): Isolation, mode of action and properties of the major toxin (Atraxotoxin) in the venom of the Sydney funnel-web spider *(Atrax robustus).* - Proc. Austral. Soc. Med. Res. 3: 172; dgl. (1978): Venoms of Dipluridae. B. Biology and venoms. In: S.BETTINI (Hrsg.), Handbook of experimental pharmacology, Bd.48, Arthropod venoms. New York, S.126–148; dgl., A.DUNCAN u. J.TIBBALLS (1980): Local inactivation of funnel-web spider *(Atrax robustus)* venom by first-aid measures - ebd. 18: 435–437; dgl. (1980): Antivenom to the venom of the male Sydney funnel-web spider *Atrax robustus.* - Med. J. Austral. 18: 437–441; dgl. (1981): Management of venomous bites and stings. - Med. Educ. int.

15: 415–419; dgl., J. TIBBALLS u. A. DUNCAN (1981): Funnel-web spider *(Atrax robustus)* antivenom. 1. Preparation und laboratory testing. - Med. J. Austral. 19: 522–525; SWEDENBORG, J., u. P. OLSON (1978): Activation of plasma coagulation in vivo by epinephrine and platelet release reaction. - Thromb. Res. 13: 35–37; SWELAM, N. (1982): A toxic component(s) to helminths (*Schistosoma* species) from scorpion venom. Ph. D. thesis, Facult. Med. Univ. Kairo; dgl., u. M. EL-ASMAR (1983): Factors with anticoagulant effect from the scorpion *(Leiurus quinquestriatus)* venom. 6th Annual Ain Shams Med. Congr., S. 4–7

TASH, F. et al. (1982): Effect of a scorpion (*Leiurus quinquestriatus* H. u. E.) venom on blood gases and acid base balance in the rat. - Toxicon 20: 802–806; TAYLOR, E., u. W. DENNY (1966): Hemolysis, renal failure and death, presumed secondary to bite of brown recluse spider. - Southern Med. J. 59: 1209–1211; THORP, R. W., u. W. D. WOODSON (1945): Black widow, America's most poisonous spider. Chapel Hill, North Carolina; dgl., u. dgl. (1965): The black widow spider. New York; TIBBALLS, J., S. SUTHERLAND u. A. DUNCAN (1987): Effects of male Sudney funnel-web spider venom in a dog and a cat. - Austral. Vet. J. 64: 63–64; TINKHAM, E. (1956): Bite symptoms of red legged widow spider *(Latrodectus bishopi).* In: E. BUCKLEY u. N. PORGES, Venoms. Washington. S. 99; TINTPULVER, M., P. LAZAROVICI u. E. ZLOTKIN (1976): The action of toxins derived from scorpion venom on the ileal smooth muscle preparation. - Toxicon 14: 371–377; TODD, C. (1909): Preparation of antiscorpion serum. - J. Hyg. 9: 69–85; TOLEDO, D., u. A. NEVES (1976): Purification and partial characterization of a second toxin from the scorpion *Tityus serrulatus.* - Comp. Biochem. Physiol. 55B: 249–253; TORDA, T., E. LOONG u. I. GREAVES (1980): Severe lung oedema and fatal consumption coagulopathy after funnel-web bite. - Med. J. Austral. H. 2: 442–444; TOVEY, E., M. CHAPMAN u. T. PLATTS-MILS (1981): Mite faeces are a major source of house dust allergens. - Nature 289: 592–593; TRIKASH, I., u. V. LISHKO (1985): Interaction of Kirgizian black-death spider *Latrodectus-tredecimguttatus* venom with Liposomes. - Ukr. Biochim. Z. 57: 7–12; TU, A. (1977): Scorpion venoms. In: A. TU, Venoms: Chemistry and Molecular Biology. New York, S. 459–483; TULGAT, T. (1960): Cross reactions between antiscorpion *Buthus quinquestriatus* and antiscorpion *Prionurus crassicauda* sera. - Turk. Ij. Tecr. Biyol. Derg. 20: 191; TYSHCHENKO, V. P., u. N. E. ERGASHEV (1974): *Latrodectus dahli* LEVI (Aranei, Theridiidae), a species of venomous spiders new in the fauna of the USSR. - Ent. obosr. 53 (4): 933–936; dgl., u. dgl. (1983): Postembryonic development of *Latrodectus dahli* (Aranei, Theridiidae). - Zool. J. Moskau 62 (10): 1481–1486 (russ.); TZENG, M. (1979): A protein factor alpha-latrotoxin from black widow spider venom: Chemistry and mode of action. - J. Chin. Biochem. Soc. 8: 2P–3P; dgl., u. P. SIEKEVITZ (1979): Action of α-latrotoxin from black widow spider venom on a cerebral cortex preparation: Release of neurotransmitters, depletion of synaptic vesicles. In: B. CICCARELLI u. F. CLEMENTI (Hrsg.), Neurotoxins: Tools in Neurobiology. New York, S. 117–127; dgl., u. S. TIAN (1983): Use of chick biventer crevicis muscle in the biossay of alpha-latrotoxin from black widow spider *Latrodectus-mactans-tredecimguttatus* venom. - Toxicon 21: 879–881; dgl., u. dgl. (1984): Beta-bungarotoxin antagonizes the effect of alpha-latrotoxin from black widow spider *Latrodectus-mactans-tredecimguttatus* venom on the neuromuscular junction. - J. Neurobiol. 15: 157–160

URTUBEY, N. et al. (1984): Epidemiologia del latrodectismo. - Inst. Anim. ven. „Dr. J. W. ABALOS", Sér. Tén. 2: 3–28; USHERWOOD, P. (1984): Antagonism of glutamate receptor channel complexes by spider venom polypeptides. - Neurotoxicology 5: 78; dgl., I. DUCE u. P. BODEN (1984): Slowly reversible block of glutamate receptor-channels by venoms of the spiders *Argiope trifasciata* and *Araneus gemma.* - J. Physiol. Paris 79: 241–245; USMANOV, P. et al. (1982): Studies on the effect of *Lithyphantes paykullianus* venom on synaptic processes. - Bol. Nauki Moskva 9: 23–28; dgl. et al. (1983): Effect of spider *Lithyphantes-paykullianus* venom on billayer lipid membranes. - Biofizika 28: 344–346; dgl., I. KAZAKOV u. B. TASHMUKHAMEDOV (1983): Properties of membrane channels formed by *Lithyphantes-paykullianus* venom. - ebd. 28: 1002–1005; dgl. et al. (1983): Action of venom of the spider *Argiope lobata* on the glutamatergic and cholinergic synapses. - Doklady Biol.

Sci. 273: 732–733; dgl., D. KALIKULOV u. B. TASHMUKHMEDOV (1983): Effect of the spider *Lithyphantes-paykullianus* venom on the evoked mediator release. - Uzb. Biol. Ž. 5: 6–7; dgl. et al. (1985): Effect of the venom of the spider *Segestria florentina* on the mechanism of inactivation of sodium channels. - Biophysics 30: 672–674

VACHON, M., u. R. KINZELBACH (1978): On the taxonomy and distribution of the scorpions of the Middle East. Proc. Symp. Fauna and Zoogeography of the Middle East, Mainz 1985. In: F. KRUPP, W. SCHNEIDER u. R. KINZELBACH (Hrsg.), Beihefte zum TAVO A 28, S. 91–103; VANAJAKSHAMMA, B., P. HOHAN u. K. BABU (1982): Effects of scorpion *Heterometrus-fulvipes* venom on its cardiac activity. - Current Sci. 51: 1122–1124; VARGAS, O. et al. (1982): Neurotoxins from the venoms of 2 scorpions, *Buthus occitanus tunetanus* and *Buthus occitanus mardochei.* - Toxicon 20: 79; dgl., M. MARTIN u. H. ROCHAT (1987): Characterization of six toxins from the venom of the Maroccan scorpion *Buthus occitanus mardochei.* - Europ. J. Biochem. 162: 589–600; VELLARD, J. (1936): Le venin des araignées. Paris; VICARI, G. et al. (1965): Action of *Latrodectus mactans tredecimguttatus* venom and fractions on cells cultivated in vitro.-Toxicon 3: 101–106; VICENTINI, L., u. J. MELDOLESI (1984): Alpha latrotoxin of black widow spider venom binds to a specific receptor coupled to phosphoinositide breakdown in PC-12 cells.-Biochem. Biophys. Res. Commun. 121: 538–544; VITZTHUM, H. GRAF VON (1931): Acari-Milben. In: W. KÜKENTHAL, Handbuch der Zoologie. Bd. 3 (II, 1). Berlin; VOLKOVA, T. et al. (1984): Toxic components of the central Asian scorpion *Orthochirus-scrobiculosus* venom. - Bioorg. Khim. 10: 1100–1108; dgl. et al. (1985): Study of neurotoxins from the venom of central Asian scorpion *Buthus eupeus.* - ebd. 11: 1445–1456; VOORHORST, R., M. SPIEKSMA-BOEZEMAN u. F. SPIEKSMA (1964): Is a mite (*Dermatophagoides* sp.) the producer of the house dust allergen? - Allergy Asthma 10: 329–334; dgl., F. SPIEKSMA u. H. VAREKAMP (1969): House-dust atopy and the house-dust mite *Dermatophagoides pteronyssinus* Trouessart 1897. Leiden; VYKLICKY, L. et al. (1986): Spider venom of *Araneus diadematus* opens and desensitized glutamate channels in chick spinal cord neurons. - Neurosci. lett. 68: 227–231

WALDRON, W., F. RUSSELL (1967): *Loxosceles reclusa* in Southern California. - Toxicon 5: 57–59; WALTHER, C., E. ZLOTKIN u. W. RATHMAYER (1976): Action of different toxins from scorpion *Androctonus australis* on a locust nerve-muscle preparation. - J. Ins. Physiol. 22: 1187–1194; WANG, G., u. G. STRICHARTZ (1982): Simultaneous modifications of sodium channel gating by two scorpion toxins. - Biophys. J. 40: 175–179; dgl., u. dgl. (1983): Purification and physiological characterization of neurotoxins from venoms of the scorpions *Centruroides sculpturatus* and *Leiurus quinquestriatus.* - Mol. Pharmocol. 23: 519–533; WANKE, E. et al. (1986): Alpha latrotoxin of the black widow spider venom opens a small non-closing cation channel. - Biochem. Biophys. Res. Commun. 134: 320–325; WASSERMAN, G., u. P. ANDERSON (1984): Loxoscelism and necrotic arachnidism. - J. Toxicol. 21: 451–472; WATANABE, O., u. J. MELDOLESI (1983): The effects of alpha-latrotoxin of black widow spider *Latrodectus-mactans-tredecimguttantus* venom on synaptosome ultrastructure, a morphometric analysis correlating its effects on transmitter release. - J. Neurocytol. 12: 517–532; WATERMAN, J. (1938): Some notes on scorpion poisoning in Trinidad. - Trans. R. Soc. trop. Med. Hyg. 31: 607; WATT, J. (1971): The toxic effects of the bite of a clubionid spider. - New Zealand Entomol. 5: 87–90; WATT, D. et al. (1978): Physiological characterization of toxins isolated from scorpion venom. - Toxicon 2: 140; WEINSTEIN, S., u. A. SCOTTOLINI (1983): *Latrodectus* spider bites in Hawaii. Case report and literature review. - Hawaii Med. J. 42: 426–427; WEITZMAN, S., G. MARGULIS u. E. LEHMAN (1977): Uncommon cardiovascular manifestations and high catecholamine levels due to black widow bite. - Amer. Heart J. 93: 89–90; WERNER, G. (im Druck): Giftige Tiere und tierische Gifte, Myiasis. In: W. LANG et. al. (Hrsg.), Tropenmedizin in Klinik und Praxis. Stuttgart; WHITTEMORE, F., H. KEEGAN u. J. BOROWITH (1961): Studies of scorpion antivenins I. Paraspecificity. - Bull. WHO 25: 185–188; WIENER, S. (1957): The Sydney funnel-web spider *(Atrax robustus).* 1. Collection of venom and its toxicity in animals. - Med. J. Austral. 2: 377–382; dgl. (1061): Red back spider bite in Australia, an analysis of 167 cases. - ebd. 2: 44–49; WOODFORD, P. (1980): The house dust mite *Dermatophagoides farinae,* as a causative agent of delusive dermatitis. - Ann. Allergy 45: 248–250; WORTH, C., u.

E. RICKARD (1951): Evaluation of the efficiency of common cotton rat ectoparasites in the transmission of murine typhus. - Amer. J. trop. Med. 31: 295–298; WRIGHT, R. et al. (1973): Hyaluronidase and esterase activities of the venom of the poisonous brown recluse spider. - Arch. Biochem. Biophys. 159: 415–426; dgl. et al. (1977): Enzyme and toxins of the scorpion venom *Palamneus gravimanus.* - Toxicon 15: 197–206

XENOPHON: zit. bei J. IRMSCHER (1955). Philos. Studientexte. Berlin

YAMAMOTO, C., u. H. MATSUI (1982): Black widow spider venom, excitatory action on hippocampal neurons. - Brain Res. 244: 382–386; YAROM, R., u. K. BRAUN (1971): Electron microscopic studies of the myocardial changes produced by scorpion venom injections in dogs. - Lab. Invest. 24: 21–30; dgl., u. M. GUERON (1971): Scorpion venom cardiomyopathy. - Pathol. Microbiol. 35: 114–116; YAROVOY, L., u. M. SHEWCHENKO (1957): Disease produced by the bite of karakurt in the grasslands and cultivated fields of the Stavropol country side. - Lin. Med. 35: 143; YELLAMMA, K., B. VANAJAKSHAMMA u. P. MOHAN (1985): Effect of autoenvenomation on the spontaneous electrical activity of the scorpion *Heterometrus fulvipes* and detoxification of the venom with chemical agents. - Ind. J. Comp. Anim. Physiol. 3: 39–42; YEVENES, I., L. BASCUR u. M. SAPAG-HAGAR (1978): Effects of venom from Loxosceles laeta spider on the blood-clotting system and evaluation of its possible kidney damage. - Arch. Biol. Med. Exp. 11: R111–R112; YOUNG, E. (1984): Characterization of the insecticidal activity from the venom of the common American house spider *(Achaearanea tepidariorum).* Ph. D. diss., Univ. Arkansas, Fayetteville; dgl., D. MARTIN u. C. GEREN (1984): Neurotoxic action of the venom of the common American house spider *Achaearanea tepidariorum.* - Physiol. Zool. 57: 521–529

ZAKI, K. (1980): Some biochemical and immunological studies with scorpion *(Buthus occitanus)* venom. Ph. D. thesis, Facult. Med. Ain Shams Univ. Kairo; ZLOTKIN, E. et al. (1971): Purification and properties of the insect toxin from the venom of the scorpion *Androctonus australis* HECTOR. - Biochimie 53: 1073–1078; dgl. et al. (1971): A new toxic protein in the venom of the scorpion *Androctonus australis* HECTOR. - Toxicon 9: 9–13; dgl. et al. (1971): The effect of scorpion venom on blowfly larvae: A new method for the evaluation of scorpion venom potency. - ebd. 9: 1–8; dgl., F. MIRANDA u. S. LISSITZKY (1972): A factor toxic to crustacea in the venom of the scorpion *Androctonus australis* HECTOR. - ebd. 10: 211–216, dgl., N. LEBOVITZ u. A. SHULOV (1972): Toxic effects of the venom of the scorpion *Scorpio maurus palmatus* (Scorpionidae). - Riv. Parasitol. 33: 237–241; dgl. et al. (1975): A protein toxic to crustacea from the venom of the scorpion *Androctonus australis.* - Ins. Biochem. 5: 243–250; dgl., F. MIRANDA u. H. ROCHAT (1978): Chemistry and pharmacology of Buthinae scorpion venoms. In: S. BETTINI (Hrsg.), Handbook of Experimental Pharmacology. Bd. 48, Arthropod Venoms. Berlin u. Heidelberg, S. 317–369; dgl. et al. (1979): The insect toxin from the venom of the scorpion *Androctonus mauretanicus.* Purification, characterization and specificity. Ins. Biochem. 9: 347–354; dgl., u. M. PELHATE (1982): The neurotoxic action of the scorpion *Androtonus-australis* venom insect toxin. - Toxicon 20: 81–82; dgl. et al. (1982): Chemistry and axonal action of 2 insect toxins derived from the venom of the scorpion *Buthotus judaicus.* - ebd. 20: 323–332; dgl. et al. (1985): An excitatory and a depressant insect toxin from scorpion venom both affect sodium conductance and possess a common binding site *(Leiurus quinquestriatus quinquestriatus).* - Arch. Biochem. Biophys. 240: 877–887; ZUMPT, F. (1968): Latrodectism in South Africa. - S.-Afr. Med. J. (April): 385–390

11. Register